满足需要

吴碧君　著

中国宇航出版社
·北京·

图书在版编目(CIP)数据

满足需要 / 吴碧君著. --北京 ：中国宇航出版社，2022.4

ISBN 978-7-5159-2063-4

Ⅰ. ①满… Ⅱ. ①吴… Ⅲ. ①需要—研究 Ⅳ. ①B848.4

中国版本图书馆 CIP 数据核字(2022)第 064676 号

责任编辑　刘　凯　　　装帧设计　易美优创

出　版
发　行　中国宇航出版社

社　址　北京市阜成路 8 号　邮　编　100830
(010)68768548

网　址　www.caphbook.com

经　销　新华书店

发行部　(010)68767386　(010)68371900
(010)68767382　(010)88100613（传真）

零售店　读者服务部
(010)68371105

承　印　北京厚诚则铭印刷科技有限公司

版　次　2022 年 4 月第 1 版
2022 年 4 月第 1 次印刷

规　格　710×1000

开　本　1/16

印　张　22.25

字　数　264 千字

书　号　ISBN 978-7-5159-2063-4

定　价　78.00 元

前言

满足需要是一切生命运动的客观规律。人的生命运动就是人的需要持续得以满足的运动，人的成长过程就是人的需要及其满足不断成长进步的过程。人一旦没有了需要，人的生命就停止了；社会一旦没有了新的需要，社会的进步也就停止了。

我们每一个人无时不在需要与满足需要的生命运动中生存，无时不在满足着衣食住行等基本生活的需要，同时，无人不在为满足自己的、家庭的、社会的、人类整体的、现实的、发展的、长远的需要而奋斗。人类社会的进步在于满足需要的推动。满足需要是人生实践的元动力，是人类社会实践的出发点和根本归宿。人的需要是衡量万物价值的唯一尺度，人生的价值在于满足社会需要的贡献。人类社会的一切物质精神文明成果，都是源自于人的需要，都是人们满足需要的实践结出的果实。人生的成功与幸福在于懂得如何满足需要，人类社会的健康可持续发展在于人类懂得如何满足自身的需要。离开对人的需要的关注和满足，人类社会的一切活动都毫无根据和意义。加强对人的需要和怎样满足需要的研究，对于引导人们正确认识自己的需要、科学合理有节制地满足自己的需要，不断提高生活质量， 进而，对于保证和促进人的全面发展、人类社会文明的健康发展，都具有十分重要的意义。

满足需要必须了解需要，但是我们绝大多数人对人需要的形成变化、满足的规律和自己真正的需要缺乏清晰明确的认知，有些人还经常被一些似是而非的需要弄得神魂颠倒，有的人甚至本末倒置、饮鸩止渴。满足需要很简单，也很复杂。说它简单，是因为有一些凭本能感觉满足的需要不经过思考策划就能得以满足，如人正常的呼吸、渴了就饮水、饿了就吃饭、热了就减衣、冷了就加衣等；说它复杂，是因为要科学合理地满足需要并非一件易事，如：人病了需要吃药的道理很简单，但需要吃什么药来治疗就比较复杂，吃错了药，不仅治不好病，反而对身体有害。社会要发展，不发展就不能进步，人们的生活就不能得以改善提高，道理很简单，但怎么发展就比较复杂。那些不协调不可持续的发展，如对自然资源竭泽而渔掠夺式的发展；以破坏生态环境为代价的发展；忽视关系人们最基本需要的发展；只重视物质文明不重视精神文明的发展；只重视 GDP 的增长、来钱快的短平快项目的发展，不重视基础科学研究和基础建设的发展；只重视维护少数人的利益，不重视或忽视甚至侵害最广大人民群众利益的发展等，不仅不能满足最广大人民群众不断改善提高生活水平的需要，反而会破坏人们良好的生活环境，影响人们正常的生活，而且还会贻害后人。因此，正反两方面的经验教训告诉我们，在推动发展的实践中必须坚决贯彻全面协调可持续的科学发展理念。只有这样，才能使我们追求的发展真正成为推动社会健康发展、人们美好生活不断得以改善的正能量、正效用。需要和满足需要的复杂性还表现为：人的需要的构成既有靠自然本能满足的“命需”，也有靠有意识地劳动创造满足的“我需”，其结构不仅有层次结构，而且还有母子结构、网状结构、耗散结构；人的需要不仅有马斯洛所揭示的上升性的特性，而且还有恒常性、时序性、或可性、异化性等特性。人的需要不仅是人类自己满足的，而且也是自然满足的。人的需要的满足不同于其他生物单靠自然生态满足，而是依靠自然生态和社会生态两个生态系统来满足的。人类的生存发展、健康快乐、和谐幸福都依赖并决定于这两个生态系统的良好运行。人类应保护和建设好这两个生态系统。人的社会性决定，人们满足需要既要拼搏奋斗，也要尊重科学、按规律办事，同时还必须遵纪守法讲道德。满足自己的需要，不能影响别人需要的满足，更不能奉行“丛林法则”，弱肉强食，把自己的幸福建立在别人的痛苦和对别人权利的掠夺之上。人类是靠群体的力量和群体组成社会的力量生存发展的，因此，人们满足需要必须坚持合作共赢的集体主义原则，遵循客观规律，正确处理好人与人之间、个人与集体之间、群体与群体之间、群体与社会之间的利益关系。满足个人的需要不能不顾公共的需要，更不能破坏公共需要的良好环境、各种设施设置、规章制度，个人需要的满足寓于公共需要的保障之中。人的需要虽然千差万别，但其形成、变化、调控和满足还是有共同的规律可循的。要科学合理地满足人的需要，应该有科学理论的指导，坚持正确的法则，遵循人的需要形成变化的规律和满足需要的规律。

追求健康幸福的生活、事业的成功及人生的价值，必须正确认识自己的需要，精选自己的需要，根据客观实际来科学合理地追求和满足自己的需要，否则就会影响自己正常健康的生活和事业的发展与成功。经商办企业只有研究顾客和市场的需要，才能使自己为顾客和市场提供的商品和服务更具有针对性和客我双赢的价值性。进行科学技术研究是为了不断提高和增强人们认识世界和改造世界的能力，也就是为了不断提高增强人们满足需要的能力，不断地开发新的更好的更有益于人的需要和满足需要的资源、产品。治国理政只有深入了解研究、正确把握人民大众的需要，国家建设发展的需要，以及人类社会发展的需要，才能在此基础上制订出科学合理的需要满足方案，才能采取积极有效的措施，最大限度地满足人民群众日益增长的物质文化需要，才能保证国家的长治久安，才能紧跟或者引领世界潮流。人生的动力在于需要的满足，人生的价值在于满足社会需要的奉献。谁满足了人类的某种需要，谁就能流芳千古；谁满足了市场的某种需要，谁就能发家致富。历史上赞美的所有伟大，都是因为满足和反映了当时人们或时代发展进步的某种需要。

人生成功与幸福的秘诀在于懂得怎样通过奋斗满足自己的需要。怎样满足人的需要是人类社会文明建设发展的基本问题，涉及物质精神文明的方方面面。为了揭开人的需要的神秘面纱，揭示人的需要形成变化的规律，总结探讨满足需要的历史实践经验和规律，笔者在撰写出版了《洞悉需要》《需要论》两本专著的基础上，又撰写了这部新的拙著——《满足需要》。

《满足需要》具有自己独特的逻辑结构，不仅总结概括提出了满足需要的七大规律和十大基本法则，系统论述了满足需要的八大错误行为及其产生的原因和预防纠正的方法，而且还提出了一些新的观点和概念。全书共分十章：第一章，满足需要的认识；第二章，需要的实质结构；第三章，满足需要的机制；第四章，满足需要的力量；第五章，满足需要的规律；第六章，厘清分界满足需要；第七章，满足需要的错误行为；第八章，满足需要的至要佳境；第九章，满足需要的基本法则；第十章，把握发展趋势满足需要。

《满足需要》以唯物主义世界观为理论基础，充分吸收习近平新时代中国特色社会主义思想中关于国家、世界应该怎样发展才能更好地满足人民的需要、人应该怎样对待自己的需要、怎样努力满足自身的需要等问题的科学思想，既有古今中外的视野，更有体现社会主义核心价值观主导的价值取向，同时也注意吸收了当今社会人们对于怎样满足需要的有关认识及理论研究成果，对于指导人们正确认识需要，科学合理地、有节制地满足需要具有提高认识、开阔思路的理论价值和非常现实的实用价值。

《满足需要》作为中国第一本尝试系统研究人的需要和怎样满足人的需要的专著，既是一家之言，也是开眼之窗，更是引玉之砖。笔者期待《满足需要》的出版，能为人的需要研究添上有价值的一笔，能为各类组织和人们认识需要、创造需要、把握需要、遵循规律，科学合理、有节制、优质高效地满足需要，预防和避免满足需要过程中可能出现的各种错误思想和行为提供启迪和正确有效的方法，进而能为各类组织的正确决策，为人们的健康生活、快乐工作、事业成功提供有力的帮助。若能如此，则荣幸之至。

吴碧君

二〇二二年元月

于武汉航天银湖湾

目录

第一章 满足需要的认识

我们每一个生活在世界上的人都有各种各样的需要，都在为满足自己、他人以及社会的需要而劳动工作、创造奋斗。人类社会是在不断地满足自身需要的同时，不断地提升满足自身需要的能力这种互为依存、互为促进的循环运动和接续绵延的社会实践中前进的。人类社会的发展过程就是形成需要与满足需要的过程，人一旦没有了需要，人的生命也就结束了；社会一旦没有了新的需要或没有形成满足新的需要的能力，社会的进步发展也就停止了。如何科学合理地满足需要？如何提高满足不断增长的需要的能力？这是贯穿人类社会历史的两个问题，也是人类社会需要不断努力解答的课题。

第一节 何谓满足需要

探讨如何满足人的需要，既是一个实践问题，也是一个很大的理论问题。首先我们应该学习和探讨一下“需要”和“人的需要”的一般概念。何谓“需要”？心理学的定义：需要是指“有机体由于缺乏某种生理或心理因素而产生的与周围环境的某种不平衡状态，也就是有机体对延续和发展其生命所必需的客观条件的需求的反映。对于人来说，需要是被感受到的一定的生活和发展条件的必要性，通常以愿望、意向的形式表现而表现出来”。（宋书文，孙汝亭，任平安：《心理学词典》，广西人民出版社 1984 年版，第 281 页）被人意识到的需要就成为行为的动机，动机通过思想或强化或弱化的价值修正形成实践行为。需要是人的思想与活动的基本动力。人的需要一般具有对象性、阶段性、社会制约性和独立性等特征。人类个体需要的产生受到诸多因素的影响，主要有自身生理状态、家庭出身背景、所处自然条件、社会文化环境、自身的认知能力和水平等因素。人们对需要的认识是随着实际生活的感性认识逐步深化的。从直观的现象和实践的经验来看，需要是自然生命体成长延续繁衍时通过不断满足某种缺乏从而调整平衡的一种运动状态，而且是一种客观必须，没有需要就没有生命，相反，没有生命也没有需要。对于社会组织、事物来说，需要是一种必要的缺乏和必备的条件。关于需要的定义有很多，《现代汉语词典》（第七版）认为：需要即“应该有或必须有”，需要是“对事物的欲望或要求”。这一定义既明确了需要的内涵，又界定了需要的外延；既明确了自然生命体需要的共性，又明确了人的需要的特性。人的需要就其原始自然属性来看，与其他生命体的需要是基本相同的，但作为早已独立于动物世界、具有思想、会使用工具并以社会方式生产生活的人类来说，其满足需要的方式及其满足物的品类结构则是完全不同的。人的需要在具有与其他生物需要共有的“应该有、必须有”基本内涵的同时，还表现为对某种目的的欲望或要求。

关于人的需要，定义也有很多，《需要论》中说：“所谓人的需要，是指人的生命（含心理活动）运动和在社会实践中所产生的某种缺乏和不平衡感形成的客观必要或欲望要求，是人们行为产生的原动力。”（吴碧君：《需要论》，中央党校出版社 2016 年版，第 3 页）这一定义有四层意思。一是人的需要既有自然属性，又有社会属性。这是由于人的生命运动具有自然属性，人的心理思想和实践活动具有社会属性。二是人的需要总是具有自己的对象性目标，这个目标或是某种实物，或是某种愿望与慰藉，任何需要都是为了弥补或满足某种缺乏和不平衡感及欲求。三是人的需要既有“应该有或必须有”的客观必要，又有不断变化上升和可以调控的欲望要求。四是人的需要是产生行为的原动力。需要越强烈，所引起的行为动力就越大越有效。又经过一段时间的思考，笔者认为，从自然属性来看，人的需要则可以更为简明地概括为：“命需”和“我需”的统一体。所谓“命需”，是指自然生命体共有的需要，“命需”的满足物靠自然提供，靠本能获取。如动植物所共同的生命所需——空气、阳光、水就是靠自然提供，靠本能获取。“命需”是很直接的感受，也是本能的反映。如果你不能及时满足这种需要，那么身体就会出问题：呼吸不到干净的空气，生命随时存在窒息或因窒息而死亡的危险；饥不饮食，渴不补水，生命的能量就会透支；困倦时不睡觉，那么就会精神崩溃，严重时还会危及生命。所谓“我需”，是指人所有意识到的并受意识支配的需要，这种需要主要通过社会方式满足，通过劳动创造和社会交换及社会保障机制获取。“我需”是人区别于其他生物的特有的体现人类意识的需要。其他生物没有受意识支配的“我需”，只有受本能支配的“命需”。“我需”的满足物体现社会人的意志，都是人的思想的创造和物化，主要通过社会的方式提供，靠有意识地劳动、创造、交易获取。（注：关于“命需”与“我需”，后文还有比较多的论述与介绍）

造化偏爱人类，赋予人类具有思想的头脑和灵巧的双手，使人可以通过劳动创造主动满足需要，同时按照“权利与义务相统一”的“天规”，也把 95% 需要的满足责任交给了人类自己。从此，人的需要与人类满足需要之间永不停息的矛盾统一运动便成了推动人类社会文明进步不断发展的神奇力量和永动引擎。人的需要与满足需要的能力既是推动生产力发展和社会文明进步的动力源泉，也是随着生产力的发展和社会的文明进步而不断发展的。人类从必然王国到自由王国的路还很长，人们对客观事物运动规律和人自身全面发展的认识和实践永远在路上，这决定了人的需要是无止境的，人类满足需要的实践是无止境的，人类社会的文明发展进步也是无止境的。而人类社会的进步是以其独特的社会方式生活为基础的，人只有依靠社会的力量才能不断地、更好地满足自己的需要，因此，人必须很好地融入社会。正如林秉贤在《社会心理学》中所说：“人的社会化及其社会适应的过程就是将个人需要的追求和满足与社会需要的追求和满足不断协调，达到和谐的过程。”

所谓满足需要，一是指满足需要的具体实践，二是指满足需要的一种完美状态。人生的原初动力在于追求个人需要的满足，随着个体的社会化生存和发展需要及其能力的不断增强，满足家庭的、家族的、社团的、国家的、人类的需要，也就成了不同层次的人们所追求的满足需要的目标。满足需要是人进行各项活动的基础，需要的满足程度直接影响人的生活质量、身心健康和幸福感。当然，由于个人所处环境、所具条件和所持人生价值观的不同，每个人所追求的需要满足物和希望得到的东西都会有所不同。社会的动力源于人们为了增强个体满足需要的能力，进而追求整体和根本利益的保障和不断优化需要的满足。人类的一切活动都是为了满足生存、发展、享受的需要。人们从事各类生产创造实践活动都是为了满足自己生存发展的物质文化需要。人类社会分工的出现和不断细化，是为了满足那些个人在绝大多数情况下无法满足的需要。农民种地、工人作业、老师教书、学生读书、医生看病、科研技术人员从事研究设计、公务人员从事社会管理、文化工作者从事文学艺术创作等等社会实践活动，都是为了满足人们自身和社会生存发展的物质文化需要。谁满足了人类的某种需要，谁就能造福人类；谁满足了市场的某种需要，谁就能发财致富。需要是一组影响人类健康幸福的要素密码，谁能遵循生命运动和社会发展的规律，合理地、科学地满足个人真正的需要，谁就能幸福美满。所有人类的创造发明都是需要召唤而来的，所有人类的物质精神文明成果都是需要结出的果实。人生价值以为他人和社会提供的需要满足物和满足度为尺度，人生幸福最直接的体现就是自身需要的满足感；人的需要是衡量万物价值的唯一尺度。历史上被赞美的所有伟大都是因为其满足了当时人们的需要或时代发展进步的需要。需要与满足相互依存、相互促进。需要是一种缺乏，弥补这种缺乏就是满足需要。

第二节　人与动物满足需要的区别

有生命就有需要，需要的不断满足是生命得以延续的保证。人和动物一样，都是生命存在物，其生命的运动规律是相同的，但生命的存在方式是不同的，即满足生命需要的方式及引起需要的过程等方面是不同的，这就是人和动物的本质区别。具体表现为以下几点。

一是满足需要的方式不同。首先，人能通过创造和使用工具等主动作为来满足自己的需要，动物则不能。动物的需要不是用自己的创造性劳动来满足的，而完全是靠大自然和人类的赐予和本能来获取的。有的动物经过训练虽有简单的认知能力，可以机械地模仿使用简单的工具，但即使训练得最好的动物，也只能依靠周围环境或人提供的天然或人工物质来满足自己的需要。而人类则完全不同，人可以“参天地之化育”。造化赐予了人类万能的思想，因此，人能将自己作为对象，指令自己去发现需要什么，根据需要应该创造什么，按什么计划、采取什么方法来创造，从而满足自己的需要。驯化的家禽牲畜、筛选种植的粮食蔬菜作物、开垦种植作物的土地、修建各种水利设施……物质文明和精神文明的成果都是人类遵循自然规律主动满足需要的创造。其次，动物不能通过超越血缘群体以增强自己的能力来满足自己的需要，而“有气有生有知而且有义”的人则可以通过合理分配利益来组成不同族群的无限大的联合群体，以增强满足自己需要的能力。正像荀子所说：“人，力不若牛，走不若马，而牛马为用，何也？曰：人能群，彼不能群也。”（《荀子·王制篇》）“人类的力量在动物界中也远远不是最为强大的，却站到了食物链的顶端，超越一切其他动物之上，其中最关键的原因在于人类能够合作。有些社会性动物，小如蚂蚁、蜜蜂，大如狮子、大象，也能形成合作，但这种合作基于生物本能，难以超出自然血缘群体之外，人类与它们的区别在于，能够超越于本能之上，形成超血缘群体的合作。”（施展：《枢纽》，广西师范大学出版社 2018 年版，第 39~40 页）其三，从人类整体来说，人既是需要的主体，又是生产需要满足物的主体。因此，人们的天然需要无论是其内容，还是满足需要的方式，都受社会生活条件和生活水平所制约，随着社会生产力的发展、科学技术的进步而不断地更新变化，具有明显的社会历史性特点。

二是引起满足需要行为的过程不同。动物引起需要是依靠内部本能刺激的反应，具有天然规定性。而人的需要是被意识到的需要，人类的一切需要都在人的思想掌控之中。马克思主义的观点认为，人的生物学本能（包括食欲、性欲等等在内）只是人的需要的自然前提，人的需要是通过实践，在改造自己的本性的基础上形成和发展起来的，人的需要与社会文明在实践的基础上辩证统一，人的需要既受自然本能的支配，更受在社会文明洗礼中成长起来的思想的支配。人具有有意识地根据社会主流价值观和主客观实际情况调控自己满足需要的行为，动物则不能。黑格尔说：“人之所以比禽兽高尚的地方，就在于他有思想。”人的需要行为的产生呈现复杂的过程，它不是那种刺激与被刺激的简单条件反射关系，而是一种具有目的性、选择性和创造性的内在动力。人们在做出行为反应时，必须要考虑到如何处理方方面面的关系、如何调整自己的行为以适应于现有的政治经济制度，必须接受社会规范与道德准则的约束，必须使自己的行为适合于所在团体社区的文化传统与氛围。

三是需要及满足需要的活动即劳动与环境之间构成的关系属性不

同。动物为了获取食物也要进行本能的活动，但这种活动及需要与环境之间的关系不构成与人相同的一种价值关系，而只能是一种本能的、机械的、物理的、化学的、生物的自然属性。而有思想的人类劳动和需要与环境之间构成的关系却是一种价值关系，只有需要上升为活动即劳动的目的时，这种关系才成为价值关系。当物与人之间发生关系时，物满足人的需要的那些属性，使整个物在人的眼里就具有了价值，同时，也使获取物的劳动具有了价值。离开了人的需要，劳动便没有价值意义可言，人的需要是衡量与评价万物价值的尺度。

四是需要的满足物构成不同。动物的需要满足物全部是天然的物质或原始的对象。而人的需要满足物不仅有天然的，还有人造的，大多是人造的；不仅有物质的，而且还有精神的。精神的需要满足物包括已物化的精神产品和未物化成产品的爱与尊重、理想与信仰。人不仅能认识与创造自己的需要，而且能反思自己的需要是否正当，从而合理合法地调控和满足自己的需要。人不仅生活在“事实世界”中，而且生活在“意义世界”和“价值世界”中。爱与尊重、文明自由、健康快乐、创造奉献、理想信仰就是人的“意义世界”和“价值世界”。所以，人需要有爱与尊重、文明自由、健康快乐、创造奉献、理想和信仰。动物没有“意义世界”和“价值世界”，只有“事实世界”。对一个没有“意义世界”或“价值世界”的人来说，人生就是行尸走肉，人就可能成为只有本能的禽畜；对一个失去“意义世界”和“价值世界”的人来说，“事实世界”迷雾重重，不堪重负，难以忍受。人生的意义在于创造，人生的价值在于奉献。活得有意义、有价值的人最幸福。

五是需要的特性不同。动物的需要是天然规定的，全部具有原始性特征。人的需要，包括原始性的自然需要，都受社会条件的制约，并且是随着社会的文明进步发展而变化的。人是大自然的产物，来源于动物界，因此，动物共有的原始性需要将永远在人身上存在，但人类社会化过程的不断深入，彻底改变了人类原始性需要的本质。从本质上讲，人已经不类属于动物，而是大自然中最有灵性和创造力的独立种类。人的需要及其满足物 95% 以上都是自己创造的。人类完全是用自己创造性的活动来满足自己的需要，正是由于人类具有创造的本性，其需要的本质也就不停地变化发展。比如，“饮食男女”是动物共有的原始性需要，但社会化的人满足“饮食男女”需要和动物的“饮食男女”需要行为已有了本质的区别。人类的两性关系，越来越超出动物的本能，从而有了婚姻爱情的含义；人类的饮食习惯，也不再仅仅为了充饥果腹，而是具有了美食、营养、健康学的含义。所以，动物满足需要只是凭一种本能感受，而人类满足需要则是一种认知力量；动物的劳动只是本能的活动，而人类的劳动则是一种自觉主动的创造；动物完全靠自然规律自然地进化，而人类则是自己创造自己的历史（章韶华：《需要—创造论：马克思主义人类观纲要》，中国广播电视出版社 1992 年版）。动物的需要及其满足方式是一成不变的，人类的需要及其满足方式则具有多样性、可调性、发展性、递延性等特性。

六是满足需要的动力机制不同。动物满足需要完全是靠本能的力量，而人则主要是通过自身修养学习，不断提高主观能动性和能力来满足需要的。人与禽畜满足需要的最大区别是人有修养，人修养的程度不同，满足需要所致的境界高低也不同。如“有小人境界、有凡夫境界、有君子境界、有英雄境界、有圣人境界、有天地境界。”而禽兽只能遵循弱肉强食的丛林法则凭本能满足需要。“人之所以异于禽畜者，即是人的修养，有由修养而所至各种境界，而禽畜则否是；人能藉修养增益其所不能，以提高其人格精神，而禽畜则否是；人能藉修养以充实其自然生命，扩大其人生之意义与价值，而禽畜则否是；人能藉修养以使其对人生有觉悟有了悟，对世界有贡献，对后世有影响，而禽畜则否是。”（萧天石：《世界伟人成功秘诀之分析》，古吴轩出版社 2005 年版，第 4 页）加强修养是人提高满足需要的能力和境界的不二法门，人的学问、道德才气、境界全自修养中来。

第三节　社会的进步在于满足需要的推动

人们所从事的一切社会实践活动都与自身的需要有关，人类社会的进步在于满足需要的推动。人类的文明进步最早就是在使用工具获取猎物的同时，有意识地、规范地满足自身需要的基础上发展的。

人类社会的一切文明成果都来源于满足需要的实践。人类有史以来建立的所有行为规范和取得的科学技术成果，包括风俗习惯、人文学说、宗教、道德、政治、法律、科学等，其核心内容和作用都是教育、指导、规范人们如何追求满足自身需要或实现自身价值，在一定意义上，都是人们满足自身需要的行为指南和规则工具。需要是一切生命活动的出发点和动力源泉，也是人的生命与心理活动的出发点和动力之源，人的需要一旦被意识到，就会成为行为的动机，动机就会推动人的思维和意识等心理活动的发展，进而推动人形成满足需要的行动。人类的认知活动、思维活动、生产活动、科研活动、管理活动、审美活动，也包括革命活动、军事斗争等等一切实践活动，无不是为了满足自己生存发展的需要。马克思说："没有需要，就没有生产。"恩格斯说："人们通过每一个人追求他自己的、自觉期望的目的而创造自己的历史。"（《马克思恩格斯选集》第四卷，人民出版社 1972 年版，第 243~244 页）人类社会的一切科学技术、社会组织、行为规范、哲学宗教、文学艺术、各类伟大人物等等一切文明成果及代表人物都是社会满足某种需要的产物。如：人类为了满足对食物的需要，从有意识使用简单的工具获取猎物开始，发明了各种提高农牧功效的器械工具，学会了农耕种植、家禽养殖，并不断积累经验、进行科学研究，建立起了现代的农业科学。人类为了满足对衣食住行的需要，学会了人工农牧种养、取火烹饪食物、纺纱织布缝纫、制砖制瓦建筑，发明了牛车马车竹筏木船、汽车火车轮船飞机等交通工具。人类为了弥补个体满足需要能力单一和不足的缺乏，建立起了旨在提高整体满足需要的能力的社会组织系统——我为人人、人人为我、能力互补、文明递延。在人民群众发挥推动历史前进的决定性作用的过程中，创造和诞生了无数顺应历史潮流、推动历史发展、满足时代需要的各类伟大人物。人们为了提高满足需要的认知能力，建立起了农学、天文气象学、医药学、数学、物理学、化学、动物学、植物学、地理学、地质学、冶炼学、伦理学、哲学、心理学、政治学、法学、管理学、文学艺术等科学技术及人文科学知识门类。人类社会满足需要的实践既是当代人生存发展享受生活的保障，也是推动人类文明进步的动力源泉。人类社会的一切文明成果都是满足需要的结晶。满足需要的实践不仅促进满足需要能力的提升，而且引起或创造出新的需要，如工具不断改进的需要；而且，满足需要的实践还能矫正不良欲望的需要和满足需要的不当行为。比如，人们发现掠夺式地利用自然资源和疯狂破坏生态环境已严重影响了人类的生存发展，为了满足生存和可持续发展的需要，人们汲取教训、纠正错误，开始回到保护生态环境的正确轨道。不管什么时候，忽视物质文明建设，社会就会停滞不前，人们的生活就得不到改善提高，为了满足物质利益的需要，人们必然会把社会活动的重心放在重视物质文明建设的正确轨道；忽视精神文明建设，社会就会混乱、就会堕落，人们就会失去正确的价值取向，难以产生幸福感。为了满足精神文明的需要，如安全需要、审美需要、爱的需要、尊严与自由的需要、享受生活的需要等，人们必会把社会建设拉回到“物质文明建设和精神文明建设协同发展”的正确轨道；随着交通信息技术的发展，世界各国相互依存，休戚与共，联系越来越紧密，为了更好地满足人们日益增长的需要，人类必然要构建命运共同体。

人类满足需要方式的进步推动社会文明的进步。在满足需要的实践中，人们总是主动地培育和发挥自己的特长、优势来满足需要，这种方式在满足需要的竞争中形成比较优势，进而形成一种示范作用，激励人们主动加强学习、努力刻苦钻研获取需要满足物的技术方法，从而使人们满足需要的能力得以不断提高。需要对人们的活动起着定向选择的作用，在众多的需要对象和众多满足需要的活动方式中，人们总是依照自己的需要，做出自己的判断，发挥自己的优势，选择自己理想的需要满足物和满足需要的活动方式。例如，人类需要饮用清洁的水，呼吸清洁的空气，于是在物质文明发展的过程中，特别是在工业文明经济社会的发展过程中，就逐步知道了应该采取清洁生产、低碳发展的方式，保护好生态平衡。人们在长期的生活实践中，发现那种不讲卫生、胡吃海喝、荒淫无度、纸醉金迷的生活不利身心健康，就知道了应该追求健康的生活方式。通过科学、文明、合理合法的方式满足自己的需要，这一趋势也体现了社会文明的进步。

人类社会出现的各种社会制度本质上也都是适应当时社会生产力水平的、满足人们需要的基本方式。生产力的不断发展和人类社会精神文明的不断进步，推动着人类满足需要方式的不断进步。无产阶级革命导师描述的生产力高度发展、社会财富极大丰富、人民觉悟极大提高、生活资料按需分配的共产主义社会，是人类最理想的美好社会。我国是社会主义国家，正处于并将长期处于社会主义初级阶段。党的十九大报告指出，目前我国社会的主要矛盾已经转变为人民日益增长的美好生活需要和不平衡不充分的发展之间的矛盾。在实践中不断完善的中国特色社会主义为满足人民日益增长的美好生活需要开辟了广阔的道路，提供了坚强的制度保障。中国走上社会主义道路以来，特别是改革开放以来，中国已由一个贫穷落后的农业大国转变为基本实现工业化的世界第二大经济体，建成了世界上门类齐全、独立完整的现代工业体系，工业经济规模跃居全球首位；以科学技术为第一要素、以创新能力为第一标志的社会生产力发展强劲，开始步入强国的行列；工业制造正在实现由制造大国向制造强国的转变；国家的基本建设旧貌换了新颜，基本建设能力世界一流；生态环境保护日益加强，国家已开始步入绿色发展轨道；大学教育已在很大程度普及，面向全体国民的社保、医保体系日益健全；人民生活整体上实现了小康，人们的衣食住行发生了翻天覆地的变化，穿求美观、吃讲营养、住求舒适、行讲安全快捷方便，快乐工作、健康生活已成为人们生活的常态。中国人民在中国共产党的领导下从站起来到富起来、到日益强起来的光辉历程充分证明，只有社会主义才能救中国，只有中国特色社会主义才能发展中国，使中国人民过上好日子。

第四节　人生的价值在于满足社会需要的贡献

需要是衡量一切事物价值的唯一尺度，人生的价值在于满足社会需要的贡献。那些人类先进生产力的创造者，那些人类文明的导航者，那些受到人民世代传颂的人文始祖、百业祖师、大科学家、大思想政治家、大文学艺术家、民族英雄、道德典范，无不是如此。

炎帝因教人稼穑，使人们通过人工种植作物、驯养禽畜，掌握了满足衣食之需的主动权，因此被尊为“神农大帝”。黄帝在位期间，播百谷草木，大力发展农牧业生产、始制衣冠、建舟车、制音律、创医学、历法等，被尊为“中华民族的人文始祖”。孔夫子为建立文明秩序的人伦社会创立了千古不朽影响世界的儒家学说，首开化愚开智、“有教无类”的全民教育，为满足人类文明进步的需要作出了彪炳青史的贡献，被誉为“万世师表”“圣人中的圣人”，朱熹更是赞誉：“天不生仲尼，万古长如夜。”扁鹊因创造了望、闻、问、切的诊断方法，奠定了中医临床诊断和治疗方法的基础，满足了人们医病的需要，被尊为“医祖”。华佗因医术精湛，特别是发明“麻沸散”，在全世界最早使用的将病人麻醉后实施手术解除病人痛苦的方法，满足了人们医病祛痛的需要，被后世尊为“外科鼻祖”。李时珍历尽千辛万苦撰写出中药学巨著《本草纲目》，满足了人们医病用药的需要，被尊为“中药行祖师”。仓颉因发明文字，蔡伦因改进造纸术，毕昇因发明印刷术，满足了人们记录语言、沟通交流思想、传承文明的需要。张衡因发明地动仪、改进浑天仪，满足了人们探索天体运动变化、掌握时令节气规律的需要。祖冲之因最早推算出圆周率、编制过世界上最早最科学的历法《大明历》，不仅为数学的发展作出了贡献，而且满足了人们规律生活生产的需要。徐光启撰写了我国第一部农学百科全书《农政全书》，宋应星撰写了我国制造业的科学巨著《天工开物》，他们为总结继承发展和传播我国古代的农业制造业技术作出了杰出贡献，满足了社会建设发展的需要。这些在人类文明发展的历史长河中像太阳、月亮、星星一样永远闪着光辉的名字，都是因为他们曾经为人类某种需要的创造和满足作出了贡献，因而流芳后世，扬名中外。

当代也是如此，那些民族的脊梁、推动人类历史进步的典范、善良高尚的人们都是把为社会和他人需要的满足而贡献自己的力量作为人生的理想和价值目标。毛泽东领导中国共产党推翻了压在中国人民头上的“三座大山”，满足了广大人民群众翻身得解放过好日子的需要，人民歌颂为“大救星”。袁隆平因发明了杂交水稻，为解决人类的吃饭问题作出了杰出贡献，被誉为“杂交水稻之父”。王选因始创汉字激光照排系统，满足了中文出版全过程计算机化的需要，被誉为“当代毕昇”。著名科学家南仁东院士为建设我国 500 米口径球面射电望远镜，即目前世界上最大单口径、最灵敏的射电望远镜，作出了突出贡献，为人类探索宇宙的奥秘提供了先进的探测设备，被誉为“天眼之父”。

此外，世界上诺贝尔物理学、化学、医学等奖项，还有安培、法拉第、赫兹、焦耳、欧姆、伏特、瓦特、韦伯等物理常量和单位的命名以及我国设立的国家最高科学技术奖、国家自然科学奖、国家技术发明奖、国家科学技术奖等等定期或不定期表彰的奖项，都是对那些满足了国家乃至全人类某种需要的人们及其成果的褒奖和价值的肯定。凡在历史上留名青史的、凡在现实中得到善良的人们赞扬的人或事，都是因为或多或少地满足了人们的某种生活需要或精神慰藉及社会发展进步的需要。许多大科学家甘愿清贫献身科研的行为，也是来源于人类整体需要的驱动力，他们把造福人类看成是自己最大的价值和最大的需要，他们都是把满足国家和人类进步的需要当成自己的奋斗目标和努力方向。正如，我国著名航天科学家戚发轫在一次采访中所说的："国家的需要就是我们的志愿。国家需要我们干什么，我们就去干什么。" 也如萧天石所说："你要想能存在于他人的心中，你便须做些有益于他人的事情。你要想能存在于世界人类的心中， 你便须做些有益于世界人类的事情。"对于世界上那些为人类的生存和发展、文明进步作出了贡献的人们，生活在现世和后世的人们都会心怀感恩。

人生价值的维度是社会贡献，金钱不是衡量人生价值的标准，只有那些给人类社会带来进步、光明、幸福的科学家、发明家、思想家、政治家、军事家、医学家、教育家、实业家、文学艺术家、道德典范等才能名垂青史。但我们不能否认金钱的社会价值，金钱是人类社会交换劳动的光明使者和高级裁判，有了它，社会机器才能得以正常运转。在现代市场经济的社会条件下，金钱只要来得光明，用于正道，遵循法律道德规范，它就是胆量、尊严、动力，就能为实现人生的价值增能添彩。金钱虽然不是衡量人生价值的标准，但金钱作为交换劳动商品的等价物、作为社会分配中劳动的报酬，也不能违背社会主流的价值取向。一个正常的社会，应该让一切于社会整体文明进步有重要价值的东西既让人珍惜、尊重、效仿、追求，同时也值钱。

第五节　人的品行集中体现如何满足自身需要

品行是有关道德的行为。道德是人们在共同的社会生活中如何正确满足自己的各种需要，以及如何正确处理好满足自己的需要与他人、社会的需要之间关系的行为准则和规范。道德通过人们的自律和社会舆论对社会生活起规范约束作用。人的社会性本质决定，人们满足任何需要的实践，都必然要受社会道德的影响、指导和约束，都必然要反映自己所持的道德价值观。实践证明，人的品行集中体现在如何满足自己的需要。认识、考察一个人的品行，重点应该考察其是如何对待自己的需要和如何满足自己的需要的，因为一个人满足自身需要的实践包涵了其所有的社会实践。“见一叶而知秋，窥一斑而知全豹。”一个人品行的高下好坏，看看其在满足自身需要时，是否遵守社会公德、个人私德、职业道德、国家大德，是否遵纪守法就能有个八九不离十的正确判断。正如清代学者蔡元放在《东周列国志》中所说：“大约看好人、坏人之法，只从‘义利’二字上着眼，便可十得七八。贤奸之变，虽有万态，究其根本，总不能外此两字而已。”正确处理义与利的关系是正确认识需要和正确满足需要的核心问题。实践告诉我们：修炼自己高尚的品行，就应该正确认识和处理好义与利的关系，把正确认识自己的需要、正确选择自己的需要、正确满足自己的需要贯穿生活工作实践的始终。

在道德层面，中国的圣贤们，把人分成君子、小人，其依据就是人们如何对待自己的需要及如何满足需要的表现。所谓君子，就是人格品德高尚的人；所谓小人，就是人格卑鄙、品行不好的人。君子和小人最大的区别在于满足自身需要时所依据的不同的行为价值取向。如《论语》里说的："君子爱财取之有道。""君子喻于义，小人喻于利。""君子怀德，小人怀土；君子怀刑，小人怀惠。""君子坦荡荡，小人长戚戚。""君子成人之美，不成人之恶。小人反是。""君子求诸己，小人求诸人。""君子上达，小人下达。""君子固穷，小人穷斯滥矣。"……这些话我们都很熟悉，意思是说：君子也是爱财的，但君子满足自己的需要是讲道义的，小人则唯利是图，为了满足一己之需不顾道义。君子注重国家利益，注重道德修养，在满足自己的需要时，心中有国家的法度，能遵纪守法；小人则只考虑个人的利益得失，往往为了满足一己之私，不顾任何道义亲情，甚至贪赃枉法、违法乱纪。君子满足自己的需要光明磊落，问心无愧；小人自私自利，阴损缺德，所以总是疑神疑鬼，患得患失，充满忧虑烦恼。君子成人之美；小人却见不得别人好，心地阴暗，嫉贤妒能，妒美仇富，对别人的好事总是设障拆桥，阴损使坏。君子无论是顺境还是逆境，总是依靠自己的力量来满足自己的需要，从不怨天尤人；小人自己的需要得不到满足或工作上生活中遇到麻烦，总是把责任归咎于别人，怪这怪那，怨天尤人，从不考虑自身的问题。君子即使在穷困潦倒的时候，也能安贫乐道，坚守道义；小人一遇到穷困就会放弃道德底线，肆无忌惮，什么事情都会做出来。君子事上忠敬，对下谦和；小人事上阿谀奉承，对下傲慢无礼。孟子根据人们满足需要的不同表现，提出了影响深远的大丈夫的标准。他说："居天下之广居，立天下之正位，行天下之大道，得志与民由之，不得志独行其道，富贵不能淫，贫贱不能移，威武不能屈，此之谓大丈夫。"《孟子·滕文公章句下》

观察一个人在日常生活工作中如何满足自己需要的行为，可以看出一个人品行的高下，古人根据人们满足需要的品行总结出了不少识人之法术。这些方法对于今天我们交友识人、选人用人、干部考核等仍然具有一定的参考价值。如《吕氏春秋》中的“八观六验”法“：“凡论人通则观其所礼，贵则观其所进，富则观其所养，听则观其所行，止则观其所好，习则观其所言，穷则观其所不受，贱则观其所不为。喜之以验其守，乐之以验其僻，怒之以验其节，惧之以验其持，哀之以验其人，苦之以验其志。”（《吕氏春秋·论人》）用现在的话说就是：考察一个人的品行，要看八个方面的表现，可以从六个方面进行考验。八观：一是考察一个人生事业处于顺境成功之时的人，要看他礼遇的是哪些人。若一个身处顺境成功之时的人，还能为人谦恭和蔼，敬重贤达人才，礼待下士，交往的朋友都是正人君子，处事尊重并敬畏规则，不为利益出卖朋友，不损害老百姓的利益，那么这样的人就值得信赖、重用。反之，则不可。二是考察一个已有一定权力地位的人，要看他推荐提拔信任的都是些什么样的人，是选贤任能，还是嫉贤妒能、结党营私、以权谋私。前者于组织的事业有利，后者则于组织的事业不利，不可用。三是考察一个富人的品行，要看他养的是哪些门客，是怎么花钱满足自己的需要的。有的人有了钱，生活奢侈无度，甚至吃喝嫖赌，毫无廉耻追求感官享受。这样的人不管他有多富，都会为社会正直善良的人们所不齿。那些有了钱在满足自身需要时仍然能坚持科学合理适度原则，遵纪守法坚守道德底线的人才是品行高尚的人，才是社会正义健康的力量。四是考察一个人的品行，要看他是否言行一致。如果说的是一套，做的又是另一套，那么，这样的人就不可交、不可用。五是考察一个人的志向修为，要看其业余爱好，一个人业余的时候喜欢把精力投入到什么上去，就能窥见他心之所向。六是考察一个人的性格特征，要看其经常的习惯性言行。七是考察一个的品行，要看其处于穷困时的表现。“穷则独善其身，达则兼济天下”的人才是真正的正人君子；“穷且益坚，不坠青云之志”的人必定有出息、有作为。八是考察一个人的品行，要看其处于社会底层时的表现。品德高尚的人，处于社会底层时，在社会交往中也能保持自己的尊严，不卑不亢，做人不失原则，有骨气、有境界。品德低下的人，处于社会底层时或社会地位低时，为了满足自己的需要，往往丧失人格尊严，奴颜婢膝，卖身图利。这样的小人一旦得志，必定骄横跋扈，欺压老实人，变本加厉谋取私利。对这样的小人，各类各级组织一定要保持警惕。六验，是六种考验识人的方法。一是使其“得意”，看其是否“忘形”，还能不能自律守正、不忘初心。二是使其高兴，看其是否不变操守、“不因喜而滥赏”胡来。三是使其发怒，看其能否自我约束，冷静清醒处事，能不能“不因怒而滥罚”失公。四是置之困境，看其是否意志坚定，不变信念。五是使之挫败，看其能不能自省、自纠、自制、自励、自强。六是使之劳苦，看其是否不变志向，并不怨天尤人，努力改变现状。

在“八观六验”的基础上，历史上还产生了不少“识人法”。这些“识人法”一般可分为两类。一类是主流的以重点考察被考察对象满足自身需要的现实表现及其如何处理各种利益关系的唯物主义的“识人法”：如鬼谷子的“识人九法”、李悝的“识人五法”、诸葛亮的“识人七法”。鬼谷子的“识人九法”：第一，察言法，微察问之，以观其言；第二，穷言法，穷之以辞，以观其变；第三，观诚法，见其谋事，观其志意；第四，财诱法，远使以财，以观其廉；第五，色诱法，诱之以色，以观其贞；第六，试胆法，告之以难，以观其勇；第七，醉酒法，醉之以酒，以观其志；第八，激怒法，撩之以情，以观其心；第九，察色法，察之气色，以观其神。李悝的“识人五法”：居视其所亲，富视其所与，达视其所举，穷视其所不为，贫视其所不取。诸葛亮的“识人七法”：问之以是非而观其志，穷之以辞而观其变，咨之以计谋而观其识，告之以难而观其勇，醉之以酒而观其行，临之以利而观其廉，期之以事而观其信。另一类是历史上民间流传的通过观察人的面相、骨相、手相等带有神秘主义色彩的经验主义的“识人法”：如流传甚广的麻衣相术、曾国藩相人术等。

现实社会人们满足自身需要的行为，无不受其所持道德价值观的影响和制约，总是会不同程度地反映出其所追求的理想、志向、兴趣爱好、责任担当意识、文明知识素养。一个志向高远、品行高尚的人，必定是把国家和人民的需要放在第一位，能够为国家和人民的利益牺牲个人的利益。中国共产党是全心全意为人民服务的政党，把满足中国人民美好生活的需要当成自己始终不渝的崇高使命，这就要求自己的党员干部满足自身需要时必须忠实履行自己的誓言，遵守《党章》的规定。“中国共产党党员永远是劳动人民的普通一员。除了法律和政策规定范围内的个人利益和工作职权的外，所有共产党员都不得谋求任何私利和特权。”要“坚持党和人民的利益高于一切，个人利益服从党和人民的利益，吃苦在前，享受在后，克己奉公，多做贡献。”党员干部在遵守以上规定的同时，还必须“正确行使人民赋予的权力，坚持原则，依法办事，清正廉洁，勤政为民，以身作则，艰苦朴素，密切联系群众，坚持党的群众路线，自觉接受党和群众的批评和监督，加强道德修养，讲党性、重品行、作表率，做到自重、自省、自警、自励，反对形式主义、官僚主义、享乐主义和奢靡之风，反对任何滥用职权、谋求私利的行为。”中国共产党之所以有凝聚力、战斗力，与广大党员干部在满足自身需要时严格遵守、模范执行《党章》规定是分不开的。那些受到党纪政纪国法处理处罚制裁的腐败、犯罪分子都是从不能正确认识、正确满足自己的需要开始的，在满足自身需要时无不存在违法违纪缺德的现象。那些为了满足自己卑劣的需要而出卖国家利益、损害人民利益的人是民族的败类；那些为了满足一己之私而以权谋私、倚强仗势，巧取豪夺公共资源、侵害群众利益、违法剥削他人劳动的人是社会的蛀虫；那些为满足自己发财的需要而坑蒙拐骗、制假售假、作局讹人、利用职业特权、专业优势套路赚钱的人是社会的乱贼；那些放弃信仰、出卖尊严、投怀送抱、投人所好，迎合满足那些道貌岸然的伪君子们的卑劣需要而换取自己的需要得以满足的人，必定是品行猥劣狡诈的小人。推动社会健康发展的主体力量，永远是那些靠自己的辛勤智慧诚实的劳动创造，满足自己需要的人们，永远是那些围绕健康生活、快乐幸福、文明进步、美美与共、规律发展、价值崇高的目标满足自身需要的人们。

第六节　人的需要是衡量万物价值的唯一尺度

这里所说的“物”，是指与人的需要相联系的事物，它对满足人的需要的重要程度与需要的主体——人构成一种价值关系。因此，它既有哲学、物理学关于物质，经济学关于商品概念的内涵，又有自己特殊的含义。在哲学范畴：物质是独立存在于人的意识之外的客观实在。人所有的需要满足物、包括人本身都是客观存在的物质，这种客观存在的物质与人的主观认识——价值无关。物理学则认为：物质是构成宇宙间一切物体的实物和场。常见的物质存在状态有六种：固态、液态、气态、等离子态、超固态、中子态。从其自然属性来说，人的所有需要满足物，都属于物理学范畴的物质， 物理学范畴的物质总是直接地或间接地满足着人的需要，影响制约着人的需要满足，抑或是潜在的需要满足物。总之，不管我们现在能不能认识到，所有的物质对于满足人类的需要都存在着或大或小、或已经认识的或未被认识的价值关系。在经济学中：商品是为了在市场出售而生产的产品，泛指市场上出售的物品、服务。马克思说："商品首先是一个外界的对象，一个靠自己的属性来满足人的某种需要的物。"这个物满足人的需要既可作为生活资料即消费品来直接满足，也可作为生产资料来间接满足。(《资本论》第一卷，人民出版社 1975 年版，第 48 页）由此可见，商品首先必须是能满足人某种需要的"物"，但满足人需要的"物"不仅是商品，还包括空气、阳光、水、良好的生态环境等等公共资源和只满足自己需要而不用于交换的劳动。

所谓"价值"，从认识论上说，是指客体能够满足主体需要的效益关系，是表示客体的属性和功能与主体需要间的一种效用、效益或效应关系。通俗地讲，价值是人们对于某一事物满足人类生存发展需要的意义和重要性的一种带有行为导向性的认识、衡量标准。从本质上看，人类满足需要的行为就是一种价值追求的行为，这种行为总是自觉或不自觉地体现着每个人的价值观。追求生存发展需要的价值是人类生存与发展的动力源，人对生存发展需要的价值追求是一切社会的核心内容。人的一切活动都可以归结为价值的生产与消费过程，所有形式的社会关系，包括自然与人的关系，本质上都是一种价值关系。习近平总书记关于“绿水青山就是金山银山”的著名论断，就是人与自然这种价值关系的本质揭示。因此，作为满足人的需要的“物”的价值，并不像经济学定义的商品的价值是由社会必要劳动时间决定的一样，而是由其满足人的需要的重要程度决定的。

经济学关于价值的定义只能用于商品，超出商品的范畴就是谬误，而且在特殊情况下，如突发灾难面前，这样定义商品的价值也是不合情理的。人类对“物”的价值认识与追求是随着人对自然和自身认识的不断深化而不断深化进步的。在大灾大难面前，人生存需要的饮用水、食物、救治伤员用的药物，尽管采购的价格很低，但它们的价值比其他任何贵重的商品都大。因为“物”的价值最终是由人的生命需要决定的。生命的价值高于一切。

人所追求的价值是由人的需要决定的，实践证明“物”的重要价值在于满足人的需要的程度。所谓满足人的需要的程度，从现实的作用看，就是对满足人的生活品质和发展能级提升的作用的大小，作用大的就是价值大，作用小的就是价值小。良好的生态环境是满足人的需要的无价之宝；教育、科学技术等因其满足人们需要的进步保健作用，对于提高人的生活品质和满足需要的能力具有永恒的价值。教育、科学技术、商品等“物”的价值的大小决定于满足人的需要的程度。离开对人的需要的关注和满足，人类的一切活动都毫无根据和意义。“物”的价值是人对其满足需要的意义和重要性的认识，不断提升需要满足物的价值，追求具有更高价值的需要满足物，是人满足需要实践的动力源泉，也是人类社会不断发展进步追求的目标。

马克思指出："价值这个普遍的概念是从人们对待满足他们需要的外界物的关系中产生来的。"（《马克思恩格斯全集》第六卷，人民出版社 1961 年版，第 492 页）恩格斯在《反杜林论 · 价值论》中批驳杜林的劳动量决定价值的错误观点时说："我们的某个人要制造对于别人没有使用价值的商品，那么他的全部力量就不能造成丝毫价值；如果他坚持用手工的方法去制造一种物品，而机器生产这种物品却比他制造的便宜二十倍，那么他所投入的力量的二十分十九既没有造成任何价值，也没有造成一种特殊的价值量。"（《马克思恩格斯选集》第三卷，人民出版社 1972 年版，第 227 页）马克思主义认为，只有人的需要才是衡量万物价值的尺度。一个社会制度的先进性与否是以能否满足绝大多数人或全社会成员的物质文化需要为标准来衡量的，中国特色社会主义之所以成为全体中国人民的共同理想，就是因为在中国共产党的领导下，中国人民走上了社会主义道路，走上了从站起来、富起来到强起来的伟大复兴的光明大道，过上了幸福美好的生活；共产主义社会之所以成为人类向往追求的美好社会，就是因为它能做到各尽所能、按需分配。马克思主义认为，离开人的需要和如何满足这种需要，就不存在价值判断；衡量某一需要满足物的价值大小，取决于这一满足物满足人们这种需要功效的大小；价值在本质上是一个社会历史的范畴，根本不存在超历史的价值标准和价值体系。人们对任何社会事物的评价及衡量其价值的标准，都是以其是否有利于人类社会物质文明和精神文明的进步，是否有利于当时社会生产力的解放和发展，是否有利于当时社会人民生活的改善提高为尺度的。

第二章 需要的实质结构

人类在满足需要的实践中，不断深化对人的需要及怎样满足需要的认识，从而使满足需要的实践逐步由被动走向主动、由盲目走向自觉。人的需要有很多，而且各种各样，甚至可以说是千差万别，但其本质特性和结构属性是相同的。弄清人的需要的本质特性，准确把握其属性结构特征，对于增强满足人的需要的针对性、科学性、有效性是十分有意义的。

第一节 需要的实质结构——“命需”和“我需”

学术界对人的需要已经有了比较深入的研究，进行了很多分类，但对人的需要实质结构的认识还没有真正达成共识。从人类需要的起源和其满足功能来看，其实质结构是由“命需”和“我需”两种不同质的需要构成的。其他任何分类法都只是这两种需要的分解与具体化。

所谓“命需”，就是自然生命体维持生存和延续种族而对一定外部条件（如空气、阳光、水、适宜的气温、食物、防灾抗灾、疾病防治等）的需要，这些需要得不到满足，生命就不能诞生和成长，就会夭折。如江河、湖泊、山涧、溪流一旦受到人为污染，就会要了鱼虾等水体生物的命，喝着这些水的沿岸的人们就不得不另找安全的饮用水源。“命需”是自然生命体共有的需要，自然生命体的“命需”满足物靠自然提供，靠本能获取。人类的“命需”满足物是靠良好的自然生态和良好的社会生态提供的。人是社会动物，人获取“命需”满足物除了靠本能外，或多或少会受到“我需”意识的支配，人不仅能认识到“命需”的不可抗性，而且还能在很大程度上主动把控“命需”的满足与调控。“我需”是人类社会生态的造化。人作为自然界的生物，其需要满足物也同其他生物一样，永远只能靠自然界和其他人提供，靠本能和近似本能的不可抗拒的“我需”驱力获取，如人对清新的空气、干净的淡水、食物等等维系生命物质的获取。人一旦呼吸不到清新的空气，失去获取“命需”满足物——氧气的本能，人的生命也就结束了；人一旦喝不上干净的水就会生病，五到七天喝不上水就会死亡；七到十天不能吃上食物，人的身体就会严重衰竭甚至死亡；食盐是人人都离不开且至今找不到替代品的生活必需品，盐不仅是重要的调味品，也是维持人体正常发育和健康不可缺少的物质，人如果一个月不吃盐就会出现各种疾病，甚至危及生命。“我需”是人所有意识到的并受意识支配的需要，这种需要靠人类自己通过社会方式满足，通过劳动和社会交换劳动及社会保障机制获取。“我需”包括社会人生存、发展、享受的各种需要。人的需要由自然人的“命需”和社会人的“我需”两部分有机构成。“我需”是人类区别于其他生物的特有的体现人类意识的需要。

自然人的“命需”是人作为自然生命体所具有的与生俱来的自然性需要，也叫天然需要、生理需要。美国人类学家约翰·杜威把这种需要定义为：“人们由于其身体构造而表现的固有要求。例如对饮食的需要和对行动的需要，等于是我们存在的一部分，因此，不可设想在任何情况下，这些需要会停止。”（〔美〕约翰·杜威：《人的问题》，上海人民出版社 1986 年版，第 150 页）这种自然性需要是有机体生命孕育、生长、维持和种族繁衍所必需的因子。自然性需要主要包括：维持有机体平衡的需要，如呼吸、饮食、睡眠、排泄、运动、休息等需要；维护生命安全的需要，如对危险或有害情景的回避，安全防护等需要；性的需要，如配偶、嗣后的需要等等。我国伟大的思想家、哲学家、教育家孔子把饮食和男女性爱看成是最基本的自然需要，他在《礼记》里讲：“饮食男女，人之大欲存焉。”被西方尊为现代“医学之父”的古希腊著名医师希波克拉底说：“阳光、空气、水和运动，是生命和健康的源泉。”我国明朝医药学家李时珍在《本草纲目》中说：“盖水为万化之源，土为万物之母，饮资于水，食资于土，饮食者人之命脉也。”马克思认为，生存是人最基本的需要，他在《资本论》里指出：“最文明的民族也同最不发达的未开化的民族一样，必须先保证自己有食物，然后才能去照顾其他事情。”鲁迅先生在《我们现在怎样做父亲》一文中对饮食男女这种自然需要的意义作用更是作了明白晓畅、鞭辟入里的论述。他说：“人作为生物，第一要紧的自然是生命。因为生物之所以为生物，全在有这生命，否则失了生物的意义。生物为保护生命起见，具有种种本能，最显著的是食欲。因有食欲才摄取食品，因有食品才发生温热，保存了生命。但生命的个体，总免不了老衰和死亡，为继续生命起见，又有一种本能，便是性欲。因性欲才有性交，因有性交才发生苗裔，继续生命。所以食欲是保存自己，保存现在生命的事；性欲是保存后裔，保存永久生命的事。”周国平先生在《“物质时代”，人生取向不能跑偏》里有一段论述，更是有利于我们理解“命需”的基本含义，他认为：“自然、爱情、亲情是生命的必需品……生命的需要可以分为两部分，一个是外部的自然界，一个是人身上的自然，比如爱情、亲情。人需要一个好的自然环境，这是人最基本的需要，你本来就是自然之子，你就必须和自然有和谐的关系，这是人的根本需要……爱情、亲情是大自然给你的，虽然是很普通的东西，但这是生命骨子里的东西，是人类核心的东西。”

人的需要虽然具有其他一切生物需要的基本特性，但人的社会性决定了人的自然性需要与其他生物的自然性需要有根本的不同，人是自然属性与社会属性的统一体。其他生物的需要具有纯粹性的被动性、规定性、本能性的特性，而人类的这些生物需要特性却深深地打上了社会文明的烙印，社会文明对其满足的方式具有规范引导、约束调整、激励向善利他的强大功能。

人的自然性需要还表现在人的需要满足物直接或间接来自自然界。

人永远不能脱离自然界生活，人类永远不能违背自然规律随心所欲地发展。“万物生长靠太阳，雨露滋润禾苗壮。”“民之所生，衣与食也；食之所生，水与土也。”空气、阳光、水、土地是人类生存的基础，是历史发展的要素，是人类永恒发展而不可代替的宝贵资源，是人的生命须臾不可缺少的自然需要物。人类自己创造的物化的需要满足物从其物理属性来说，仍然是自然物质。人应该感恩自然、敬畏自然。遵循自然规律，与生态环境友好相处，人类才能获得真正的自由，才能可持速发展。近代以来，随着工业文明的兴起、科学的发展，人类遵循自然规律，在物质文明和精神文明方面取得了许多辉煌的成绩，提升了人类的福祉。但也出现了许多影响人类健康和持续发展的严重问题，许多国家和地区特别是市场主体的企业等组织，为了局部或一己的眼前私利，对大自然赐予的人人均等享受的最基本也是最宝贵的需要满足物毫不珍惜爱护，急功近利、杀鸡取卵，如污染大气、污染水源、污染土壤、滥捕滥猎野生动物、滥伐森林树木、破坏农田湿地草场等等行为，已经严重破坏了自然界的生态平衡和人类的生活环境，破坏了人类引以为荣和骄傲的发展成果。极端气候事件不断发生，地质灾害高发频发，许多动植物资源濒临消失灭种，越来越严重地威胁着人类生命财产安全和后续发展。人类的许多行为和现象正像我国 20 世纪一位大思想家萧天石针对那些不珍惜最平常、然而却是最宝贵的东西时所批评的：“我们日处于空气中而不知道空气之重要，鱼儿日处于水中而不知道水之重要。”（萧天石：《世界伟人成功秘诀之分析》，古吴轩出版社 2005 年版）维持人类生命的基本物质是空气、阳光、水和食物，其他的需要都是建立在这些基本需要满足物之上的。当人们身处沙漠时，就会感受到水和食物比黄金珠宝重要千百倍，当因盲目的发展造成了严重的生态环境污染，使世世代代生活在这块土地上的人们失去了这些基本的生存条件时，人们就会明白大自然恩赐的这些基本生存条件要比一时的利益重要千百倍。空气、阳光、水和食物是人类科学技术再怎么发展也满足不了的需要，人类必须好好保护，始终要怀着感恩敬畏之心、遵循规律来利用。实践证明：人与自然的和谐关系是生命的根本需要，良好的自然生态环境是人类的“命需”，安全充足的饮食物品是人类的“命需”，那些平凡而永恒的需要构成人类“命需”的核心。

农业是人类获取和生产“命需”满足物的基础产业，确保农业的持续健康发展是确保人类“命需”满足物的必然要求。民以食为天，政以食为首。“农，天下之本，务莫大焉。”为确保农业稳定发展，我国坚持农业在国民经济建设中的基础定位，确保国家粮食安全的大目标，设立18亿亩耕地红线，并在抓好经常性的农田水利基本建设的基础上实施高标准农田建设，狠抓粮食作物种子的安全保护与改良培优，同时制定一系列惠农政策，大力推进农业农村现代化建设，实行“菜篮子市长负责制”“米袋子省长负责制”，各级、各类组织严格的“环保责任制”“安防责任制”，以及继承历史传统长期实行的食盐国营专卖制度等战略政策举措，就是为了确保满足我国人民“命需”的安全。

“我需”是由人的意识支配，通过社会方式或受社会影响制约而满足的需要。如通过社会获取生活生产资料的需要；通过社会获取和满足知识、劳动就业、医疗保健、科学技术、文学艺术的需要；人在社会生活中对人际交往、人格尊严、伦理道德、法制秩序、名誉地位、友情爱情的需要；对娱乐消遣、休养享受的需要；等等。“我需”是人社会化的产物，并且随着社会化的进程而发展，人在社会的劳动生产中，不仅生产出满足自己需要的物质资料，而且不断地创造和丰富、优化、满足自己的精神文化需要。“我需”有大我之需和小我之需之分，大我之需是构成社会的群体的需要，小我之需是每个人的社会性需要。社会性需要是人类特有的在社会生活实践中产生和发展起来的高级需要，是人之为人的需要。人类为了增强生存发展能力，不断提高生活水平和生活质量，就需要劳动创造、分工合作、结成集体、团结互助；就需要建立组织、制定道德法规、确定并维护社会良俗秩序；就需要发展各种公共事业，以满足个体难以满足的各种需要。以上的这些需要如果不能实现，人们正常的生活工作就会受到影响，困难重重。人是一切社会关系的总和，人的本质是社会性。社会性需要的产生和满足把人和其他动物区别开来，是人能够成为地球生物主宰的根本原因。“我为人人，人人为我”的社会分工和社会合作共赢机制，良好的社会生态使人的需要满足能力具有倍增的能量。从这个意义上说，良好的社会生态也是人类生存发展的“命需”。18 世纪法国启蒙运动的主要思想家孟德斯鸠说：“个人的利益永远包括在公共利益之中；要想和公共利益分离，等于自趋灭亡。”（〔法〕孟德斯鸠：《波斯人信札 · 第十二信》，人民文学出版社 1959 年版，第 20 页）人除了造化和自己满足其需要外，其他人包括地球上的所有人都有可能成为满足你需要的参与者、贡献者。其他生物则只有造化和其自身本能才是其需要的满足者。

“我需”是受意识支配的需要。人类在满足需要的实践中，不仅不断提高着满足需要的能力，而且不断地创造着只有人才能产生的新的需要，不断地建设和完善着人类自觉发展的文明生态体系，这些满足需要的实践都是受人的思想意识支配和指导的。人类 95% 以上的需要都是由人类自己创造、自己满足的，这 95% 以上的需要就是“我需”。从这个意义上说，“我需”就是区别于动物需要的、真正的人的需要。“我需”的满足即人满足需要时，总是自觉或不自觉地受到以下意识的支配和影响：获取意识、劳动意识、创造意识、选择意识、规则意识、价值意识、审美意识等。正常的人为了满足自己的需要，首先想到的必然是自己动手通过劳动去获取，不劳动者不得食。人为了提高获取需要满足物的效率、持续提高满足需要的能力，产生了使用并不断改进劳动工具、学习发展科学技术的意识。人类既不断地提高着满足需要的能力、丰富着需要满足物，同时也不断地创造和丰富着人的需要。任何人满足需要都会都受到其所处自然、历史、文化风俗环境及其所在国家、社团、组织法规制度的影响制约，所以任何人在满足需要时，都会受到自觉或习惯的潜在规则意识的指导。人在满足需要时，总是受其自身所持的人生观、价值观的影响，总是按照需要的重要性来衡量其价值的大小，总是追求更有价值的需要及其满足，并不断递延提升着满足需要的层次和所追求价值的目标。

追求美是人类的一种高级需要，人们在获取或创造需要满足物时总是怀着一种追求完美的心态，既要满足功能性需要，又要满足价值性需要、审美性需要。美是使人心情愉悦的一种感受，这种感受来自直觉或经验。审美则是领会美的一种鉴赏行为和心理活动，同时审美也是一种分辨美丑、是非，追求、创造美的一种能力。如穿衣，既要求衣服能满足保暖遮羞的功能性需要，又要求能满足其穿着很舒服、很好看、很体面的精神享受性需要；饮食既要求加工的食物能满足身体营养的需要，又要求能满足色香味俱全享受美食的需要；住房装修要求装修的房子既能满足居住方便安全的需要，又要求能给人一种非常舒适且赏心悦目的精神与艺术享受。向善、向上、向美是人类文明发展进步始终追求的目标和永远不会改变的方向。美是人满足需要追求的最理想的境界，美是人最好的精神享受。善良的人们不仅按照美的理想不断创造和完善着物化的需要满足物，同时也会不断地修炼提升完善着自己心灵的美好。审美的最高境界是追求心灵的美。

人类满足“我需”可以划分为四个境界：第一境界是“求有”，第二境界是“求多”，第三境界是“求优”，第四境界即最高境界就是“求美”。“求美”也就是费孝通先生所讲的“各美其美，美人之美，美美与共，天下大同。”“我需”存在的不同层次告诉我们，“求有”即保障衣食住行的基本需要的满足就是现实社会人们生存发展的“命需”，其他层次的“我需”则有许多是“可有可无”或“标准可高可低”的“或可性需要”。然而正是这种受人的意识支配的具有“或可性”和“不断求美”驱动特性的“我需”，为人类不断提升“命需”满足物的保障能力和品质，进而为不断创造出许多有利于人类更加文明和谐幸福美好生活的“我需”的新需要和提升满足这些需要的新能力提供了生生不息的动力和保证。

区分“命需”和“我需”，对于正确满足人的需要具有十分重要的意义。人的“命需”告诉我们，人是大自然的产物，人的“命需”满足物源自于大自然，最基本的和基础的物质永远要依赖大自然提供，人必须与大自然和谐相处。满足“命需”是满足“我需”的基础。正如周国平先生所说：“人身上最有价值的东西就两个，一个是生命，一个是精神。”“生命是最基本的价值，每个人只有一次。”“我们这个时代有一个大的问题，就是很多人不关心他的生命，而关心物质的东西，大家都把金钱财富看得非常重要。当然，财富对于个人和国家来说都很重要，但不能因此忽略生命本身的需要。”（引自周国平：《“物质时代”，人生取向不能跑偏》）“我需”告诉我们，人不仅能认识自己的需要，而且能创造条件主动满足自己的需要，并能在满足需要的基础上创造出新的需要，进而又会主动地创造条件满足这种新的需要，正是需要与满足需要之间互为依存、互为促进的矛盾统一运动，不断地推动着人类满足需要能力的增强，同时也不断地推动着人类需要层次的提升。同时，满足“命需”是满足“我需”的基础，满足“我需”时决不能忘了不受人的意志支配的“命需”，决不能损害大自然恩赐给一切生物包括人类的“命需”满足物。“我需”还告诉我们，“我需”是社会人的需要，人不仅不能不依赖自然界生活，而且也不能脱离社会生活，“我需”满足物主要靠社会生态生产系统提供。在这个意义上创造和维护好良好的社会生态也是人生存发展的“命需”。社会人的小我之需寓于大我之需中，满足小我之需不能损害大我之需，“人人为我，我为人人”才是满足“我需”的良性社会机制和社会生态。

还需要指出一点，社会人是以不同的角色生活的，社会人的角色生命也是有其特殊的“命需”的。人不仅要保障满足自然生命的“命需”，也要保障满足社会人角色生命的“命需”：如公职人员的“命需”就是为民勤政廉政，如果不能满足这些需要，而是欺压百姓、以权谋私、贪污受贿、违法乱纪，那么其政治生命就必然会丧失、毁灭。再如，工商经营者的“命需”就是为顾客创造价值，提供公平公正安全优质的服务，经营遵纪守法、讲求职业道德，如果你不能满足这些“命需”，就会葬送你的事业生命。任何职业的存在与活动都有自己特殊的“命需”，如果你不能满足你所从事职业的“命需”，迟早会被这一职业抛弃。无论是自然生命，还是社会人“角色生命”，其“命需”满足物都具有公益性、整体性的特点。社会人“角色生命”的存在和活力决定于其社会公益性需要、整体性需要满足的状况。

“命需”和“我需”构成人的需要统一体。良好的自然生态环境是最基础的“命需”满足物，希望生活在良好的生态环境中的欲望和要求就是人的“我需”。希望加强生态环境保护，治理环境污染，热切期盼加快提高生态环境质量，是我国人民相当一段时间以来迫切需要满足的“我需”。党的十八大以来，以习近平同志为核心的党中央对生态文明建设高度重视，把生态文明建设纳入统筹推进“五位一体”总体布局和协调推进“四个全面”战略布局的重要内容，开展了一系列根本性、开创性、长远性的工作，推动生态环境保护发生历史性、转折性、全局性变化，为保障和满足中华民族健康持续发展和繁荣的“命需”提供了坚强的政治保障，此举功在当代，利在千秋。习近平总书记高瞻远瞩地指出：“建设生态文明，关系人民福祉，关系民族未来。”“生态兴则文明兴，生态衰则文明衰。”“保护生态环境就是保护生产力，改善生态环境就是发展生产力。良好生态环境是最公平的公共产品，是最普惠的民生福祉。”“绿水青山就是金山银山。我们绝不能以牺牲生态环境为代价换取经济的一时发展。”习近平生态文明建设的哲学思想，为我们正确认识人的“命需”，正确处理好发展经济与环境保护、生态文明建设与满足人民群众日益增长的美好生活需要等关系提供了科学的理论指导。大自然为人类提供了公共的最普惠的空气、阳光、水、生成食物的各种物质元素、生存环境等“命需”基本满足物，人类应怀着感恩敬畏之心保护好这些基本满足物，坚实奠定满足“命需”的基础，从而不断提升“我需”及其满足物的品质和增强满足“我需”的能力。不重视“命需”满足物的保障和品质的提升，人类的文明发展是不可能持续的，是没有生命力的。

坚持人民至上、生命至上，是中国共产党领导中国人民进行社会主义革命、建设和改革过程中始终不渝的内在价值追求。党和国家把人民群众“命需”的满足和“命需”满足物品质的提升始终放在第一的位置。中华人民共和国成立初期，国家克服百废待兴的重重困难，大力加强国防建设，建立起了强大的国防体系，为保障我国人民过上长期和平安宁的生活打下了坚实基础；大力加强农田水利基本建设、大力推广科学种田等农业科学技术，特别是杂交水稻的培育成功和推广，很快解决了亿万人民的吃饭问题，创造了世界农业发展史上的奇迹；逐步建立起了专业配套齐全、水平不断提高的工业、教育、医疗卫生体系，为满足人民的“命需”和“我需”提供了不断改善提高的物质基础和制度保障。20世纪50年代，针对天花、鼠疫、血吸虫病等严重威胁人民生命和健康的传染病，党和国家领导人民进行“消灭血吸虫病”运动，开展以除“四害”为中心的爱国卫生运动，不断加强健全卫生安全制度组织防控体系建设，将发展体育运动作为国家战略等，彻底改变了旧中国疫病横行、人民体质普遍羸弱的面貌。面对各种突发的重大自然灾难和重大传染病疫情、重大公共安全事件，始终坚持生命至上的理念，竭尽全力组织第一时间抢救人员，及时开展灾后重建，不惜代价采取科学严格有效的组织防控手段。唐山、汶川大地震的抗震救灾，1998年、2000年抗洪救灾，

2002 年抗击“非典”疫情及其防控等抗灾救灾伟大壮举和取得的一次次伟大胜利，都生动地诠释了中国共产党人民至上、生命至上的崇高理念。正像 2020 年两会期间，习近平总书记参加内蒙古代表团审议在谈到新冠疫情防控时明确强调的：“党团结带领人民进行革命、建设、改革，根本目的就是为了让人民过上好日子，无论面临多大挑战和压力，无论付出多大牺牲和代价，这一点都始终不渝、毫不动摇。”以及习近平总书记“人民至上、生命至上，保护人民生命安全和身体健康可以不惜一切代价。”“没有比人的生命更优先的考量。”等重要论述表明在诸多需要利益中，生命安全、身体健康是人民群众生存、发展、幸福的基础与保障，也是最基本的权利和最大的需要。坚持“人民至上、生命至上”的理念，是我国各级政府、各类组织在工作实践中正确处理满足“命需”与“我需”关系的根本指南。

第二节　需要的形态结构——物质需要和文化需要

人的需要的对象，按其基本物质形态可分为物质需要和文化需要。物质需要是指人们对物质对象的需求，包括日常衣食住行生活物品、工具性的生产资料，以及各种以物质形态存在的物品和需求对象。物质需要是人类生活的第一需要。文化精神需要是人类在基本物质需要得到满足后出现的需要，文化精神需要的出现便又催生出新的物质需要和满足这种需要的创造活动和生活方式，这种永无止境、循环反复、相辅相生的人类需要运动生态，加速了人类的文明进步。辩证唯物主义的宇宙观告诉我们，物质是第一性的，精神是第二性的，社会存在决定社会意识，人的精神活动是以物质运动为载体和前提的。基本的物质需要得不到满足，无论是个体的人或群体的人都很难生存下去。如果是自然灾害所致，他们在毫无办法的情况下只好听天由命；如果有一线希望，生命的本能都会召唤他们去积极探索自然规律、适应自然、改造自然，以获取基本的物质需要。如果是社会政治问题所致，他们就会起来造反、革命，争取应有的权利，以获取他们能够创造需要满足物的条件或应该得到满足的需要物。物质需要反映人类的生活发展文明进步对物质文明的依赖状况，任何国家和组织的存在，最终都决定于看其有没有利于满足人民群众不断增长的物质需要，以及与物质需要相适应的精神文化需要。

文化的定义有上百种之多，但都集中在广义和狭义之间。广义的文化是指人类社会历史发展过程中创造的物质文明和精神文明的总和。狭义的文化是指一定社会或特定组织的人们共同的思维方式和行为方式。正像英国文化学家泰勒在《原始文化》一书中所定义的：文化是包括知识、信仰、艺术、道德、法律、习俗和任何人作为一名社会成员而获得的能力和习惯在内的复杂整体。我国文化学者余秋雨则认为：广义的文化，是由精神价值和生活方式共同构成的社会生态（体）系统。文化通过积累和引导，创建集体人格，文化的终极目标是普及爱和善良。（余秋雨：《何谓文化》，长江文艺出版社 2012 年版）余先生关于文化是一种社会生态系统的观点很有新意，有助于人们正确理解文化的丰富内涵和重要作用。当今，我国关于狭义“文化”的定义在社会上影响比较大的是“晓声四句”，即我国著名作家梁晓声定义“文化”的四句话：“根植于内心的修养，无需提醒的自觉，以约束为前提的自由，为别人着想的善良”。这一定义为我们评价一个人是不是有文化提供了一个非常明确的标准，既通俗易懂，又抓住了文化是以文化人的要义和文化体现于人行为的主要表现，抓住了文化的终极目标是培养人适应社会文明秩序的自律、自觉、爱心与善良，所以这一定义社会影响比较大。不管如何定义，文化都不能脱离以文化人的本质。文化的“文”是标准、法度，有真、和、善、美、文明科学进步的内涵；“化”是手段、方法、目标，即通过强制措施、严格管理、长期教化、榜样示范引领的手段方法，使特定社会的人们能形成与“文”的标准一致的价值观体系及相关行为生活方式。“化”对于个体来说有服从、认同、进而养成习惯、形成自觉的内涵。

文化作用于人，在满足生产物质性需要时，具有体现生产力水平的工具性功能；在满足人的精神性需要时，具有安顿灵魂、满足自慰、升华境界、和谐社会的教化性功能；在满足群体性需要时，具有凝聚动员功能；在满足人的社会化需要时，具有促进价值观的认同和行为方式习惯养成的塑造规范功能。文化需要是人在不同文化环境里生活所具有的特有需要，它在人的灵魂深处体现为一种价值追求、自觉意识和归属感，在实践中体现为一种行为习惯和生存能力。“文化是民族的血脉，是人民的精神家园。”满足人们的文化需要是社会管理的重要职责，也是凝聚人心，维护社会秩序良俗稳定，激发人的创造力、奉献精神，增强组织和个人社会责任感的必然要求。侧重于人的社会化和精神文明建设的文化性需要是解决应不应该做、能不能做、值不值得做的价值问题。在特定的文化环境中生活的人们有特定的文化需要。随着科学技术的发展，特别是信息技术和交通的飞速发展，全球经济一体化的加速推进，人类的生活方式将发生深刻变化，跨文化交流共建的活动和组织将越来越多，跨文化生活的人或人群将越来越多，人类文化性需要越来越呈现出不断趋同的大势。当今世界范围内的各种思想、文化之间的交融交流交锋，既表现出斗争尖锐复杂前所未有的一面，又表现出取长补短互相学习的广度和深度前所未有的一面，这正是趋同大势强劲力度的反映。由此，我们可以预测未来地球村公民潜在的共同的文化需要。文化意义上的需要有进步与落后之分，有科学与愚昧之别，只有对那些落后愚昧的习俗及生活方式加以扬弃改革，人类才能共同进步。文化的融合将是一个很长的、但是越来越加速的渐进过程。不管融合的过程多么曲折复杂，人类追求美好生活的共同需要，使人们一定会按照先进性的原则，在互相尊重、互相学习、取长补短的基础之上，建设好符合全人类利益的新文化，建立起人类共同的新的精神家园。人类追求生活质量不断提高的天然秉性，决定了人类一定会按照适应先进生产力发展水平的先进文化价值体系来建立共同的生活方式。

文化需要包括人的精神需要。文化作用于人的精神世界，创造了人的精神需要。精神需要就是指人们对精神生活及其产品的需求，包括对知识的需要，对文化艺术的需要，对审美与道德的需要，对社交、尊重、生活意义、理想信仰、人生价值的需要等等。精神需要是人类特有的需要，是人具有能动性的根源，是人类进步生生不息的能源库。精神需要的满足是需要主体的一种满意状和成就感的愉悦体验和表现。物质需要和精神需要的区分不是绝对的，而是相对的，人们的大部分需要都是二者的结合。人们在追求物质需要的同时，也表现出某种精神需要，如向往整洁、雅静的住房、高品位的居住小区，款式入时品质优良的衣着，音质优美的音响系统等。精神需要的满足也离不开一定的物质产品，如满足阅读的需要，不能没有报纸、杂志、书籍、手机等电子设备以及图书馆等物质条件；满足艺术欣赏的需要，不能没有乐器、表演者的服饰及表演场地等。一套制作精美的餐具、一组高档的红木家什既有使用价值，又有审美价值，同时满足了人们的物质性需要和精神性需要。人们有病需要治疗，也往往是药物治疗和精神治疗相结合的过程，有时精神治疗比药物治疗还要重要；各种管理的激励措施大多也是物质鼓励与精神鼓励相结合，如果不注意结合，就难以收到好的激励效果，甚至引起价值导向错误。

物质需要与精神文化需要既有紧密的联系，又有鲜明的区别。人类的生活即人类的生存与发展，物质性需要是第一位的，精神性需要是第二位的。在早期人类社会，人们的需要比较简单，大都是为了追求生理和安全的需要而活动，主要追求的是物质需要的满足，精神性的需要则是随着物质生活资料的生产活动而产生，并随着生产力的发展而发展的。由人的思想活动统领和形成而出现的日益丰富的人类精神需要，不仅从精神上日益改善人的生存状态、提升其生活质量，而且创造着许多与动物不相类似的具有社会性的、高级的物质需要，如那些有利于提高物质生产效率所需要的工具，那些提高人的物质生活水平的物质对象工具、家具、用具、护具、医药保健品等等。追根溯源，“精神性需要，实质上也是为了创造物质财富和精神财富的实践活动和交往活动的或叫做机能的需要。”（林秉贤：《社会心理学》，群众出版社 1986 年版，第 159 页）人类精神需要的满足，决定于物质文明和社会文化建设的状况，良好的物质条件和健康的社会文化既是人们的精神需要，也是满足精神需要的物质基础文化保障，同时精神需要的满足状况也会反作用于物质文明和社会文化建设，对二者具有促进、影响和制约的作用。

从人类历史发展的前提和基础来看，物质需要无疑是最重要的；但是，从历史发展的进程来看，随着生产力的不断发展和社会财富的不断增加，当社会发展到人们的物质需要能得到充分满足时，精神需要将成为人们的主要目标。但是，由于人的心理思想的复杂性和克服人性的固有弱点的艰巨性，精神需要的满足将比物质需要的满足更加困难，也更加难以实现。“精神需要只有在为人的物质需要的生产而生产，变成了主要是为了人的精神需要而生产，即生产劳动本身变成了人的生活的第一需要时，才能得到充分的满足。”（林秉贤：《社会心理学》，群众出版社 1986 年版，第 159 页）因此，不管什么时候，我们都应该把物质文明建设放在第一位，大力发展生产力，切实抓好经济建设；只有经济健康发展，经济实力不断增强，社会物质财富基础雄厚，才能满足人民美好生活日益增长的物质需要和建立在物质文明基础之上的精神需要。

研究如何更好地满足需要，有必要学习了解一下需要分类研究的成果和现状。笔者在已经出版的《需要论》一书中，从需要的起源、需要的对象、需要的顺序、需要的程度、需要的异同、需要的功能、需要的正当性、需要存在的范围、满足需要的方法等不同的属性和角度，把人的需要划分为十大范畴、二十种类。此种分类，在吸收常见需要分类成果的基础上，有新的增加。有志于需要和满足需要研究的同仁，以及关心这一问题的读者朋友可以了解一下，希望能起到抛砖引玉的作用。

第三节　“我需”的结构和运动形式

“我需”是受意识支配的需要，也是人的心理动力机制。任何事物的构成都存在特定的结构和运动形式，作为心理动力机制的“我需”也有自己特定的结构和运动形式。认识“我需”的结构和运动特点，对于了解人的需要的产生发展变化规律，有针对性地、更有效地满足需要是非常必要的。人的需要结构是很复杂的，既有层次结构，又有母子结构、网状结构、耗散结构，而且不同时期的需要其结构是不同的、是变化的。在满足需要的实践中，应根据不同人、不同时期、不同境遇的实际需要，通过综合分析研究，分清和处理好主要需要和其他需要的关系，这样才能针对性地、有效地满足好需要。人的需要大致有以下四种结构。

一是层次结构。从需要总体成长的规律看，人的需要是由低向高不断发展的金字塔形的层次结构。习以为常的事实告诉我们，人的需要是随着社会进步和自身条件的不断改善而不断发展的，“命需”问题解决了，人就会追求“我需”事业的发展、精神的享受和人生的社会价值。应该注意的是，每一种满足了的需要，都是催生高一层次需要的种子，都是建构高一层需要之塔的基础。这就告诉我们：满足了的需要虽然容易被人遗忘，但它仍然存在你的需要结构中，当高一层次的需要因条件和能力所限不复存在时，低一层次的需要又会成为你的第一追求。具体到一个人，同一层次、同一时期会有多种需要，但总有一种需要占支配地位，对自己的行为起决定作用，但任何一种需要都不会因为高层次的需要得以满足而消失，只是对行为的影响程度相应减弱而已。人的需要层次结构不是堆积木式的叠加，而是各层次的需要相互依赖和重叠，需要注意的是每一个层次又呈现出自己的层次结构，而且这种由低向高的增长趋势也是无止境的。在需要金字塔的顶端，立着一块不断升高的不朽金碑，上面写着三个金光闪闪的大字：真善美。追求“真善美”是满足需要行为的最高层次。

需要的层次结构人们早就已经有所了解，但对需要层次结构有意识地进行系统研究的第一人当数美国行为心理学家亚伯拉罕·马斯洛。亚伯拉罕·马斯洛于1943年在《人类激励理论》论文中提出了需要层次理论，该理论被奉为是行为科学的基础理论之一，在应用心理学、政治经济学、企业管理学、营销学、社会福利政策等领域产生了广泛而深刻的影响。该理论把人的需要分为生理需要、安全需要、归属与爱的需要、尊重的需要、自我实现的需要五个层次，并认为尽管有许多例外，但人的需要总的规律是从低到高逐级递升的。这一理论有一定合理性，但也具有明显的局限性，在思想方法上具有机械唯物主义和形而上学的偏见，如果仅以此指导满足需要的实践，会造成很大的局限性，容易产生思想认识上的僵化、片面性和实践中脱离实际需要的情况，从而致使满足需要的行为出现偏差，甚至发生错误。如20世纪90年代前后，美国许多企业以此理论指导奖励政策的制定，机械地认为奖励只能不断上涨，不能下降，下降就会影响积极性，结果造成了许多公司滥施奖励搞乱管理的后果。一直到2000年美国著名管理学家埃尔菲·艾恩的重要著作《奖励的惩罚》出版发表，这一状况才得以基本纠正，很多公司很快以《奖励的惩罚》所提出的基本理论为指导，修改了公司的奖励指标体系和制度。

二是母子结构。从需要的构成特点来看，人的需要结构呈母子结构状态。人的需要总有一种决定需要主体存在与否或其属性的源需要，这种源需要就是母需要。不决定需要主体存在与否和其属性的但对需要主体有影响的需要就是子需要。如人的生存需要，其母需要就是生命的维持和身心的健康，其子需要就是饮食、运动、医疗、精神生活等功能性、享受性、求美性的需要；如制造某一结构复杂的机电产品，需要有总体设计方案或总体设计图和分系统设计方案与分系统设计图；如满足人对粮食的需要，就需要有人种地，就需要制造农具，需要生产肥料，需要修建水利设施，需要有人研究各种病虫灾害防治，需要有人从事粮食加工储藏，需要有人从事运转销售等等环节，只有这些需要得以满足，个人对粮食的需要才能得以实现；如人对电灯的需要，就需要有电能，需要有导电线，需要有灯具，需要有各种安装操作工具，需要有随时能购买到灯具、开关等等损耗品的商店，以及解决各种技术故障的专业维修服务。如满足过河的需要，就需要架桥或造船。满足学习的需要，就需要建学校、编教材、请老师等等。由此可见，母需要是目标性需要，子需要是满足目标性需要的条件。了解需要的这种结构特性，对于发现发明并千方百计满足人类的源需要，以及围绕不断完善和强化这种源需要去发现发明并千方百计满足其子需要，具有非常重大的意义。

三是网状结构。从需要的整体协调平衡的规律来看，人的需要应该是一张完美的网，也可以看成是一个有机的生命体。人生的基本需要是由衣、食、住、行、医、学、劳、尊、安、养织成的需要网，社会管理应按照这张网，尽量满足人们的这些基本需要，或为人们自己满足这些需要创造良好的条件。作为个人来说，哪一项需要得不到满足，都会影响其健康的成长和幸福的生活。像人一样，身体各个方面的机能及心态都很健康的话，那么这个人也一定很健康，适应这种健康生活的需要结构和需要满足的程度，也一定是比较完美的网状结构和相宜相生的运动系统。如果某项身体机能损坏或因外部制约因素造成某种合理需要得不到满足影响了心理健康，正常的需要网就会出现漏洞和补疤。人们在现实生活中都有一张理想完美的需要网，一旦某种在现实社会中本应该而且有条件得到满足的需要，因自身能力不够，或身体先天性的某项缺陷和意外的不幸遭遇，或社会管理不到位，政治腐败等外部原因而得不到满足时，人们在物质生活上就会产生不稳定感，在精神生活上就会产生不安全感，在人生价值追求上就会产生挫折感，进而还可能对现实社会产生不满感，影响社会的和谐稳定。人类社会的各类管理者，在现阶段主要是各国的统治阶级及其各级国家机关的领导和公务员，其一项重要职责，就是要在当时生产力水平的历史条件下，协调处理好各类人群的各种利益关系，尽量使每个人都有一张适应自身条件、基本满足自己愿望并通过努力能够实现的基本需要网。在现实社会中，人们的各种需要不可能百分之百得到满足，但具有自我完善功能的人类社会，永远不会停止开创更加美好社会和更加美好生活的努力。

四是耗散结构。从人的需要运动规律来看，人的需要是一种耗散结构。生命态的生物事物都是一种耗散结构，生命态生物事物的需要也是一种耗散结构，人的需要也不例外。所谓耗散结构，就是远离平衡区的非平衡开放系统，通过与外界交换物质与能量，在一定条件下实现由无序到有序的转化，形成的一种新的稳定而又有序的结构。耗散结构理论认为，耗散结构是靠与外界发生能量交换的所形成的新的动态平衡的一种“活”的结构。这种结构既在不断地吸收，又在不断地耗散；既在不断地运动，又保持着一定的稳定和有序状态，是一种动态平衡的开放系统。这种结构几乎遍布自然界和人类社会的各个领域。人体及各种活生物体的结构及其需要都是典型的耗散结构，因为它们是通过捕食、给水、吸收和排泄、释放等活动不断与外界交换物质和能量，不断满足自身的需要，维持的一种动态平衡的开放系统。但是，这种有序的稳定并不是永恒的，而是暂时的，它是成长力与灭亡力之间对立达到的一种暂时的统一，是一种运动与平衡的活的统一。这种辩证的对立统一过程支配着生命体内的每一个细胞和每一根纤维，当生长力超过灭亡力时，生命就发展，生命体内的活动就具有一定的节奏性，各部分的联系也随之密切和加强；当生长力小于灭亡力时，需要的能动性就渐渐消失了，随之，生命就解体了，动态平衡也就不存在了。自然生态是一种耗散结构，“人类社会也具有耗散结构的基本特征。社会人口的出生与死亡，社会的生产与消费，物质与信息的交流，每时每刻都在发生和进行，使社会始终处于一种远离平衡状态的非平衡状态。但是，社会作为一个不断运动和发展的有机整体，又是按照一定的程序和规律存在并运转，维持着一种动态平衡的。人类社会之所以发展得越来越有序、越来越复杂，也正是因为社会耗散结构使其不断和外界环境交换物质、能量、信息的结果。”“新的耗散结构一般要比原来的更谐调、更高级。这种演变每重复一次，耗散结构就要提高一步。越来越高级的耗散结构使整个世界变得越来越丰富多彩。”（吴长顺，张凤：《民意学》，天津人民出版社1991年版）了解生命态生物与事物的耗散结构形态，对于遵循生命平衡需要律，促进人与自然和谐发展，促进人和社会的健康持续发展，具有非常重要的意义。生命态生物事物的成长发展必须有强壮的生长力和动态平衡的运动机制。

人的需要结构就像指纹一样，没有两个人完全相同，这是由人所处的客观环境和自身条件的差异所决定的。

影响人的需要结构的客观环境因素主要有：政治、经济、文化、科学技术（即生产力水平）、生态环境等因素。所处的社会环境政治清明，人们物质文化需要的结构就比较合理，幸福指数就比较高。生态环境保护得好，人们就不会为满足恒常性即刚性的需要犯愁，人类的物质文明、精神文明、社会文明和生态文明才能协调发展，人的需要才能保持一个合理的结构。国家经济状况好，人们的基本物质需要能得到满足，基本物质需要以外的其他需要就会成为人们的主要追求。生活在不同文化环境中的人们在需要结构上会有所不同，如宗教生活、饮食品味等的需要。科学技术对人们日常需要物品的影响极大，现在的空调、彩电、电冰箱、电脑、汽车等家用电器和交通工具，几十年前几乎很少有，人们也就没有条件满足这些需要。自然地理对人的需要结构也有明显的影响，生活在热带的人们不需要御寒的设施，生活在城市的人们，不会有农业生产资料的需要。

影响人的需要结构的主观因素主要有：自身所处的政治地位、现实生活所处的文化背景、所受的教育程度及所学专业技术、所从事的职业和兴趣爱好、自身的年龄及健康状况等。由于这些个体方面的差异，人们的需要结构也必然呈现出差异性。政府官员和大型企业的经营管理人员的需要结构与普通公民和员工无论从层次结构、母子结构，还是从网状结构和耗散结构看都有许多的不同。同时，处于不同层级的政府官员和大型企业的经营管理人员因其职责的不同，其需要结构也会有明显的差别。由于所受教育的程度及所学专业技术、所从事的职业和兴趣爱好的不同，每个人的需要结构和内容也会有所不同，从事航天科技研究的人和从事农业种植技术研究的人，在所运用的知识及信息来源和试验手段的需要上是完全不同的。人的年龄和健康状况的差异和不同，造成人的需要结构也不同。一般规律是，幼儿青少年期是人身体的生长期，也是生命需要的生长期，吐故纳新的能力很强，从需要的耗散结构看，正处于生长力大于灭亡力的时期；进入壮年以后，身体有一个相对稳定的时期；进入老年后，人的需要结构就开始进入生长力小于灭亡力的时期。一个健康状况差的人，生存需要总是显得比健康的人更为敏感和重要。从理论上分析认清这些差异性，对于有效地了解把握满足人们的需要是非常有益的，也是十分必要的。

第三章 满足需要的机制

所谓机制，本意是指机器的构造和工作原理，如计算机的运行机制；也指某些自然现象的物理、化学规律。此外，机制还泛指构成事物系统的要素之间比较稳定的相互联系和相互作用的过程和方式。研究满足需要的机制，就是研究与人的需要形成、发展、转化、满足有关的各要素之间的关系及其相互作用的过程和方式，以便把握规律，更好地满足需要。

第一节 人的需要形成机制

从人的需要天然性看，从需要与生产力发展的关系看，从需要满足的方式即生产力与生产关系矛盾运动的机制看，需要产生的终极原因是一种物质现象，是一种由人的思想调控的具有巨大裂变能量的“化学物质”。同其他物质运动一样，这种由人的思想生长出来的物质现象也有自己的形成机制、存在方式和运行规律。因此，人们在满足自身需要或满足社会某种需要时，应该不断探索认识和掌握需要存在的方式和形成机制，以便更好地遵循其客观运行规律，使需要满足最大化、最佳化。

需要是人在生活中感到某种欠缺而力求获得满足的一种内心状态，是人脑对生理和物质、社会要求的反映；需要是人们正常生活工作、避免伤害和健康持续发展的必然条件；需要是人们追求的目标和策略；需要是推动人类健康成长发展的原驱力、“永动机”。人是各种社会关系的总和，利益和需要是人类建立所有社会关系的根本。马克思主义认为，人类社会发展的根本动力是生产力和生产关系的矛盾运动，而生产力的发展，则源于人们的社会生活需要并受其影响。人类为了维持生命、延续种族，形成了一些必不可少的天然需要，如衣食住行、安全自卫、繁衍后代等等。从满足这些天然需要出发，人们积极从事物质生活资料的生产。“因此，第一个历史活动就是生产满足这些需要的资料，即生产物质生活本身”，而“已经得到满足的第一个需要本身、满足需要的活动和已经获得的为满足需要用的工具又引起新的需要。”（《马克思恩格斯选集》第一卷，人民出版社 1972 年版，第 32 页）这种需要满足之后产生的需要又驱动生产向前发展，使生产和需要不断向着新的广度和深度进军。“需要是同满足需要的手段一同发展的，并且是依靠这些手段发展的。”（〔德〕马克思：《资本论》第一卷，人民出版社 1975 年版，第 559 页）例如，“随着人口增长而增长的对衣着用布的需求，由于流通加速而开始的自然形成的资本的积累和运用，以及由此产生的并受到商业逐渐扩大的刺激而日益增长的对奢侈品的需求，所有这一切都推动了织布业在数量和质量上的发展。”（《马克思恩格斯选集》第一卷，人民出版社 1972 年版，第 61~62 页）人的需要及其满足方式之间的矛盾运动促使社会生产不断发展，并逐渐产生出新的越来越丰富的精神文化需要，以及上层建筑等需要。比如，“随着城市的出现，必然要有行政机关、警察、赋税等等，一句话，必然有公共的政治机构，从而也就必然要有一般政治。”（《马克思恩格斯选集》第一卷，人民出版社 1972 年版，第 56 页）

当今世界，随着交通、信息网络技术的发展，经济全球化的到来，国与国之间的各种利益联系越来越紧密，人们跨国之间的往来交流越来越多、范围越来越大，建立国际新秩序、加强各种国际事务的管理显得日益重要，这就需要构建一个有效的全球管理框架，建立一些新的国际公共管理机构，也就是说需要有新的国际政治。社会管理广度和深度的变化是由人们需要满足的来源即生活所及的范围来决定的。部落社会、团体社会、国家社会、国际社会，都是适应人们一定时期生活方式的组织形式，人们的生活方式是随着社会生产力的发展和需要满足的方式而变化发展的。当今世界，人们主要生活在国家社会的环境里，这种环境决定着人们的共同利益和共同的文化背景，是人们满足其日益增长的物质文化需要必不可少的社会条件。世界经济一体化的广泛深入发展，已经让人们明显地感到了国际社会的发展对自己生活带来的越来越大的影响。一个普通家庭的需要满足物，就是一个世界博览会：家里用的轿车、电视机、计算机等电器大部分是全球采购的零部件组装的，奶粉可能用的是澳大利亚、新西兰进口的，电视播送着世界各地的风土人情，从技术的来源看，更是体现了世界性。随着人们各种需要满足来源范围的扩大，资源共享日益增强，世界各民族已经开始并在加速变成日益紧密的利益共同体，国际社会的管理将越来越需要加强，国际政治的影响和作用将越来越大。人类社会生活和发展的需要将促使国际政治发生深刻的变化，这是人的需要决定的不可逆转的必然趋势。哪个民族、哪个国家能为满足人类不断增长的物质文化需要作出新的创造性的贡献，哪个民族、哪个国家就能主导这种变化。

人的需要形成于两种驱力：一是生命体天然需要力的驱动；二是人类独特认知情感力的驱动。所谓生命体天然需要力，即人们为满足生存和正常生活、种族繁衍、避免严重伤害等源自生物本能的需要所具有的天然动机动力。尽管这种需要已经被社会化改造得完全脱离了生物本能的属性，但影响生命存亡、延续、质量的决定性价值却没有改变，也永远不可能改变。食、衣、住、行、性，学、劳、乐、医、养这些天然性需要，不管人类社会发展到怎样高级的阶段，也不管需要满足物有多大变化、有多么丰富，绝大多数的需要形成永远是源自这种天然需要力的驱动。满足这种天然性需要是人的生存根本，也就是人的生命根本。所谓人类独特认知情感力，即人通过思维活动认识、了解、把握事物运动规律的能力和为理想信仰而奋斗的献身精神。认知情感力推动需要的形成有两方面的作用：一是通过调控社会运行机制和个人认知体验、情感强化，形成社会主流道德评价，对人的天然性需要起强化、制约、调整的作用，对已经有的社会性需要起完善优化作用。二是发现揭示人的潜在性需要，创造有利于人及人类社会健康发展的新需要。人类认识了电能的作用，掌握了使用电能的方法，从此便形成了使用电能服务生产生活的需要；人类经过实践的教训和一系列的科学论证，认识了破坏环境给当前和未来生存发展带来的危害，便形成了人人保护环境的需要；人们通过经验体验和学习提高，认识了成功、成才、价值意义的规律所在，便产生了奋斗、学习、修身律己、奉公守法、劳动创造、奉献光荣的需要；社会制度的更替、各种法律法规及管理制度的制定修改、社会主流价值观体系建设的需要形成，无不是人们认知情感力的推动。

人类的生活方式是自己创造的，人类的需要满足方式也是自己创造的，人类的绝大多数需要也是自己创造并由自己满足的。人类能认识需要、调控需要、创造需要，这都是因为人类有独特的认知情感力，具备有意识的思想。思想能释放能量，思想是人类需要的造化。思想能创造需要、调控需要。人类独特的认知能力和由思想支配的情感，不仅表现在对天然性需要满足方式的调控上，而且还可以创造性地构建各种人造系统，可以建立起超越个体自身需要和人类当前需要的整体需要和长远需要目标，并为之奋斗。发现、构建新的需要靠人的认知能力，即运用知识把握事物本质规律的能力；调控、强化需要靠人的情感力，即决定于人的世界观、人生观、价值观，以及由此而形成的情感、兴趣、态度、立场、理想信仰。理想信仰一旦成为需要，人们就会坚定不移、孜孜不倦地为之努力奋斗，有的先进分子甚至不惜牺牲生命去实现这种需要。因此，国家加强学习型组织、学习型社会建设，加强全民的世界观、人生观、价值观培育；个人加强科学文化知识的学习，树立科学的世界观、人生观、价值观，锤炼养成良好的思想道德品质，对于社会、个人需要的形成、调控都会产生积极的影响。

由于受到主客观两方面诸多因素影响制约，需要和需要满足之间既具有一致性，又具有矛盾差异性，而且常常是矛盾差异性多于一致性。这种一致性主要表现为两种情形：一是主体需要与满足需要的客体条件一致，表现为人的需要的满足过程很顺利。如到一个大型菜市场买菜，想买什么就能买到什么。二是主体需要与满足需要的客体期望值接近，表现为人的需要满足的期望值或与希望相符或超出了主体的希望。如一个人谋求一个月薪4000元的就业岗位，结果公司经过他在实习期的表现，在正式录用时将其月薪定为5000元，远远高出了他的期望值，这使他喜出望外，积极性倍增。主体需要与客观条件和客体需要保持一致，才能使人的需要与需要满足之间保持一致，多数情况下，这种需要与需要满足之间的一致性，其主动权掌握在主体需要者自己手里。需要与需要满足之间的矛盾差异性主要表现为三种情形：一是满足需要的客体条件与主体的需要目标有差异，造成人的需要满足过程不顺利。如到一个小型菜市场买菜，你想买点海鲜解馋，就不一定能买到；再如一位爱漂亮的年轻女性到时装店想买件价格适中的时装，但价格适中的不喜欢，喜欢的价格又太高，挑来挑去左右为难，最后没买成。二是需要主体没有满足需要的能力，如你上班的地方离家比较远，坐公交车很不方便，需要买一辆家用轿车，但你现在的收入状况却不具备这个能力。三是需要主体有能力却找不到理想的需要物或需要对象。如一个投资商手里有10亿元资金，想在北京投资一个规模相当的房地产项目，却找不到合适的项目；再如一个想在专业上有所作为的博士毕业生找不到专业对口的单位和工作。上述后三种情形，常常给需要主体造成心理冲突或使其受到挫折。这就需要人们在追求需要满足时，正确认识和对待需要与需要满足之间的矛盾差异性，把努力学习、努力工作、多作奉献、积极适应作为满足自身需要的正确途径和重要手段。作为掌握资源配置权和社会管理权的政府和组织，要秉着公平、正义、秩序、益生、以人为本、与人为善、知人善任的原则，为人们满足自身的正当需要创造良好的环境条件，提供有力的保障。

第二节 人的需要满足机制

从人需要满足的稳定途径、过程、方式和规律来考察，人的需要的满足是通过两种机制实现的：一种是人与自然的矛盾运动规律构成的自然机制；一种是由生产力与生产关系的矛盾运动规律构成的社会机制。这两种机制共同作用于人的需要满足，既有区别，又有联系。自然机制是社会机制的基础，社会机制对自然机制有反作用。

所谓满足需要的自然机制，就是自然界满足一切自然生物需要的方式和规律。自然界满足一切自然生物需要的机制方式表现为三大特征：一是造化恩赐，二是天然公有，三是普惠万类。天不私明，地不私载，阳光雨露不私一物。自然界满足一切自然生物需要机制运行的规律是平衡，生物链的正常运行是自然界平衡满足一切自然生物需要的基本规律。人和其他生物一样，不能脱离自然生态机制而生存，同样享受着造化恩赐的一切自然需要满足物。自然需要满足物就是我们的“命需”，如所有动植物对空气、阳光、水、食物等天然养料的需要，缺少哪一样，都不能很好地生存，甚至无法生存。再如，有些没有环保措施的化工厂排放的滚滚浓烟，不仅影响了附近庄稼的生长，还严重影响了附近居民的正常生活和身体健康；一些受污染的河湖溪水，不仅使在水中自然生息繁衍的各种鱼虾等水生生物绝迹，人要是喝了这样的水，自然也会性命难保；人和动物没有充足的食物就不能正常成长，如果经常吃了上顿没下顿，就会危及健康和生命。空气、阳光、水、自然食物这些天然的“命需”满足物是大自然的恩赐，人同其他动物一样，对于这些“命需”的天然满足物不能创造，只能享用；不同的是在享用这些自然满足物的方式上有些区别。在满足需要的自然机制里，人虽然也同其他生物一样是自然的需要满足者，但由于造化的偏爱赋予了人类认识自然、改造自然的能力，所以人可以遵循自然规律对自然条件施加影响、加以利用，从而获取比纯自然产出多得多的需要满足物。人类可以根据自身需要运用物理、化学手段对自然物质加以改造、重组、化合、优化后利用，这就形成了满足人类需要的自然机制的特有运行规律，这一机制反映出人与自然的矛盾规律。人可以利用自然资源满足自己不断增长的需要，但不能破坏自然生态系统需要的平衡机制，人满足需要的自然机制寓于生态系统的平衡机制之中。正如习近平总书记在十九大报告中指出的：“人与自然是生命共同体，人类必须尊重自然、顺应自然、保护自然。人类只有遵循自然规律才能有效防止在开发利用自然上走弯路，人类对大自然的伤害最终都会伤及人类自身，这是无法抗拒的规律。”造化让人可以利用自然资源满足自己的需要，同时，造化也把保护自然生态健康的责任交给了人类。这种责任就是任何时候都不能破坏生态环境，不能为了满足自己贪婪的需要断了其他生物的“命需”，否则，大公无私、铁面无情的造化必然会运用自然法则断了人类的“命需”。一切生物获取“命需”满足物的方式都是靠自然本能，人虽然具有主动获取需要满足物的能力，但作为天然生命体在获取空气、阳光、水等“命需”满足物时，同样也离不开本能，而且必须依靠本能。如人一刻也不能停止本能地呼吸清新的空气，渴了要喝水，饿了要吃饭，成年了要婚配等，这些都是人的自然本能。本能是人满足“命需”的一种自然机制。晚上，人进入睡眠靠本能呼吸，植物人在别人帮助下靠本能维持生命。在清醒的时候，人的本能通常表现为人的一种下意识行为，如一个汽车驾驶员突然遇到撞车事故，往往都是本能地先保护自己，因此副驾驶座位上的人伤亡概率就比较大。认识满足需要的自然机制的目的，就是要让人们更加明白人是靠自然生活的，自然掌握着人类的“命需”；人类的活动对自然生态的健康有直接的影响，同时也直接地影响着人类自己的“命需”。如在工业化、城镇化的历史进程中，人类如果不注重环境保护，如果不严格保护生产粮食作物的耕地，忽视粮食生产安全，就会严重影响人的“命需”的满足。从这个意义上说，人既是满足自然需要的客体，同时也是满足自然需要主体的重要组成。因此，人必须正确处理自身与自然的关系，在人类社会的建设发展中牢固树立起尊重自然、敬畏自然、顺应自然、保护自然的生态文明意识，与自然和谐相处，不断提高认知能力和科学满足需要的水平，只有这样，满足需要的自然机制才能有效地服务和增益人们日益增长的幸福美好生活。

所谓满足需要的社会机制，就是一种由生产力与生产关系的矛盾运动规律构成的生产方式即社会发展机制，具体地说，就是人类通过社会获取需要满足物的基本方式和规律，它包括组织、生产、交换、分配、文化传统、道德法律、民生保障等方面的组织制度建构形式，体现人的意志，满足人的“我需”。“我需”是人类区别于其他生物的特有的体现人类意识的需要。其他生物没有受意识支配的“我需”，只有受本能支配的“命需”。满足需要的社会机制是人类为了更好地满足自己的需要，在满足需要的自然机制基础上建立的一种人类特有的需要满足机制。如现阶段我国法律设定并严格实行的 18 亿亩耕地保护红线、15.5 亿亩永久基本农田保护红线，及农业用地不得改变用途的管理，就是这样一种机制。这种机制是人们为满足日益增长的物质文化需要在实践中形成的人与自然、人与社会、人与人之间相互作用且结构比较稳定的关系体系，集中表现为人们谋取需要满足物特别是必需的物质资料所采取的生产方式。作为社会实践主体的人，只有在一定的生产方式中才能发挥作用，才有自身的发展，才能满足自身的需要。

生产方式包括生产力和生产关系。所谓生产力，是指人类认识自然并遵循自然规律改造利用自然的能力，是指人类在生产的过程中把自然物改造成为适合自己需要的物质资料的能力，包括具有一定知识、经验和技能的劳动者，以生产工具为主的劳动资料，以及劳动对象。其中，劳动者（包括脑力劳动者和体力劳动者）是首要的、能动的因素。所谓生产关系，是指人们在物质资料的生产过程中形成的社会关系。它包括生产资料所有制形式，人们在生产中的地位和相互关系，产品分配的形式。其中起决定作用的是生产资料所有制的形式。生产力与生产关系的矛盾运动是推动生产力发展和人类社会全面发展进步、满足人类日益增长的物质文化需要的根本社会动力和规律。生产关系适应生产力发展要求的生产方式是社会机制正常运行的根本保证，生产力的发展是满足人们日益增长的物质文化的根本动力。“我为人人，人人为我”的社会分工和合作共赢机制，为生产力的发展聚集了强大的合力，使人类需要满足的能力具有了乘积的能量。文明成果继承发展的递延机制，不仅不断增强人类满足需要的能力，同时也不断创造和丰富着需要的内容，不断提升需要的结构和内容的品质。生产方式决定社会的性质。生产方式的先进与否决定了满足需要的社会机制的先进与否。能最大限度地满足最广大人民群众需要的生产方式及所决定的社会制度，就是满足人们需要的好的社会机制。

历史有力地证明，坚持走社会主义道路，坚持公有制和按劳分配为主体的中国特色社会主义制度，就是满足中国人民需要的最好的社会机制。正如习近平总书记在《关于坚持和发展中国特色社会主义的几个问题》中明确指出的：“一个国家实行什么样的主义，关键要看这个主义能否解决这个国家面临的历史性课题。在中华民族积贫积弱、任人宰割的时期，各种主义和思潮都进行过尝试，资本主义道路没有走通，改良主义、自由主义、社会达尔文主义、无政府主义、实用主义、民粹主义、工团主义等也都‘你方唱罢我登场’，但都没能解决中国的前途和命运问题。是马克思列宁主义、毛泽东思想引导中国人民走出了漫漫长夜、建立了新中国，是中国特色社会主义使中国快速发展起来了。不说更早的时期，就从改革开放开始，特别是苏联解体、东欧剧变以后，唱衰中国的舆论在国际上不绝于耳，各式各样的‘中国崩溃论’从来没有中断过。但是，中国非但没有崩溃，反而综合国力与日俱增，人民生活水平不断提高，‘风景这边独好’。历史和现实都告诉我们，只有社会主义才能救中国，只有中国特色社会主义才能发展中国，这是历史的结论、人民的选择。”这是满足中国人民日益增长的美好生活需要的最可靠、最重要的政治保障。

1949年，中国共产党领导中国人民推翻了压在中国人民头上的封建主义、帝国主义、官僚资本主义“三座大山”，建立了中华人民共和国，人民翻身做了国家的主人，为个人需要的满足提供了根本的制度保障。在中国共产党的领导下，通过全国人民的共同努力，在中华人民共和国成立后的前30年，战胜了国民经济基础极差、社会百废待举、国外敌对势力捣乱破坏的重重困难，在探索中奋力前进，建立起了独立的、较为完整的国民经济体系，国民个人需要的满足不断得到改进提高。1978年，在总结前30年经验教训的基础上，中国走上了改革开放的道路，为人们自主地满足个人的需要创造了非常宽松的社会环境，为了最大限度地满足自身需要，人们焕发出了活力四射的创造性、积极性，极大地推动了社会生产力新的解放和发展。随着科学发展观的确立，特别是党的十八大以来，在习近平新时代中国特色社会主义思想的指导下，党和国家统筹推进“五位一体”总体布局，协调推进“四个全面”战略布局，坚定不移贯彻新发展理念，坚决端正发展观念、转变发展方式，不断提升我国发展的质量和效益。人们对于全面、协调、可持续发展的认识加深、自觉性增强，所追求的物质文化需要的内容结构层次不断丰富、改善和提高，整个社会活力不断增强，五个文明建设的发展更加协调健康，经济社会得到了极大的发展，现在中国已经成为世界第二大经济体，人们自主地满足改善提升个人的需要，社会环境越来越好。

中国特色社会主义建设的举国体制，在统筹协调高效科学地搞好国家各项重大工程建设、组织重大科学技术的研发攻关推广运用、高效应对重大自然灾害和重大公共安全危机及重大公共卫生灾难、统筹兼顾不断满足最广大人民群众日益增长的美好生活需要等方面，更是彰显了中国特色社会主义制度的优势。在改革开放中不断完善的中国特色社会主义，为满足人们日益增长的美好生活需要开辟了一条充满生机的崭新道路。

第三节　人类生存于两个生态系统——自然生态系统和社会生态系统

人类的生存发展依赖于两个生态系统，一是自然生态系统，二是社会生态系统。

所谓生态，就是指生物的生存状态。生态的概念来源于生物学，生物学定义的“生态”是指生物在一定的自然环境下生存和发展的状态，也指生物的生理特性和生活习性。现在，“生态”一词的使用越来越广，虽然其“客观生存状态”的基本含义没有变，但“生”的概念已向健康美好和谐延伸，这说明人们对生活环境重要性的认识提高了，维护和建设好生态环境的自觉性增强了。重视生态文明建设标志着人类文明发展进步进入了新的境界。但人类并不是单一被动地依赖自然界生活的。人类之所以成为万物的灵长，是因为造化为人类生存发展多创造了一个生态系统，即人类社会生态系统。人是依靠自然、社会两个生态系统生存的，而其他生物只能依靠自然生态系统生存。所谓自然生态系统，是指生物与自然生存环境构成的统一整体。所谓社会生态系统，是指人与社会生存环境构成的统一整体。两个生态系统为人类的生存发展、各种需要的满足提供了取之不竭、用之不尽的物质能源和生生不息的财富，人类应当时时怀着感恩敬畏之心切实保护和建设好这两个生态系统。

首先，要保护好自然生态。自然生态是指自然生物生存的状态，这种状态由生物之间及其与自然生存条件之间相互作用的关系构成。自然生态是人类生存的自然条件，是人类文明的载体和母体。正如马克思所说："人靠自然界生活。""人在生产中只能像自然本身那样发挥作用，就是说，只能改变物质的形态。不仅如此，他在这种改变形态的劳动中还要经常依靠自然力的帮助。因此，劳动并不是它所生产的使用价值即物质财富的唯一源泉。正像威廉·配第所说，劳动是财富之父，土地是财富之母。"（〔德〕马克思：《资本论》第一卷，人民出版社 1975 年版，第 56~57 页）自然界不仅满足着人类生存发展的"命需"（如空气、阳光、水、食物等"命需"满足物），而且为人类"我需"的产生、发展、创造、满足提供物质元力和物质基础。人与自然是生命共同体，人虽然拥有认识自然、改造自然、利用自然的智慧和能力，但不能过于自私贪婪，不能不顾自然生态系统的承受能力和其他生物、他人的需要，肆意疯狂攫取自然资源，那样不仅损害了其他生物、他人的"命需"，也必然损害人类整体的"命需"。人和自然的和谐关系是生命的根本需要，良好的自然生态是满足我们美好生活需要最根本的物质基础。人类必须与自然和谐相处，保护好我们赖以生存的自然生态。只有遵循自然规律、尊重自然法则，人类文明才能可持续发展、兴旺繁荣。

滇池是云贵高原上的一颗明珠，是昆明人民的"母亲湖"，是旅游者向往的风景名胜，然而在 20 世纪 80 年代开始的经济发展和城市规模扩大的过程中，滇池水质在相当一段长时间内受到了严重污染，“水清见底，渔舟唱晚”的诗境荡然远去，水质严重富营养化，原生鱼类急剧减少，“母亲湖”成了脏水污池，旅游者们探美览胜的快乐心情也常被湖水中散发出的异味破坏，渐渐地避而远之。人们忧心忡忡，甚至编了一首记录滇池水质变迁的顺口溜：“50 年代淘米洗菜，60 年代摸虾做菜，70 年代游泳痛快，80 年代水质变坏，90 年代风光不再，直到今天依然受害。”这个顺口溜不仅是滇湖变迁的真实写照，也是全国许多河湖溪涧水质变迁的写照。李时珍在《本草纲目》中说：“水为万物之源，土为万物之母，饮资于水，食资于土，饮食者，人之命脉也，而营卫赖之。”水是万物的“命需”。《老子》说：“上善若水，水利万物而不争。”但现在看来，水的善也是有原则的。水对不珍惜它的人，惩罚也是很严厉的：谁要是毁了水的清洁，水就会断了谁的生路。据报道，自 20 世纪 90 年代后期开始，特别是 2015 年以来，昆明市不断加大滇池治污投入，先后投入 500 多亿元，从点源污染治理到流域系统治理滇池，并通过立法建立长效保护机制，已开始见到成效。经过坚持不懈的治理，2018 年以来，滇池水质实现稳步好转，曾经被毁坏的宝贵资源正在逐步修复它应有的价值。现在，我们国家已经把环境保护作为社会建设和经济发展一条不可突破的红线，这是我们在社会建设发展规律认识和实践上的一种进步。党的十九大报告明确指出：“建设生态文明是中华民族永续发展的千年大计。”要求在社会经济建设发展中，要“像对待生命一样对待生态环境，统筹山水林田湖草系统治理，实行最严格的生态环境保护制度，形成绿色发展方式和生活方式，坚定走生产发展、生活富裕、生态良好的文明发展道路，建设美丽中国，为人民创造良好的生产生活环境，为全球生态安全作出贡献”。在以习近平同志为核心的党中央的坚强领导下，当前，我国自然生态环境的治理修复保护力度空前之大，蓝天、碧水、净土保卫战效果明显，生态保护长效机制已初步形成良好局面和趋势。生态修复、环境保护、绿色发展，已经成为地方各级政府抓经济社会建设发展的自觉行动和追求目标。

同时，要努力建设好社会生态。人不仅仅要靠自然界生活，也要靠人类社会生活。社会生态的好坏与人的生存发展关系极大，人的日常需要满足物 95% 以上是社会创造和生产的，是通过社会获取的，人一刻也不能脱离社会生活。人的一生，从降临人世开始，就不可能是一个孤立的人，个人总是以家庭、家族、团体、阶层、阶级而存在，以地域、国家、民族的方式而存在，以父母、子女、夫妻、朋友、同事等各种不同的社会关系的角色的方式而存在，以各种不同的社会和文化方式而存在。人自始至终都生活在由人与人之间及人与社会互为作用的关系体系构成的社会生态和大大小小不同的文化生境之中。社会生态和大大小小不同的文化生境的形成发展，基源于人的需要和满足需要的实践，人的需要满足依赖于社会生态和大大小小不同文化生境的资源和创造的条件。社会生态和大大小小不同的文化生境对人的需要的满足有规范、调控、促进、制约作用。“人不仅是物质形态的生命体，更为重要的是，人的存在同时也以精神意识的方式进行。”（鲜光政，等：《传统文化大全集》，湖南美术出版社 2011 年版，第 316 页）社会生态不仅是人类创造生活生产资料、满足人的物质需要的“人造自然”，也是创造人类精神文明、满足人的精神需要的“人之造化”。从系统构成内容看， 社会生态包括社会政治、经济、文化、法制秩序、治安环境、公共卫生与社会安全管理、重大流行性传染病防控、国民教育与人才成长、科技发展等子生态；从宏观结构看，它由无数单元社会生态构成，如农村社会生态、城市社会生态、社区社会生态、企业社会生态、学校社会生态、医院社会生态、市场社会生态、行业社会生态等，这些都是宏观社会生态的组成单元。政治清明、社会和谐、国泰民安、民心淳朴、文明发展、百业兴旺、人人平等自由、社会崇尚劳动光荣、人与人交往诚信友善、人们的聪明才智都能得到充分发挥、“各美其美，美美与共”、健康快乐、生活幸福、世界大同等等，这些都是古今中外人们对良好社会生态的理想追求和期盼。良好社会生态基于良好的政治建构和人们良好的契约精神和社会信用，以及人们的爱心和善良，这些是人类社会健康持续发展的根本的社会物质基础和基本的人文条件保障。因此，加强社会生态文明建设、改善人们的文化生境，必须坚持正确的价值导向，强化人们的契约精神，加强精神文明建设和社会信用建设，促进人的全面发展。在我国，就是要在中国共产党的领导下，坚持以人民为中心，坚持按照建设中国特色社会主义总体部署的要求，切实加强社会主义法制文明建设，加强社会主义核心价值观的教育，建设体现严格依法治国良政和社会主义核心价值观良序的安定的、和谐的、充满正能量的社会生态文明。

体现社会主义核心价值观的社会生态文明建设是一项久久为功的系统工程，关键在于坚持不懈地、深入广泛地抓好社会主义核心价值观的教育。习近平总书记强调指出：“一种价值观要真正发挥作用，必须融入社会生活，让人们在实践中感知它、领悟它。”（《习近平谈治国理政》，外文出版社 2014 年版，第 165 页）“要发挥政策导向作用，使经济、政治、文化、社会等方方面面政策都有利于社会主义核心价值观的培育。要用法律来推动核心价值观建设。各种社会管理要承担起倡导社会主义核心价值观的责任，注重在日常管理中体现价值导向，使符合核心价值观的行为得到鼓励、违背核心价值观的行为受到制约。”（《习近平谈治国理政》，外文出版社 2014 年版，第 165 页）同时要寓教于人们的日常生活之中，把社会主义核心价值观的基本要求融入各行各业的规章制度之中，融入市民公约、乡规民约、职工守则、学生守则等行为规范之中，融入各种公共的礼仪制度、各种纪念庆典活动以及各种精神文明创建活动之中。利用各种时机、场合和生动有效的形式，努力营造有利于培育和弘扬社会主义核心价值观的生活情景和社会氛围，久久为功，我们就一定能建设一个社会主义核心价值观的影响“像空气一样无所不在、无时不有”、有利于满足人的全面发展需要的良好社会生态。

良好的社会生态，是人民安居乐业满足美好生活需要的重要保证。中国从站起来到富起来、强起来的历史性变化，主要是中国的社会生态有了根本性的改变。中国人民在中国共产党领导下，坚定不移地走适合中国国情的中国特色社会主义道路，经过 70 多年的艰苦奋斗、建设发展，已经彻底改变了旧中国百孔千疮、积弱呻吟、任人宰割、民不聊生的社会生态。中国人民已经走上了从站起来、富起来到强起来的中国特色社会主义康庄大道，中国已经成为世界上第二大经济体，综合国力已经跨入世界强国之列。在中国共产党的坚强领导下，中国已经形成了国家独立自主、人民当家做主、政治清明、经济发展、社会和谐稳定、到处是蓬勃的创造、到处是日新月异的发展、人民生活幸福的良好社会生态。我们每一个中国人都应该十分珍惜并自觉维护和建设发展好这一来之不易的、保证我们幸福生活需要得以满足的良好社会生态。

同时，建设良好的社会生态，要求我们维护好世界和平。随着全球化的深入，人类不仅只生存于共同的自然生态系统，建设全球良好的社会生态系统也越来越成为全世界人民生存发展自由幸福的需要。现在，全世界人民的生活生产方式相互影响和相互依赖性越来越大、越来越紧密，日益成为你中有我、我中有你的人类命运共同体。一个国家的社会生态必然受国际政治即国际社会生态的影响，特别是国际上还存在霸权主义的当今世界，尤其如此。日益强大的中国是维护世界和平的坚定力量。中国是一个热爱和平的国家，有建设和谐共生社会生态的优良传统。2018年以来，中国政府已多次向世界庄严宣告：中国决不认同“国强必霸”的陈旧逻辑，决不走“国强必霸”的老路。中国尊重别国人民选择的现有社会生态和为实现更加美好生活而不断改进变革社会生态的努力。中国作为当今世界举足轻重的大国，将积极承担大国责任，勇于发挥大国担当，既坚决反对任何大国强国以强欺弱、任意干涉别国内政、破坏他国人民社会生态的霸权主义行径，又同世界各国人民一道为构建共商共建共享共赢的人类命运共同体、为建设良好的国际社会生态系统发挥着积极而重要的作用。

人类历史发展的实践证明，良好的社会生态是人们创造力得以充分发挥、科学技术得以良性发展的重要条件和保证，同时，科学技术的发展对形成良好社会生态具有促进作用。科学技术对于促进社会生产力的发展具有强大功能，同时也能促进社会政治制度的变革改良和健全完善，为形成人民美好生活需要的良好社会生态文明提供强大的动力、资源、技术等条件保障。如运用现代互联网信息技术，加强社会信用生态建设，具有特有的优势和良好的效果，特别是在落实在制度面前人人平等、解决信息不对称等方面效果不错。公路上的电子眼行车违章记录就很客观，不管车里坐的谁，只要违章就记录在“眼”，信息一旦上网披露，谁想托关系走后门、搞特权就很难了。但不管如何发展，不能认为电子区块链智能合约技术的使用能从根本上保证社会平等、公平正义，因为人类社会的一切智能技术都是社会人智慧的产物，任何智能技术的创新与使用无不体现创新与使用者的人生价值取向和道德风貌。人的平等自由、社会的公平正义只能由社会政治制度来保证，科学技术无论怎样先进，永远都只能是满足人类需要的重要工具。

第四章 满足需要的力量

认清满足需要的力量来源、构成，以及合理配置资源、分配财富的社会组织调控力量，对于我们正确认识需要、正确满足需要、平衡调控好社会整体需要的满足具有十分重要的意义。

第一节　满足需要的元本力——自然与人

所谓满足需要的元本力是指提供需要满足物的原发的、根本的、第一的元素力量。从古到今，人们都在思考一个问题，人的需要满足物是从何而来的呢？是谁满足了我们的需要呢？古时候，人们一般都认为是神仙上帝为人类提供了需要满足物，人的命运是由神仙上帝主宰的。随着人类文明的进步，科学技术的发展，生产力水平的不断提高，人类获取需要满足物的能力不断增强，人类取得了获取需要满足物的主动权。从这时开始，人们又认识到，人的需要满足物完全是人类自己通过劳动创造获取的，是自己满足了自己的需要，与其他因素无关。其实，这两种认识都是不正确的、片面的。

神仙上帝满足需要论是古时候人们由于不能对大自然的许多神奇现象做出科学解释而普遍存在的一种唯心论信仰。这种信仰对引发激活人类自主意识的产生和认识能力的进步也发挥过积极的作用。它告诉我们，人类很早就意识到了，冥冥之中有一种不以人的意志为转移的力量在支配着人的行动。随着人类认识能力的增强，唯物主义对这种不以人的意志为转移的力量做出了科学的解释，这就是大自然永恒的自然之力。正像英国古典主义诗人亚历山大·蒲伯所赞美的："自然永远灵光焕发，毫不差错，它是唯一的、永恒普遍的光辉，万物从它得到力量、生命和美，她是艺术的源泉、目的和检验的标准。"（《从文艺复兴到十九世纪资产阶级文学家艺术家有关人道主义人性论言论选辑》，商务印书馆 1973 年版，第 116 页）唯物主义告诉我们，自然世界是物质的，不存在其他超自然的力量。从人类认识事物由表及里、由浅入深的规律来看，神仙上帝满足需要论完全是人类初期朦胧的大自然满足需要论。人也是大自然的产物，是能动的自然存在物，是自然界的一部分。庄子说:“天地者，万物之父母也。”(《庄子 · 达生》)人类不管如何进化，科学技术不管如何发展进步，人类都不能离开大自然或违背自然规律而生存和发展，人类的任何需要满足物都是大自然提供的材料与条件。大自然是人类文明的母体和载体，离开自然生态环境，人类文明就失去了孕育母体，满足人类生存发展需要就失去了元力。正如习近平总书记在党的十九大报告里所说：“人与自然是生命共同体。”马克思则是更明确地说：“人靠自然界生活。”(《1844 年经济学哲学手稿》，人民出版社 2014 年版)

但是，人不是被动地依赖自然界生活，而是主动地顺应自然界生活。人可以通过有意识的劳动创造、获取需要满足物，所以人也就成了满足自己需要的元力。中国的古圣贤们很早就认识到了人也是满足自身需要的元力，所谓“三才者，天地人；三光者，日月星，”把人与天地日月星等自然力同列，说明古人看到了人类的无限创造力。人之所以能在很大程度上把握满足自身需要的主动权，就是因为人也是满足自身需要的元力。孔子说，人“可以赞天地之化育，则可以与天地参矣”。意思是说，人可以襄助天地化育万物，自然就可以跟天和地并列为三了。满足需要的最佳境界是天时、地利、人和，人与自然和谐相处。自然是人类生存发展依赖的第一生态系统， 社会是人类生存发展依赖的第二生态系统。具有满足自身需要元力的人，是以社会方式生活的人。脱离社会生态生活的人没有满足自身需要的元力，只能像动物一样靠本能生存。人的元力是一种集体人格力量。所以，坚持集体主义是人类社会健康成长、发展的必然要求。

随着人类认识的不断深化，满足需要的元力是自然与人的科学认识，在恩格斯的天才著作《自然辩证法》中已形成了完整的论述和明确的结论。恩格斯说："自然主义的历史观（例如，德莱柏和其他一些自然科学家都或多或少有这种见解）是片面的，它认为只是自然界作用于人，只是自然条件到处在决定人的历史发展，它忘记了人也反作用于自然界，改变自然界，为自己创造新的生存条件。"并举例说："日耳曼民族移入时期的德意志'自然界'，现在只剩下很少很少了。地球的表面、气候、植物界、动物界以及人类本身都不断地变化，而且这一切都是由于人的活动，可是德意志自然界在这个时期中没有人的干预而发生的变化，实在是微乎其微的。"（《马克思恩格斯选集》第三卷，人民出版社 1972 年版，第 551 页）人类历史发展到现在，人类生存的自然环境 90% 以上都受到了人类或好或坏的干预，人类生存发展的需要满足物 95% 以上都是人们利用自然资源遵循自然规律的智慧创造。

随着科学技术的发展，智能机器人可以代替人进行许多满足需要的脑力与体力劳动，机器人会不会成为满足需要的元力呢？当然不会。最先进的机器人也只不过是人为了减轻劳动强度、提高劳动效率、更好满足需要的一种智能工具。但必须明确的是，这些智能工具，它集成的是人类最先进的、最高水平的认知与实践能力，它能持续便捷地、准确无误地、安全高效地、不受情绪支配地为人类提供服务，这种能力是人所不具备的。不过，人工智能工具再怎么厉害，也是人制造的，为人控制的。因此，我们可以得出一个结论：不能自然生成进化的、没有自然生命的人造智能设备，永远不可能成为满足人类需要的元力。只有自然界才是满足需要的元力，只有人和自然结合才是满足需要的元力。科学技术是人之元力的最重要、最集中的体现。自然界为满足人类的需要提供材料，人通过劳动创造把材料变为人类千姿百态的需要满足物。

随着人工智能的不断开发，人类满足自身需要的人本元力将不断增强，人类将在很大程度上成为自然生态环境的主宰者，人本元力的健康与否，不仅决定着自身需要满足物的丰歉与质量，而且决定着自身的生存与发展、前途与命运。因此，为了人类的可持续发展，人类必须重视自然生态环境的保护，确保满足人类需要有健康可持续的自然元力；人类必须重视智能和人伦教育，重视人的全面发展，确保满足自身需要有充满正能量的人本元力。

人类满足自身的需要，其主宰是人类自己的思想和力量。个人需要的满足最根本的是靠自己的力量和努力。人类靠自然界生活，但天上不会掉馅饼，自然界并不会把所有的需要满足物都送到人手里、喂到人嘴里，让人直接享用。人类日常的需要满足物 95% 以上都是人类顺应自然规律、利用大自然提供的物质材料自己加工创造的。从物质基础的角度来说，人是靠自然界来生活的，但从人类需要满足物的获取生产供求特质来看，人类满足自身需要的根本力量只能是人类自己的力量。这一点是人与动物最显著的区别。其他有生命的动物植物都能够直接享用大自然或人类提供的需要满足物，除了亘古不变的本能外，则完全不能创造出自己的需要满足物。

人类是满足自身需要的主要力量，这种力量来源于人的思想和实践。人类的力量在于思想，思想的实现在于实践。恩格斯说："人的思维的最本质和最切近的基础，正是人所引起的自然界的变化，而不单独是自然界本身；人的智力是按照人如何学会改变自然界而发展的。"（《马克思恩格斯选集》第三卷，人民出版社 1972 年版，第 551 页）人类虽然没有超自然的力量来满足自身需要，但可以在实践中逐步认识自然，并遵循自然规律，利用组合优化自然的力量来满足自己的需要。如利用水能、风能、核能、太阳能发电，满足生活能源所需。古时候，四川成都平原水患灾害严重，公元前 256 年，蜀郡郡守李冰率领蜀地人民修建了至今仍在发挥作用的都江堰水利系统工程，使成都平原成了鱼米之乡、富庶之地。在 20 世纪 60 年代，河南省林县人民凭着一锤一钎一双手，用十年时间在巍巍太行的崇山峻岭中修建的总长 70.6 公里的“人工天河”红旗渠，解决了千百年来人畜饮水的困难和近百万亩土地常年干旱的灌溉问题，满足了山区人民生活生产的需要。我国于 1979 年开始实施的规模宏大的“三北”（西北、华北和东北）防护林工程建设，于 1952 年开始构思、2012 年开始实施的南水北调工程，以及无数的水利建设工程和环境保护改造修复工程，都是顺应自然规律，保护提高自然生产力以满足国家社会更好生存发展和人民美好生活需要的伟大工程。人不是被动地依靠自然界来生活，而是主动地适应、科学地利用，并不断地提高认识把握自然规律的能力，以提升自然生产力水平来满足日益增长的美好生活需要。正如恩格斯告诉我们的：人类历史并不只是自然条件决定人的历史发展，人也能反作用于自然界、改变自然界，为自己创造新的生存发展条件。

人类满足自身需要的力量在于遵循自然规律。恩格斯说：“我们必须时时记住，我们统治自然界，决不像征服者统治异民族一样，决不像站在自然界以外的人一样，相反地，我们连同我们的肉、血和头脑都是属于自然界、存在于自然界的；我们对自然界的整个统治，是在于我们比其他一切动物强，能够认识和正确运用自然规律。”（《马克思恩格斯选集》第三卷，人民出版社 1972 年版，第 519 页）16 世纪英国著名的唯物主义哲学家、实验科学的创始人弗朗西斯·培根在讨论涉及人类的真正的事业命运以及一切工作的力量时说：“知识就是力量，为了控制自然，就要认识自然。”但是，“人不过是自然的仆役和翻译员，他所做的一切和他所知的一切都只是他在事实上或是在思想上是自然的秩序所观察到的东西，此外他就一无所知，一无所能。”（引自培根《新工具》第一段）培根在这里强调了人类在利用自然资源满足自身需要时必须遵循自然规律的重要性。自然规律是不以人的意志为转移的客观存在，它是事物运动过程中固有的、本质的、必然的联系，独立于人的意识之外。但是，作为具有思想的万物之灵，人类并不只是被动地适应自然规律而生存，而是主动地不断递延探索和把握遵循自然规律，为满足自己不断增长的需要而劳动创造发展。人类的文明发展史告诉我们，什么时候按客观规律办事，人类的文明进步事业就能顺利健康发展；什么时候不按客观规律办事，人类的文明进步事业就会遭受挫折、损失、破坏，甚至导致倒退毁灭。为了实现人们美好生活的需要，推动社会健康发展，国家搞建设、搞改革、抓发展，治国理政都必须按客观规律办事。执政者按客观规律办事，发挥好人民群众满足自身需要的主力军作用，事业就能取得成功，工作效果就会事半功倍，就会得到人民群众的拥护，功业就会经得住历史的检验。

人类要很好地满足不断增长的需要，必须和大自然和谐友好相处，在生产、生活、发展中，人类善待自然，自然也会馈赠人类。但如果说人靠科学和创造性天才征服了自然，那么自然力也对人进行报复。因此，获取日常需要满足物，谋划建设发展，不能杀鸡取卵、恣意妄为、随心所欲地破坏生态环境，违背自然规律。如果因为建设发展把空气污染了、把溪涧江河湖海的水质污染了、把田土山原的植被破坏了，致使人们呼吸不到清洁的空气、喝不上清洁的水、吃不上安全的食物，享受不到快乐、安祥、和谐的精神生活，这样的建设发展与人的需要是背道而驰的，是对满足人类需要元力的一种根本性损害。一旦伤了天地人心、大自然的元气，要恢复正常则是非常困难的，不仅是得不偿失，而且贻害无穷。英国16世纪伟大的诗人密尔顿说过一个很有名的观点："只有使生活变得更幸福的，提高人类生活中纯洁的享受和安乐的，或是为未来的更持久、更纯洁的幸福生活铺平道路的事业才配得上称为伟大事业。"（《从文艺复兴到十九世纪资产阶级文学家艺术家有关人道主义人性论言论选辑》，商务印书馆1973年版，第85页）人类只有不断深入地认识客观自然规律，自觉按自然规律办事，法天正己、遵时守位、知常明变，才能开物成务、建功立业，真正成为满足自身需要的主宰。

对于个人来讲，满足自己的需要当然必须依靠自身的努力，对于具有正常劳动能力的社会公民，不能有任何"等靠要蹭"的思想和行为，自己的需要要通过自己的劳动去满足，自己的幸福要靠自己的努力去创造。人具有满足自己需要的元力，提升了人的生命价值，这种价值的体现就是劳动创造。

第二节 满足需要的实践力——劳动科学

所谓实践力，即通过具体的作业方式使具体目标需要得以实现满足的力量。满足需要的实践力是什么呢？马克思主义告诉我们：是劳动、是科学。需要是目标，劳动与科学是实现需要的手段，我们祖先几千年前就有的衣食住行等生活需要，以及“千里眼”“顺风耳”“日行千里”等的本领需要，通过人们辛勤的劳动和科学的发展，今天都变成了现实。劳动实践、科学实践是我们满足幸福美好生活需要的不二法门。只有通过辛勤劳动、诚实劳动、创造性劳动，我们正常的需要才能得以满足，只有坚持科技创新，才能不断提高生产力，创造出更多、更优、更新的需要满足物，不断优化我们的需要结构，提高我们生活的品质。劳动是人类满足需要的基本行为方式，是满足需要的一种实实在在的力量，是一种推动人类社会进步的根本力量。幸福不会从天降，美好生活要靠劳动创造。

人类的日常需要满足物，除了空气、阳光、水等自然成品需要满足物外，其他都是人们利用自然材料通过劳动创造的。马克思说：“任何一种不是天然存在的物质财富要素，总是必须通过某种专门的、使特殊的自然物质适合于特殊的人类需要的、有目的的生产活动创造出来。因此，劳动作为使用价值的创造者，作为有用劳动，是不以一切社会形式为转移的人类生存条件，是人和自然之间的物质变换即人类生活得以实现的永恒的自然必然性。”（〔德〕马克思：《资本论》第一卷，人民出版社 1975 年版，第 56 页）恩格斯说：“劳动是整个人类生活的第一个基本条件，”劳动和自然界一起才是一切财富的源泉，自然界为劳动提供材料，劳动把材料变为财富，”“以致我们在某种意义上不得不说：劳动创造了人本身。”（《马克思恩格斯选集》第三卷，人民出版社 1972 年版，第 508 页）人类的祖先从爬行到直立行走，从本能的手到能制造工具的自由的手，从猿脑进化到人脑，从仅仅本能会意的简单交流到语言思想的复杂交流，从原始的自然生存到共同协作的社会生存，都是在满足不断上升的需要的劳动中实现的。

恩格斯在其天才著作《自然辩证法》中详细论证了劳动在从猿到人转变过程中的作用，并做出了迄今为止最科学的结论："从攀树的猿群进化到人类社会之前，一定经过了几十万年——这在地球的历史上只不过是人的生命中的一秒钟。但是人类社会最后毕竟出现了。人类社会区别于猿群的特征又是什么呢？是劳动。"真正的劳动"是从制造工具开始的，"猿群只能本能地获取所在地域自然界提供的食物，"它们没有能力从这块食物地区得到比自然界所供给的更多的东西。"（《马克思恩格斯选集》第三卷，人民出版社 1972 年版，第 513 页）而人则随着整体的进化，在长期的劳动实践中逐步产生了认识事物指导自己行为的思想意识，学会了使用工具来进行更有效的劳动，从而人类开始了有能力在同一块食物地区得到比自然界所供给的更多的需要满足物的历史。而且，"劳动本身一代一代地变得更加不同、更加完善和更加多方面。除打猎和畜牧外，又有了农业，农业以后又有了纺纱、织布、冶金、制陶器和航行。同商业和手工业一起，最后出现了艺术和科学；从部落发展成了民族和国家。法律和政治发展起来了，而且和它们一起，人的存在在人脑中的幻想的反映——宗教，也发展起来了。"（《马克思恩格斯选集》第三卷，人民出版社 1972 年版，第 515 页）首先是头脑的产物的许多东西开始成为满足人们需要的主体，由劳动的手所制造的较为简易的产品退到了次位。"能计划怎样劳动的头脑在社会发展的初期阶段（例如，在原始的家庭中），已经能不通过自己的手而是通过别人的手来执行它所计划好的劳动了。”（《马克思恩格斯选集》第三卷，人民出版社 1972 年版，第 515 页）人脑在劳动中发展到现在，它与劳动的手结合，已经成了万物的第二造化。人不仅能借用别人的手来执行所计划好的劳动，而且能借用自己制造的机器设备来替自己思考和劳动。恩格斯指出："劳动包括资本，并且除资本之外还包括经济学家没有想到的第三要素，我指的是简单劳动这一肉体要素以外的发明和思想这一精神要素。”（《马克思恩格斯文集》第一卷，人民出版社 2009 年版，第 67 页）劳动实践不仅指物质产品的生产，也包括创新科学理论和革新技术工具以提高劳动生产率的活动；劳动实践不仅是人的肢体运用自然物的活动，也体现为人的大脑运用智力及其产品如机器、工具等的活动。由此可见，劳动是人类物质和精神财富的创造活动，是满足人的各种需要、推动人类文明进步的实实在在的力量，也是唯一的方法。人类的劳动是一种体力和脑力相结合的劳动。马克思主义认为人类真正的劳动是从使用工具时开始的。制作最简单的工具也需要体力劳动和脑力劳动的结合。不会动脑筋思考问题、认识问题、解决问题，只有体力的动物是不可能使用或制造出任何一件简单工具的。是人类的祖先从有意识地制作使用第一件劳动工具时开始的技术与科学的探索实践、经验知识积累，将人类逐步由动物世界带入了人类文明社会，使人类产生了区别于动物的人的需要，并使这种人的需要成为一种不断满足人的新的需要的永动驱力。

科学技术是满足人类需要的现实生产力，是一种被需要推动的不断进步的神奇力量，“是一种在历史上起推动作用的、革命的力量。”（《马克思恩格斯选集》第三卷，人民出版社 1972 年版，第 602 页）它对于满足人的需要主要有五大作用：一是不断增强人类满足需要的能力，保证和推动人类自身更加健康和聪明地成长；二是不断改进提高需要满足物的质量；三是发现发明新的需要满足物，不断丰富优化需要满足物的品种；四是顺应自然规律，不断改善改造自然环境，让自然界更好地为满足人的需要服务；五是促进精神文明建设和社会政治管理的进步，全面提升人的生活品质。正如培根曾经过说的："在所有的能为人类造福的财富中，我发觉，再没有什么能比改善人类生活的新技术、新贡献和新发明更加伟大的了。"人类没有科学，只能听天由命，社会没有科学就会停滞不前，国家没有科学就掌握不了满足需要的主动权，就会遭受欺侮。

科学技术是决定人类社会生态的核心要素，是人类社会生态的空气、阳光和水，它根本性地影响和制约着人类社会政治经济文化的发展，是推动人类社会高效优质发展的第一动力。火的发现利用，改变了人的饮食方式，增强了人的身体健康。考古学家发现，4000 多年前，由于人们学会了利用地下水，多在迫近于江河的村落生活，之后散布平原形成都邑，拉开了人们生活社会化逐步扩大的序幕。科学技术的发展不仅影响着人类的生活方式、人类需要的结构与内容，而且决定着人类的生产方式和发展模式，对人类社会的经济政治生活影响越来越大。拖拉机的发明结束了用牛耕地的历史，机器制造的发明代替了手工制造的工艺，工厂大规模生产代替了小作坊的小规模的生产。交通信息技术的发展，促进了生产与市场的国际分工和经济全球化。科学技术是推动人类文明发展的不竭动力。近代以来，人类共经历了三次大的科技革命，每一次都使生产力得到巨大飞跃，对世界经济发展和生产、生活方式的变革产生了极其深刻的影响，使人类日常的需要结构有了本质性的改变， 满足需要的能力有了不断地提升。

发生在 18 世纪的第一次科技革命以纺织技术的改进为开端，以蒸汽动力技术达到实用为标志，形成了一个以机器技术为主导的技术体系。使得人类社会面貌发生了根本变化，从传统的农业社会向近代工业社会跃进，极大地提高了社会生产力，丰富了人们的需要满足物。西方国家开始走上工业化道路，凭着其先进的科学技术发现了新大陆，并靠科学技术为支撑形成的军事优势强权对许多落后国家实行了殖民统治，发明蒸汽动力技术的英国，成了称霸世界的“日不落帝国”。

19 世纪初开始的第二次科技革命以电气化技术为主导，推动了工业的电气化进程，使人类社会生产力又有了一次新的飞跃，对人类社会的经济、政治、文化、军事，科技和生产力及人们的生活方式产生了深远的影响。资本主义生产的社会化大大加强，资本主义开始从自由竞争阶段进入垄断阶段，垄断组织的统治成为经济生活的基础，促进了世界殖民体系的形成，使得资本主义世界体系最终确立，世界逐渐成为一个整体。同时，第二次工业革命也使得资本主义各国在经济、文化、政治、军事等各个方面发展不平衡，帝国主义之间争夺市场经济和争夺世界霸权的斗争更加激烈，新兴帝国主义国家要求重新分割世界，继而爆发了两次世界大战。经过两次世界大战，英国等老牌帝国主义开始走下坡路，美国凭借其在电力革命中形成的优势成为世界强国，资本主义世界形成了新的利益格局和新的政治格局。与此同时，由于资产阶级与无产阶级之间的矛盾、帝国主义与被殖民地国家人民之间的矛盾日益加深，世界社会主义运动风起云涌，被压迫、被剥削的殖民地国家反对殖民统治，争取国家独立、民族解放的斗争非常激烈，使得社会主义在马克思主义科学理论的指导下，建立了实行无产阶级专政的社会主义国家，诞生了苏联、中华人民共和国等一批社会主义国家，社会主义正式走上了世界国家治理的舞台。社会主义国家的纷纷建立，导致了世界殖民体系的瓦解。纳米比亚1990年3月的独立，标志着非洲民族解放运动历史使命的完成及欧洲殖民者入侵和奴役非洲历史的结束，标志着世界殖民体系的最终崩溃。科学技术的飞速发展和广泛运用，必然促进人类文明的均衡发展，导致世界经济利益格局和政治文化格局的深刻变化。

20世纪中期开始的第三次科技革命和产业革命以原子能、电子计算机、互联网、空间技术、生物工程等技术的出现及其产业的形成为标志，致使近半个世纪以来出现了人类历史上罕见的生产大发展时期。第二、三次科技革命不仅极大地推动了人类社会经济、政治、文化领域的变革，而且影响了人类的生活方式和思维方式，随着科技的不断进步，人类的衣、食、住、行、用等日常生活的各个方面也在发生重大的变革。在第二、三次科学技术革命中成果突出的美国，凭借其科学技术优势，成了几乎影响无处不在的世界性超级大国。

当今世界是知识爆炸的时代，新的科学技术层出不穷，而且能迅速地、大规模地转化为生产力，新的科技革命在新兴国家的兴起和深入正在深刻地改变着世界经济和政治格局，世界已由单极化向多极化发展，促进了人类文明的多样化发展，给人类社会带来了空前的繁荣，为满足人民幸福美好生活的需要开辟了日益广阔的美好前景。在任何时代影响全球的强国必定是科技强国，当年的“日不落帝国”——英国、第二次世界大战后崛起的“第一超级大国”——美国无不是如此。当今中国已成为世界第二大经济体，科学技术的发展进步也非常快， 瞄准世界科技前沿，强化基础研究和应用基础研究，形成了比较完整的学科布局，具备了比较强的自主创新能力，在生物、信息技术、基础建设、工程机械、航天、智能制造等重要领域的研究开发能力已经跻身世界先进行列，取得了一系列具有国际影响力的重大创新和突破，而且发展趋势强劲。习近平总书记说："科技是国之利器，国家赖之以强，企业赖之以赢，人民生活赖之以好。"（引自习近平总书记在中国科协第九次全国代表大会上的讲话）"中国是一个大国，必须成为科技创新大国。"（引自习近平总书记讲话）只有建立在世界科技强国的基础之上，才能真正实现中华民族的伟大复兴。科技创新既是掌握国家发展主动权的需要，也是为世界文明进步贡献力量的需要。科学技术是第一生产力，是综合国力的第一核心竞争力。历史非常清楚地证明，任何时候决定一个国家的国际地位和在国际上的话语权的，决定其政治、经济、文化、军事在世界上影响力的，都是这个国家拥有的科学技术实力，特别是影响人类生活方式的基础科学技术实力。

但我们也要认识到，科学技术是一把双刃剑，既可造福人类，但如果利用不当，亦可祸害人类。如先进的核装备掌握在热爱和平的人们手里，它是正义的威慑力量和战斗力；如果掌握在战争狂人和恐怖分子手里，它就是伤害无辜生命的魔鬼。如现代医疗设备 CT、核磁共振等，一方面为诊断疾病提供先进手段，但也会影响人的健康。计算机信息网络技术极大地提高了人类生产生活交流的效率，但也对信息安全提出了挑战，并给许多非信息时代出生成长的老年人带来了生活中的诸多不便，甚至影响了他们应该享有的正常社会生活需要的满足和某些公民基本权利的保障，而且一旦出现区域性断电便会造成网络瘫痪，影响人们正常的社会生活。如将农药、激素、化肥等应用于现代农业生产，提高了农作物的产量，但过量使用就会残留于农产品中，人类食用后经过长期体内积累，引发病变，造成对生命的残害。生物工程技术遵守科技伦理，可以造福人类；违背科技伦理，就会祸害人类。我们应该明白，科学技术向前发展的总趋势是永远不会改变的。科学技术在发展中出现的问题，不仅不会成为科学技术发展的阻力，相反只会成为推动科学技术发展的新动力，这些问题也会在科学技术的不断发展中得以不断地解决。人们要注意和防范的是，在发展科学技术和享受科学技术带来的好处时，不能伤害绝大多数人的利益，不能损害自然生态、社会生态，损害人类生境。英国19世纪杰出的积极浪漫主义诗人拜伦曾告诫人们：我们也许庆幸技术方面的改进会给人类带来好处，但是我们不应为技术而牺牲了人类。因此，发展科学技术必须加强科技伦理道德建设，科技的发展必须为人类的健康服务、为人类社会的可持续发展服务，决不容许利用科学技术谋取不义之财、破坏生态环境，要确保科学技术的发展和运用永远朝着造福人类的方向前进。

第三节　满足需要的社会力——分工合作

所谓社会力，就是社会满足人的需要的供应保障能力，这种力量由分工和合作构成。人类社会在物质精神文明建设方面靠契约关系建立和维系的分工合作形成满足人的需要的社会力。恩格斯指出："社会力量完全像自然力一样，在我们还没有认识和考虑到它们的时候，起着盲目的、强制和破坏的作用。一旦我们认识了它们，理解了它们的活动、方向和作用，那么，要使它们越来越服从我们的意志并利用它们来达到我们的目的，就完全取决于我们了。”（《马克思恩格斯选集》第三卷，人民出版社 1972 年版，第 437 页）社会供应保障能力的强弱决定于社会分工合作机制的好坏。分工合作搞得好，满足需要的社会供应保障能力就强，人们的各种物质文化需要就能通过等价的劳动交换得到好的满足。人类社会生产力的发展史就是分工合作不断优化增强的历史。分工合作形成一加一大于二的社会力，要靠各方具有一言九鼎的契约精神维系，心往一处想，劲往一处使。任何社会，严守契约是合作各方事业发展的保障，人人撕毁契约之时，没有人的利益能得到保证。如果社会一旦丧失契约精神，就会人人自危，正常的社会分工合作就会遭到破坏。社会分工合作搞不好，就会影响人们需要的满足和生活质量的提高，就会影响生产工作的效率效益，就会影响经济和生产力的发展进步，不仅无法形成满足需要的社会力，而且还有可能南辕北辙，甚至针尖对麦芒，形成满足需要的阻力甚至破坏力。

人的需要的多样性和不断上升的品质需求，决定了任何人都不可能完全满足自己的需要，因为人的知识能力是有限的，人的精力是有限的，人能直接获取需要满足物的物理空间是有限的。为了满足人多方面的不断提升品质的需要，人类社会的劳动必须要有分工、要有合作。这样，人们才能生产出并通过贸易交换到各种不同的需要满足物；才能通过分工合作不断提高劳动生产率，并不断提高生产力水平；才能通过专业化不断提高需要满足物的品质；才能通过长期固定的实践促进人的劳动技能和生活能力素质的不断提高；才能促进族群、国家的不断融合和人类整体社会文明程度的不断提高。特别是现代社会，各门科学、各行各业之间及其内部分工越来越细，成就任何事业彼此之间密切合作的要求越来越高，不懂得合作的人，是无法走进成功的殿堂的。分工合作，这是人类社会追求幸福美好生活，在生产获取需要满足物方面的必然要求。现实世界，特别是在经济全球化的当今世界，小到任何人，大到任何国家都不可能包打天下，都不可能万事不求人。国家社会及世界只有形成劳动、生产、市场、贸易的科学分工，互利互惠合作的强大社会力，人们的各种需要才能更好地得以满足，人们的生活才会越过越好。

人类历史上有过三次大的社会分工。第一次社会大分工是畜牧业和农业的分工，发生于原始社会后期。这次社会大分工促进了劳动生产率的提高，引起了部落之间的商品交换，扩大了农牧民满足生活需要的来源，为私有制的产生创造了物质前提。第二次社会大分工是手工业和农业的分工，发生于原始社会末期。这次社会大分工促进了劳动生产率的进一步提高，进一步拓宽了满足人们生产生活需要的途径领域，促使形成了生产资料私有制的社会制度。第三次社会大分工是出现了不从事生产、专门从事商品交换的商人阶级，它发生于原始社会瓦解、奴隶社会形成的时期。这次分工不仅大大拓宽了人们满足需要的途径，而且促使人们不断产生出新的需要。社会分工在人类历史发展中具有重要作用，它对社会经济、科学、文化的发展具有重大的推动作用。它是提高劳动效率和技术水平的有力手段。分工和联合是互为条件的，分工的发展推动着生产过程的统一、联合、协作，形成社会化的生产，并不断开辟着新的生产领域。分工发展的程度是生产力发展水平的重要标志。分工也是商品生产和商品交换产生和发展的重要条件。在生产力发展程度较低的条件下，由于脑力劳动和体力劳动的分工，一部分人能够有时间专门从事科学、文化的活动，为科学文化的发展创造了条件。没有分工，就不会有人类科学文化的发展。没有分工，人们多样性的物质文化生活需要就不可能满足，更不可能丰富多彩。

但在私有制条件下，社会分工也有其局限性，很难形成满足广大人民群众需要的最大社会力。马克思主义认为，在私有制条件下的社会分工使劳动者与生产资料分离，劳动者不仅不能支配自己的劳动成果，反而受自己劳动成果的支配，造成了个人利益与共同利益的冲突，最后社会分工还会导致人的固定化、异化。随着生产力和科学技术的高度发展、私有制和阶级对立的消灭、社会主义制度的建立，社会分工必将得到协调发展，并成为社会主义建设的强大推动力。在社会主义初级阶段还会存在着的固定性分工残余和三大差别，将随着社会主义生产力的发展归于消灭。未来的共产主义社会是一个没有旧式固定性分工而劳动专业化分工高度发展的社会，人们在新的社会分工形式下将获得全面的自由的发展。这是不以人的意志为转移的历史发展的必然。劳动的专业化分工是生产的必要环节，是社会生产力发展的内在要求，不管实行哪种社会制度，它都不会被消灭。相反，随着社会生产力和科学技术的发展还将得到不断发展，只是在社会主义公有制条件下的劳动分工不会使劳动者的劳动成果异化为支配自己的力量罢了。由于人民群众根本利益的一致性，社会主义条件下的劳动分工容易形成各条战线良好的分工合作，国家能有效地动员整个社会同心协力为满足人们自己幸福美好生活的需要而努力奋斗，最大限度地形成增强满足广大人民群众需要的矢同力。资本主义私有制下的市场经济体制，由于资本的逐利性本质决定，不可能形成满足国计民生需要的强大的社会力。中国兴办各种关系国计民生的重大建设，非常成功，说明中国特色社会主义市场经济体制满足人民美好生活需要的社会力非常强大。

随着交通信息技术的飞速发展，世界越来越融为一体，经济全球化成了不可逆转的潮流。从20世纪开始，社会分工开始从一国国民经济内部的分工发展到超越国家界限的国家之间的分工。国际分工的形成，加速了国际贸易的发展。国际贸易以世界市场作为世界各国交换产品、服务和技术的场所，将世界范围内通过国际分工联系起来的各个国家内部以及各国之间的市场综合连接在一起，使国家间贸易中的商品结构不断优化，使国家间的商品交流更加频繁，往来更加密切。在世界贸易组织宗旨的引领下，国际贸易快速发展，为推动世界整体文明的协调发展，为满足各国人民不同层次的需要发挥了积极作用，形成了满足人们日益增长的物质文化需要的不断增强的国际社会力。

事物总是在矛盾运动中前进的。随着新生生产力的不断涌现，生产要素在国际间趋利性、趋益性的流动加速，新兴大国的崛起，国际分工必然会有新的调整优化，国际贸易会出现主权国家间获利多少的波动和暂时的利益不平衡。这是正常的变化，我们不能因此就怀疑甚至否定经济全球化的积极作用，更不能倒行逆施逆全球化而动。当今逆全球化的贸易保护主义、单边主义抬头，有的强势国家随意退群毁约的事情时有发生，世界经济分工合作面临风险加剧的危机。这从反面告诫警示我们：国际分工必须营造严格遵行经济规律和平等互利国际准则的良好国际环境；国际分工不能靠强权政治手段形成技术产业市场垄断，也不能放任强势资本任意掠夺攫取别国资源和财富；国际分工应按生产力要素流向的分布，进行及时的调整和优化；人口大国不能过分依赖国际分工而放弃本国国民经济体系的配套完善，以防不测之虞。

当今世界，国际分工、世界市场已成为世界各国人民满足各种需要的重要资源和实现人生价值的重要载体。早在资本主义发展初期，马克思和恩格斯就看到了这一趋势，他们在《共产党宣言》中指出："资产阶级，由于开拓了世界市场，使一切国家的生产和消费都成为世界性的了……新的工业的建立已经成为一切文明民族的生死攸关的问题；这些工业所加工的，已经不是本地的原料，而是来自极其遥远的地区的原料；它们的产品不仅供本国消费，而且同时供世界各地消费。旧的、靠本国产品来满足的需要，被新的、靠极其遥远的国家和地带的产品来满足的需要所代替了。过去那种地方的和民族的自给自足和闭关自守状态，被各民族的各方面的互相往来和各方面的互相依赖所代替了。物质的生产是如此，精神的生产也是如此。"随着生产力发展，特别是信息交通等科学技术的高速发展，与马克思和恩格斯所处的时代相比，国际分工和国际贸易有了很大的进步和发展，世界各国各民族的联系已经越来越紧密了，经济全球化越来越深入发展。人的需要决定了全球化是人类社会发展的必然趋势，不会以任何人的意志为转移。

随着中国综合国力的增强，中国已成为国际分工、国际贸易重要的参与者和推动者，当然也和参与其中的其他国家一样是受益者、获利者。为了更好地形成满足世界人民各种合理需要的国际社会力，在国际分工、国际贸易中，中国始终坚持互信互利、合作共赢的原则，承担一个负责任大国的责任，为此，中国第一次明确提出了"构建人类命运共同体"的伟大理念和人类社会建设的新目标。中国呼吁世界各国各方共同维护多边贸易体制，推进贸易和投资自由化、便利化，反对保护主义，进一步完善全球经济治理，同心协力，构建人类命运共同体，建设持久和平、普遍安全、共同繁荣、开放包容、清洁美丽的世界。命运共同体必定是一个利益共同体、责任共同体。针对人类社会利益共同体、责任共同体、命运共同体建设，中国提出了一系列既坚持问题导向、紧密联系现实实际，又放眼未来并有建设性的原则和主张。2017 年 1 月，习近平主席在联合国日内瓦总部《共同构建人类命运共同体》的演讲中提出的主张：构建人类命运共同体，关键在行动。国际社会要从伙伴关系、安全格局、经济发展、文明交流、生态建设等方面做出努力。要坚持对话协商，建设一个持久和平的世界；坚持共建共享，建设一个普遍安全的世界；坚持合作共赢，建设一个共同繁荣的世界；坚持交流互鉴，建设一个开放包容的世界；坚持绿色低碳，建设一个清洁美丽的世界。开辟增长源泉；坚持规则导向，完善全球治理。2018 年 11 月，在二十国集团领导人第十三次峰会上，习近平主席针对世界经贸中需要解决的问题提出四点主张：坚持开放合作，维护多边贸易体制；坚持伙伴精神，加强宏观政策协调；坚持创新引领，挖掘经济增长动力；坚持普惠共赢，促进全球包容发展。这些主张，顺应经济全球化历史大势，也为国际贸易和分工合作的健康发展指明了方向。中国构建人类命运共同体的伟大理念和一系列的方案及行动赢得了世界，特别是发展中国家的广泛好评。但现实世界是一个以主权国家为利益主体的世界，国家间的竞争非常激烈复杂，守成国家拼命维护自己的既得利益和旧的秩序，新兴国家拼命争取维护自己的发展权利，积极推进建立更加公平合理的国际分工和国际贸易的改革。随着新生生产力的茁壮成长，世界文明均衡发展的步伐加快，世界由单极化走向多极化、经济全球化，面对利益格局的历史性变化，有的国家一时还难以适应，念念不忘靠“丛林法则”起家的发家史，不惜丢弃诚信、破坏规则，竭力维护其既得利益，让国际分工、国际贸易充满风险。因此，中国既要积极参与推动国际分工合作，又不能过分依赖国际分工。像中国这样的人口大国，在科研制造业方面的核心技术、关键技术、国之重器必须立足于自己。“实践反复告诉我们，关键核心技术是要不来、买不来、讨不来的。只有把关键核心技术掌握在自己手中，才能从根本上保障国家经济安全、国防安全和其他安全。”（习近平：《在中国科学院第十九次院士大会、中国工程院第十四次院士大会上讲话》，人民出版社2018年版）特别是粮食安全更应该牢牢把握在自己手里，民以食为天。20世纪70年代，美国国务卿基辛格曾经说过：“谁控制了石油，就控制了所有的国家，谁控制了粮食，就控制了人。”（王兴尚：《秦国责任伦理研究》，人民出版社2011年版，第213页）一个国家只有立足粮食基本自给，才能掌握经济发展主动权，保持社会政局稳定。世界局势复杂莫测，过分依赖国际分工、国际市场，靠别人解决吃饭问题是靠不住的。保证粮食安全是治国理政的头等大事。同时，也不能忘了中国人的食物种业、食盐安全也必须牢牢掌握在自己手里。总之，凡是关系国家安全和人民安居乐业命需的国家核心利益必须牢牢把握在自己手里。分工合作是满足需要的社会力，全世界善良的人民都会为增强这种有利人类文明进步的社会力而真诚地贡献自己的力量，但对于那些掌握着关键核心技术和重要生产生活资料主动权的、不讲诚信且极端自私贪婪的强势资本，以及信奉“丛林法则”的霸权主义者们来说，也是致人就范或置人死地的“七寸”。因此，不能不保持应有的警惕，不能丧失维护自身合法权利的能力；不能丧失确保“命需”的底线。我们坚信，互利互惠的分工合作是人类文明发展的需要，在分工合作中出现一时的矛盾纠纷通过平等理性的协商和各自需要的自省平衡机制，包括利益受损的弱势方必要的斗争是可以合理解决的。经济全球化不断深化的必然趋势决定了满足需要的国际社会力在分工合作的实践过程中其力的大小不可避免会有所波动，但其力的方向是不会改变的。人类文明发展的历史证明，是不断优化加强的社会分工合作，不断优化增强着满足人们需要的社会力。

第四节　满足需要的社控力——政治国家

人是以社会方式生活的，社会是靠政治总管的。法国著名的启蒙思想家卢梭说："社会对于人类，正像衰老对于个人一样自然，人是需要艺术、法律和管理的，但是这种需要正像老人需要拐杖一样。"（《名人语录·外国卷》，内蒙古人民出版社 1999 年版，第 235 页）人不能脱离社会生活，也不可能不接受一定的政治管理，人的任何需要的满足都会受特定社会政治的规范、影响、引导、调控、制约。所谓满足需要的社控力就是规范、影响、引导、调控、制约满足人们需要的一种社会政治力量，这种社控力在相当长的历史时期表现为"一定的政治国家"。马克思说，社会"是人们交互作用的产物。人们能否自由选择某一社会形式呢？决不能"。（《马克思恩格斯选集》第四卷，人民出版社 1972 年版，第 320~321 页）人们为了满足生存发展需要，在生产交换和消费发展的一定阶段上，就会有一定的社会制度，一定的家庭等级或阶级组织，就会有一定的政治国家。也就是说现实中人的需要满足是受其生活工作的所在国家的法律制度道德文化的调控影响的，就是人的需要满足必须遵守其生活工作的所在国家的法律制度，认同并不得违背其主流道德文化价值取向等行为规范。强化政治社控力，是一个国家的统治集团维护国家政令统一权威、维护社会公平正义秩序、有效应对公共安全卫生危机、维护经济社会健康发展的必然要求。

研究满足人的需要的社控力，需要掌握社会、政治、国家这三个概念。

社会是人与人形成的关系总和，是以一定的物质生产活动为基础的而相互联系的人类生活共同体，是人们交互作用的产物。如：人类社会、国际社会、某国社会、某族社会、乡村社会、城市社会等概念的形成和区分就是依据这一定义。当今世界，最实的社会单元是国家。

政治是经济的集中表现，同时它又反作用于经济，给予经济发展以巨大的反作用。处理阶级内部的关系、阶级之间的关系、社会各利益群体之间的关系和民族间、国家间的关系等，都属于政治的内容。其表现形式为代表一定阶级的政党、社会集团在国家生活和国际交往方面的政策和活动。具体到一个国家来说，政治是指政府、政党治理国家的行为。孙中山曾说："政治就是管理众人之事。"（张兆本：《新公共政策分析》，人民出版社 2006 年版，第 16 页）毛泽东认为政治是统治阶级及其政党为实现维护其理想中的某种社会制度所进行的全部实践活动，他在新民主主义革命时期发表的《论联合政府》中指出："我们共产党人从来不隐瞒自己的政治主张。我们的将来纲领或最高纲领，是要将中国推进到社会主义社会和共产主义社会去的，这是确定的和毫无疑义的。"（《毛泽东选集》第三卷，人民出版社 1991 年版，第 1059 页）在军队建设中强调政治工作是革命军队的生命线。中华人民共和国成立以后，在长期的执政实践中，他又明确提出政治是治国理政的“纲”，多次告诫全党：“政治工作是一切经济工作的生命线。”（《毛泽东建党学说论》（下），人民出版社 2003 年版，第 954 页）邓小平说：“什么时候都得讲政治。”（《邓小平文选》第三卷，人民出版社 1993 年版，第 165 页）孔子说：“政者，正也”。从实践层面来看，政治就是统管社会的工作，就是争取顺应民心维护大局的工作，就是维护正常社会秩序、正确规范引导人们思想行为的工作。政治就是政治主体即一定社会的统治集团运用其执政权力，通过加强法制文化建设，制定调整和控制各种生产要素的配置和社会财富分配的规则，合理配置社会资源和生产要素，合理分配社会财富，以缓解社会矛盾，降低社会内耗，协调各方关系，平衡各方利益，抓好文明教化，以调动各阶级、各阶层、各民族、各团体的积极性，保证和促进社会政局稳定、整体协调、运行有序、健康发展的工作。总之，政治是牵动全体社会成员的利益并支配其行为的社会力量。

马克思主义认为，国家是阶级统治的工具。在阶级社会里，占统治地位的阶级，借助国家对被统治阶级实行专政，镇压他们的反抗，维护本阶级的利益，巩固社会制度、维持社会秩序。政府、军队、警察、法庭、监狱等国家机器，是统治阶级行使国家权力的工具。国家是一个历史范畴，不是从来就有的，随着阶级的消灭，国家也不可避免地要消亡。（《简明社会科学词典》，上海辞书出版社 1982 年版，第 614 页）无产阶级要争取自己的利益必须建立自己的国家，马克思、恩格斯在《共产党宣言》中明确指出：“工人革命的第一步就是使无产阶级上升为统治阶级，争得民主。无产阶级利用自己的政治统治，……把一切生产工具集中在国家即组织成为统治阶级的无产阶级手里，并且尽可能快地增加生产力的总量。（〔德〕马克思，恩格斯：《共产党宣言》，人民出版社 2014 年版，第 49 页）西方政治学家则坚持“国家三要素说”，认为国家由领土、人民、权力（或主权）构成。从国家构成的要素来看，这一定义是科学的，便于人们更具体地理解国家的含义。马克思的定义则有利于人们从政治属性上把握国家是阶级统治工具的本质。

通常所指的社会是以国家为单位的生活共同体，政治则是国家实施统治的工具，社会政治就是一个国家的政治管理，政治国家就是社会各类组织和全体人们满足各种需要的管理调控力量（简称：社控力）。

之所以说政治国家是满足需要的社控力，是因为现在世界上任何人和组织的需要满足都是在一定的国家政治制度体系的规范引导影响下实现的。这是一个以生产资料所有制为核心构成的制度体系。这个制度体系构成特定社会的生产关系和社会基础。所有制是生产关系的基础，它决定人们在生产中的相互关系、产品交换和分配的关系，决定依附于生产资料进行劳动满足需要的人们的经济权利和地位。生产资料所有制形式是区别各种社会制度的根本标志，是一个国家国体的经济基础，是关系全体公民的利益的最根本的自然和社会资源分配制度，决定人们在进行生产时享有和使用自然和社会资源的基本权利。由此可见，人的需要满足首先必然受其所处特定国家根本政治制度的影响规范制约。

例如，土地是人们特别是农民满足生产生活需要最重要的生产资料，农民想利用土地获利，就必须遵守国家的法律规定。《中华人民共和国土地管理法》总则第二条明确规定：“中华人民共和国实行土地的社会主义公有制，即全民所有制和劳动群众集体所有制。”“任何单位和个人不得侵占、买卖或者以其他形式非法转让土地。土地使用权可以依法转让。”土地不仅不能自由买卖，而且还实行严格的用途管理。总则第四条规定，“国家实行土地用途管理制度。国家编制土地利用总体规划，规定土地用途，将土地分为农用地、建设用地和未利用地。严格限制农用地转为建设用地，控制建设用地总量，对耕地实行特殊保护。”因此，农村集体组织和农民个人就不能为了集体和个人的利益需要而改变承包经营的农用土地性质，不能因为搞房地产比种粮食来钱快、赚钱多，就在农用土地上盖房子卖。国家还规定种粮食的基本农田，只能种粮食，不能为了个人追求高收入的需要而改种其他经济作物。在现行体制下，农民可以非农化，但农用土地不能非农化。这样的规定是非常正确的，既能保证国家粮食安全，又不妨碍农民择业自由。国家在严格加强农用土地管理的同时，十分重视处理好满足国家整体利益的需要和满足农民个人利益需要的关系，为农民更好地满足自身需要提供了许多政策支持，开辟了广阔的空间。国家规定农民承包经营的土地使用权可以依法流转，但不得改变土地的性质和用途。严格基本农田和农用土地的保护和用途管理，这是国家整体发展的需要，也是保障国家粮食安全的需要，也是保障全国人民的根本利益的需要。任何组织和个人在满足自己的需要时不能违法违规，破坏国家的总体规划，损害全国人民的根本利益。

再如，我国民营经济的发展，也是因为改革开放后根据我国处在社会主义初级阶段的实际国情，确立了公有制为主体，多种所有制经济共同发展的社会主义初级阶段的基本经济制度，允许个人资本通过市场配置资源，作为一种社会生产资料参与国民经济建设；在坚持按劳分配为主体的前提下，允许所有生产要素可以参与分配。一定规模的民营企业无论是独资还是股份制企业，都是以资本和利益为纽带的、由众多经过市场双向选择的充分享有国家法定劳动者权利的自由劳动者参加劳动生产的、由民营企业家或民营企业发起人组成的经营管理团队组织领导的依法自主经营的法人经济实体和社会劳动生产组织。国家依法对民营企业进行宏观管理。这样的调整，是国家经济发展的需要，有利于充分发挥各种资源作用、调动各种积极因素，搞活加快经济发展，创造更多社会财富，增强国家综合实力，更好地满足人民日益增长的美好生活需要，但顺应这种需要所采取的措施却是政治的决定。体现中国共产党本质特征的中国特色社会主义制度，是当代中国发展进步的根本制度保障，改革开放是为了更好地坚持和发展中国特色社会主义。中国特色社会主义制度下的民营企业与资本主义制度下的私营企业在资产私有的属性和经营自主、合法、守法、利益最大化的价值追求上具有共性特征，但由于国家性质的不同，在政治上的要求会有明显不同。在中国，民营企业的发展应该与中国特色社会主义“以人民为中心”的核心价值取向保持一致，与国家整体利益保持一致，与满足最广大人民日益增长的美好生活需要保持一致，只有这样才能做到健康发展、事业长青。

我国人民民主专政的国体、中国共产党领导的中国特色社会主义建设的本质决定，不管你有多大的资本，都不能超越市场谋利，不能倚财仗势挟政谋利，不能违法谋利，不能损人欺人谋利，否则一定会害了自己的事业，毁了自己的人生，严重的还会受到法律的制裁。政治无私、道德公义、法律无情，这是人类社会建立正常秩序、进行正常管理的铁规。任何人，也不管你是影响多大、实力多强的人，你要满足自己的需要，都不得无视，更不得挑战这一铁规。

2013年，习近平总书记在中共十八届三中全会上作关于《中共中央关于全面深化改革若干重大问题的决定》的说明时指出："市场决定资源配置是市场经济的一般规律，市场经济本质上就是市场决定资源配置的经济。……当然，我国实行的是社会主义市场经济体制，我们仍然要坚持发挥我国社会主义制度的优越性、发挥党和政府的积极作用。市场在资源配置中起决定性作用，并不是起全部作用。……强调科学的宏观调控，有效的政府治理，是发挥社会主义市场经济体制优势的内在要求。……政府的职责和作用主要是保持宏观经济稳定，加强和优化公共服务，保障公平竞争，加强市场监管，维护市场秩序，推动可持续发展，促进共同富裕，弥补市场失灵。"（《习近平谈治国理政》，外文出版社2014年版，第77页）随着党和国家政治生态的全面净化，市场生态的不断优化，国家依法治国、宏观调控能力的不断增强和民营企业守法守正、依法经营、履行社会责任的能力和自觉意识的不断增强，我国民营企业呈健康良好发展趋势，已成为满足人们美好生活需要的重要力量，成为中国特色社会主义建设的重要方面军。西方国家针对资本获利状况所制订的各种税收政策，以及普惠社会福利政策的制定和调整也不是资本自发的作用，而是各利益群体共同利益和社会协调发展的需要所驱，是民主政治的力量所为。列宁曾经指出："一般说来，最重要的'有决定作用的'阶级利益只能用根本的政治改革来满足；例如，无产阶级的基本经济利益只能经过用无产阶级专政代替资产阶级专政的政治革命来满足。"（《列宁全集》第五卷，人民出版社1986年版，第359页）其实，任何重大的社会阶层群体经济利益的调整都是政治的改革。例如，我国坚持和完善社会主义基本经济制度和分配制度，在毫不动摇地巩固和发展公有制经济的同时，鼓励、支持、引导非公有制经济的发展，允许私人资本作为一种社会力量参与社会建设和分配，就是中国特色社会主义体制内调整各群体利益的政治改革。资本并不是一种个人力量，而是一种社会力量，资本的法人代表理所当然要承担相应的社会责任，这是政治国家的必然要求。资本以何种方式、多大成本组合社会生产要素、经营生产何种产品、提供何种服务必须体现国家意志，必须依法依规。资本创造的财富并不完全是资本所有者个人创造的财富，而是以资本和利益为纽带、以企业家为领导的特定劳动者联合体创造的社会财富，资本所有者按照法律规定享有企业财产的所有权和支配权。资本所有者能运用社会资源创造社会财富是因为有国家政治的保障，国家允许你运用社会资源创造财富，国家也就理所当然地让你要负起与此相适应的法定的社会责任。西方国家于 20 世纪 80 年代兴起的企业社会责任认证，就是对私营企业在依法缴税、职工权益保障、创造就业机会、环境保护、产品质量、安全生产、文明建设等方面法定社会责任的明确，也是对企业应负的社会责任的法定要求和监督。由此可见，资本家不仅要依照国家法律和企业实际合理确定企业的工资标准体系，而且必须依法为职工购买养老、医疗、工伤、失业等社会保险，提供相应福利。国家根据社会整体利益需要和防止贫富差距过大造成社会不稳的需要，扩大社会财富二次分配的能力，向企业和高收入人群征收不同税率的税收，也是现代国家通行的做法。根据具体国情，结合运用计划、市场两种方式配置资源；利用赋税政策平衡社会财富分配，这是政治国家最基础和最有力的社控力手段。经济是政治的基础，政治是经济的集中表现，为经济基础服务，具体表现就是：政治国家决定并总管特定社会生产要素、社会财富的总体配置。所以，政治国家就是满足需要的社控力。

衡量一种制度先进与否的标志，就是看这种制度对于发展社会生产力和满足最广大人们群众的需要是否有利。在中国共产党领导下，我国走上了中国特色社会主义道路，改革开放以来不断完善社会主义的实现形式，确立了公有制为主体，多种所有制经济共同发展的基本经济制度；形成了按劳分配为主体，多种分配方式并存的分配制度，极大地解放了生产力、发展了生产力，为满足全国人民美好生活的需要开辟了广阔的空间和前景。社会主义中国经过几十年的发展，特别是改革开放以来的发展，使中国走上了一条从站起来到富起来、强起来的光明大道。人民群众的生活水平已整体步入小康，人们满足需要的获得感、人生的幸福感、作为中国人的自豪感倍增，中国成了世界第二大经济体、制造业第一大国、货物贸易第一大国、商品消费第二大国、外资流入第二大国，国际影响力显著提升。历史雄辩地证明：中国特色社会主义制度是适应中国国情的、确保实现中华民族伟大复兴、确保人民实现美好生活需要的最好的政治制度。2019 年，习近平总书记在《求是》杂志第七期发表的重要文章《关于坚持和发展中国特色社会主义的几个问题》中明确指出："中国特色社会主义，是科学社会主义理论逻辑和中国社会发展历史逻辑的辩证统一，是根植于中国大地、反映中国人民意愿、适应中国和时代发展进步要求的科学社会主义，是全面建成小康社会、加快推进社会主义现代化、实现中华民族伟大复兴的必由之路。""中国特色社会主义是社会主义而不是其他什么主义，科学社会主义基本原则不能丢，丢了就不是社会主义。""一个国家实行什么样的主义，关键要看这个主义能否解决这个国家面临的历史性课题。""历史和现实都告诉我们，只有社会主义才能救中国，只有中国特色社会主义才能发展中国，这是历史的结论、人民的选择。”中国特色社会主义的本质是科学社会主义，强化社控力，必须不忘初心，始终坚持这一本质。

不同性质的政治国家满足需要的对象重点是有所不同的，重点必定是维护巩固发展统治阶级的利益，政策必定是体现统治阶级的意志。中国是以工人阶级为领导的、以工农联盟为基础的人民民主专政的社会主义国家，执政党是以全心全意为人民服务为宗旨的中国共产党。在中国共产党的领导下，国家始终坚持以人民为中心的发展思想，把满足全体人民美好生活需要作为矢志不移的追求目标。这就决定了中华人民共和国政治上是人民当家作主的国家，党和国家要为满足全体人们的需要，提供坚强的政治法制保障、创造良好的法治社会秩序和向善向上向美的文化环境，教育引导人们合理、合法、科学地满足自己的各种需要。强化满足需要的社控力是政治国家治国理政的必然要求。

第五章 满足需要的规律

人不仅通过本能满足自身的需要，而且还可以通过劳动创造满足自身的需要，并且主要是通过劳动满足自身的需要，因此，人的需要满足既具有生命态生物事物满足需要的共有特性，同时也具有自身的鲜明特点。人们满足需要的具体行为实践，看似千差万别，实质上却遵循着共同的规律。规律是事物之间的内在的本质联系。这种联系不断重复出现，在一定条件下经常起作用，并且决定着事物必然向着某种趋势发展。

第一节 动态平衡满足需要的规律

平衡是需要产生的基本规律，也是满足需要的基本规律。任何满足需要的活动都是为了保持生命运动包括生命态事物的平衡。任何自然生命体的生存与健康、任何生命态事物的存在与发展，始终都离不开需要与满足需要之间不断循环反复的平衡运动。人饿了要吃饭，是为了保持身体能量的平衡；天冷了要加衣，是为了保持体温的平衡；生病了要吃药是为了治疗身体机能出现的不平衡；“五个文明一起抓”是为了保持社会发展的健康平衡；进行缩小工资收入差别的改革，是为了防止两极分化，保持社会的稳定，促进人们分享改革成果的平衡，等等，这些重复出现的平衡行为，决定着需要产生的方向和趋势。这种趋势不以任何人的意志为转移，违背这一规律，人就会生病或病情加重，工作就会不顺利甚至可能犯错误，社会的稳定与和谐就会出问题。平衡才有稳定，平衡才有安全，平衡才能发展，平衡才有健康，平衡才能维持有质量的生命。平衡是满足生存发展需要的基本的科学的方式，不平衡的需要满足方式不利于生存发展。

1. 人的生命健康需要身体机能平衡

生命平衡的需要是每个人健康的保证。人的健康是身体的各种机能、适应自然环境和社会的心态的一种良好平衡和谐状态。恩格斯说：“物体相对静止的可能性，暂时的平衡状态的可能性，是物质分化的根本条件，因而也是生命的根本条件。”“在活的机体中我们看到一切最小的部分和较大的器官的继续不断的运动，这种运动在正常的生活时期是以整个机体的持续平衡为其结果，然而又经常处在运动之中，这是运动和平衡的活的统一。”（《马克思恩格斯选集》第三卷，人民出版社 1972 年版，第 563 页）人的身体、心理机制一旦失去平衡，就会生病，就会影响生命质量，严重失衡还会危及生命。吕不韦在《吕氏春秋·达郁》篇里说：“凡人三百六十节，九窍、五脏、六腑，肌肤欲其比也，血脉欲其通也，筋骨欲其固也，心态欲其和也，精气欲其行也，若此，则病无所居，而恶无由生矣。”我们的祖先早在 2000 多年以前就发现了人的健康是身体本身机能与适应社会心态的平衡和谐的规律，而且在实践中创造了以维护修复平衡和谐人体及心态机制为目标方法的世界瑰宝中医药学。中医关于健康在于人体机能和心理机制的平衡和和谐的理论已成为全世界医学理论的共识。1948 年，世界卫生组织在其宪章中对健康下的定义是：健康不仅是免于疾病和衰弱，而且是保持身体上、精神上和社会适应方面的完美状态。1990 年，世界卫生组织又对健康做出了新的定义：一个人在躯体健康、心理健康、社会适应良好和道德健康四个方面皆健全才算健康。1992 年，世界卫生组织在加拿大维多利亚召开的国际心脏健康会议上发表的《维多利亚宣言》认为，当前主要问题是在科学论据和民众之间架起一座金桥，使科学更好地为民众服务。这座健康金桥有四项大基石，它们是：合理膳食、适量运动、戒烟限酒、心理平衡。这就是现代医学的共识，人的健康需要在生活、工作、运动、心态等方面保持一种良好的平衡状态。

要在生活中保持良好的平衡状态，必须养成良好的行为习惯，摒弃极端有害的心态行为，化解极端气候的有害影响。何以去害？《吕氏春秋·尽数》中说“大甘、大酸、大苦、大辛、大咸，五者充形则生害矣。

大喜、大怒、大忧、大恐、大哀，五者接神则生害矣。大寒、大热、大燥、大湿、大风、大霖、大雾，七者动精则生害矣。”这些都是必须去掉或化解掉的有害因素。现代养生学也强调要防止“十八伤”：久视伤精、久卧伤气、久立伤骨、久坐伤脉（肉）、久行伤筋、久听伤神、暴怒伤肝、忧极伤心、悲极伤肺、恐极伤肾、多言伤液、多汗伤阳、多虑伤脾、多食伤胃、多笑伤腰、多唾伤津、多泪伤血、多交伤髓。凡事应讲适度，才能保持生命平衡健康。人类的生命平衡需要是靠自己掌握和满足的，为此，人类不仅积累了丰富的养身健身经验，而且建立了医药学、心理学、营养学，以及宗教和文学艺术等科学和人文理论体系。人类社会的一切需要都可以从生命平衡需要找到根源，人类社会的发展必须始终遵循生命平衡需要律。生命平衡需要律制约着每一个人的身体健康和人生幸福。现代医学认为，保持和满足身体健康和身体机能的良好平衡需要关键在于健康的生活方式，影响生命健康和长寿的诸多因素中，生活方式占60%。在日常生活中谁把握好了动静平衡、饮食平衡、心态平衡，谁就掌握了健康的金钥匙。

2. 人类持续发展需要生态系统平衡

生命平衡需要律也反映了生态环境的运行变化规律，而且人类的生存发展、健康幸福与整个生态环境的好坏是唇亡齿寒、一损俱损、相依为命的关系。

人类与整个自然生态系统是个体与整体的关系，个体寓于整体，不能脱离整体而存在，但同时，人对自然生态平衡的维持又有很强的作用和反作用力。生命平衡需要是指个体生命的需要，即维系个体生命各系统功能正常协调运动的需要。生态平衡需要是指自然生态各系统之间的平衡需要。人类所处的自然生态环境是各类生命和各类有自身生存特性规律的物质系统总和，通过强大的但是有限的自我调节能力，动态平衡各系统之间的关系，是自然生态系统正常运转不断发展进化的规律。

生态平衡是生命平衡的基础。根据现在人类的认识，宇宙是136亿年前的一次大爆炸后所形成的，这次宇宙大爆炸产生了物质与反物质，二者处于完美的平衡状态，所以宇宙的结构是平稳的。没有宇宙结构的平稳就没有生态环境，没有生态环境的平衡就很难保证人的生命的平衡即人的健康，就可能导致人类的一系列疾病和灾难，甚至是灭顶之灾。不管是自然因素引起的、还是人为因素引起的生态平衡的破坏，其后果是相同的。人类在预防自然灾害方面已取得了很大的成绩，如各种灾害预报预防。但在大的自然运动规律面前，人的力量还是非常弱小的，如在大的水灾、旱灾、地震、台风、山崩海啸面前，人类还是显得那样的无能为力和被动脆弱。近几十年来发生的唐山地震、汶川地震、印尼台风、日本海啸等等自然灾害都给受害地区造成了毁灭性的破坏。生态学把这种因自然因素引起的生态平衡破坏称之为第一环境问题。对第一环境问题，人类永远也无法完全控制大自然规律性运动带来的灾害，只能在不断掌握自然规律的基础上积极地预防。但对于因人为因素引起的生态平衡破坏的第二类环境问题，人类负有不可推卸的责任，而且掌握着解决问题的主动权。

现在，人为因素是造成生态失衡的主要原因。如人类在生产和生活中产生大量的废气、废水、垃圾等不断排放到环境中；盲目开荒采矿、围湖填海，滥伐森林树木、滥猎野生动物、过度放牧毁草，对自然资源不合理利用或掠夺性利用非常严重；在生态系统中盲目迁移或增加新物种；人为地向环境中施放某种物质，干扰和破坏生物信息系统，影响彼此靠信息系统联系保持其集群性和正常繁衍，使生物的多样性失去平衡。随着工具性生产力（包括科学技术）的飞速发展，人类主宰自然界的愿望越来越强烈，人类的需要变成一种超越生命平衡价值标准的强烈的侵略者似的占有贪欲。人类虽然已经认识到了上述问题，也正在调整自己的行为，把保护生态平衡放到了非常重要的位置，但其惯性还是很大，一些唯利是图的人还在肆意破坏着人类共同的生态环境。如果外界干扰或压力超过生态系统所能承受的自我调节能力的阈限，其自我调节能力就会遭到破坏，生态系统就会衰退，甚至崩溃。如海洋、江河湖泊、地下水、土壤等不可再生资源遭到的污染一旦超过其自身调节能力，将很难得以恢复，即使有可能恢复，也是或百年或千年或万年的漫长过程。生态环境的破坏，已经越来越影响人类的生命生活质量，制约着经济社会的健康和可持续发展。

生态环境像人一样，是一个需要保持平衡的生命体。为了人类社会的健康持续发展，我们一定要坚持生命平衡需要律，与生态环境友好相处，切实保护好生态平衡。《我们共同的未来》中，将可持续发展定义为既满足当代人的需要，又不对后代人满足需要的能力构成危害。可持续发展包括了两个内涵，即寻求世界人口需求的平衡和极限的平衡，人类必须根据地球生态圈的承受能力研究人的需要与极限的关系。2012 年 5 月 15 日，世界自然基金会（WWF）在北京发布了被称为“地球体检报告”的《地球生命力报告 2012》，报告显示，“地球现在很不健康”，全球生物多样性健康状态（地球生命力指数）在 1970 年到 2008 年间下降了

28%，热带地区下降了60%。由于人类的过度消耗，在过去30年间，地球上的生物种类减少了35%，其中淡水生物减少了54%，海洋生物种类减少了35%；树木种类减少了15%。据绿色和平组织估计，近100年来，全世界的原始森林有80%遭到破坏；土壤退化问题不容乐观，导致世界人均耕地面积减少。据联合国统计，1975年至2000年世界人均耕地面积大约减少一半；水资源短缺和水污染，已成为当代世界最严重和最重大的资源环境问题之一，也是未来人类将面临的最为严峻的挑战之一。然而，人类对自然资源的需求自1966年以来却翻了一番，人类正在使用相当于1.5个地球的资源来维持自己的生活。报告指出，如果各国政府再不进行干预，2030年后人类的整体生活水平将会下降。报告称要恢复地球的健康，根本之道在于解决人口超载增长和过度消费的问题。这确实是人类共同面临的一个根本性问题。我们既然认识到了问题的严重性，就应该共同解决好这一问题。人的需要发展只有与运动变化着的趋势平衡稳定的生态系统始终保持协调，整个生命支持系统和生态系统的完整性不破坏，人类社会才能保持良好的生存环境，人的各种物质需要的满足和社会经济的发展才有良好的物质基础和基本前提，人类社会才能真正做到可持续发展。发展必须处理好人与自然的关系，从无节制单向索取自然，转向有序有度利用自然，促进人与自然和谐共生。

3. 人类和谐幸福需要社会发展平衡

生命平衡需要律也反映了人类社会健康运行的规律。人类社会发展中存在的许多问题都是人类在满足自身需要时，没有协调平衡处理好各种互为影响的关系，如人与自然的关系、人与人之间的关系，特别是男女性别比例的关系、还有局部与整体的关系、眼前和长远的关系、物质与精神的关系等等。马克思历史唯物主义有两个基本原理：生产关系要适应生产力的发展；经济基础决定上层建筑，其实质是社会发展平衡需要律在不同层面的反映。追根溯源，社会平衡是由人的生命平衡需要律决定的。社会存在也有自己的生命系统，这个生命系统就是全体人民共同的需要。人的本质属性是社会人，社会是由人的需要构成的，因为有了人的需要，才有了生产、商贸、政治、科学研究、文学艺术等各种分工越来越细的满足需要的活动。人是社会关系的总和，人不能脱离社会而生活。人的生命平衡需要，已不仅是其能量的补充需要社会来提供，而且其精神性生活的需要包括心理平衡的需要也主要靠社会来提供或受社会环境的影响。引起心理失衡的原因就是各种社会失衡因素或主体对社会现实的不满感受，这种不满感反映主体所持价值标准体系及期待与社会现实之间的矛盾。社会协调平衡健康发展，社会稳定才有基础，人的生命生活质量才有保证，人的综合素质不断提高才有条件，人的幸福指数不断提高才有保障。

人类社会是人类独有的保障、促进、影响、制约、优化其生存发展的人文生态系统，这一生态系统的正常良好运行也必须遵循生命平衡运动规律。社会生命平衡，主要是以下三方面的平衡。

一是社会发展平衡。国家经济社会建设一定要统筹兼顾、协调平衡，国家和社会建设要坚持物质文明和精神文明、政治文明、社会文明、生态文明协调发展，不可偏废。如果一个国家或一个特定的社会，由于物质文明、精神文明、政治文明、社会文明、生态文明发展畸形，造成社会整体发展严重地不协调、不平衡，就会影响所有社会成员的生活和生命质量，社会就会产生不稳定因素，国家就会动乱，统治集团就会危机四伏，政权就有可能垮台。人类的经济活动要围绕保障人们正常的健康生活的基本需要和发展需要，并有利于不断提高生活发展水平和质量来进行，不能单纯追求GDP指标的增长，不能单纯追求商业化利益。同时，在经济建设中还必须要处理好各产业之间的关系，第一二三产业、农工技贸之间的关系不能颠倒，特别是农业的基础地位任何时候都不能动摇，这是由人的“命需”决定的。历史经验告诉我们：经济建设是保持社会平衡稳定的基础，经济活动是人类满足需要的中心活动，除了外敌入侵和不可抗拒的重大自然灾害发生，任何时候都不能放松经济建设，必须抓紧抓好。

二是社会利益分配平衡。人的需要的满足绝大部分是靠社会分配机制来实现的，治国的主要职责就是协调平衡好各种利益关系，就是建立和保证公平公正的资源配置和利益分配运行机制，就是规范协调各项事业协调平衡的发展。政府要善于利用各种经济法规和政策措施等调节手段，适应生产力发展的现状，坚持最大限度地满足绝大多数人民群众的实际需要，协调处理好各种利益关系的平衡，各利益群体的财富占有量不能畸重畸轻，财富分配既不能搞平均主义，也不能两极分化，基尼系数控制在0.3到0.4之间比较合理平衡。政策杠杆根据整体发展需要可以适当灵活调控，但不能过于频繁随意，更不能厚此薄彼。同时，要对贪污受贿等非法侵占社会财物的行为坚决予以严厉打击。分配不公是社会矛盾存在的根本原因。建立各种惠及全民的教育、医疗、养老等各种福利制度，发展各种帮贫济困扶弱的社会慈善事业也是社会利益分配平衡的需要和社会稳定的重要基石。党的十八大以来，习近平总书记反复指出，人民对美好生活的向往就是我们的目标， 中国特色社会主义建设就是要坚定不移走共同富裕的道路。而且，提出了社会利益平衡的总体政策构思，提出十三五期间在人民生活指标上，要总体实现基本公共服务均等化、缩小收入分配差距和社会和谐稳定。执政党运用法规政策，积极合理地平衡好社会各类人群的收入分配差距。这是实现和保持社会稳定的基本要求和保证，也是以公有制为主体的社会主义国家在实现社会利益平衡方面的制度优势。

追求社会利益分配平衡是人类社会区别于动物世界的显著标志，动物世界追求的是自然界生物学方面的物竞天择、优胜劣汰、弱肉强食的丛林法则。丛林法则体现的是自然属性。人类从脱离动物世界开始，随着生产力的发展和科学技术的进步，特别是人伦文明的形成与发展，日益改变了丛林法则的自然属性，形成了体现人性社会性的人类生存法则。人类生存的法则主要是相互依存、价值竞争、优胜劣变、相扶共进，这些法则的产生是人类生存发展安全的需要，任何人的生存发展安全都离不开他人和社会的帮助服务与保障，极端的自私和无情的冷漠不仅危害他人的生存发展安全，损害人群整体的利益，而且也随时有可能危及“小我”自身的生存发展安全。注重社会利益分配平衡是现代国家的普遍追求和实际政策。基尼系数是国际上通行的通过科学测定分析预警社会利益分配失衡的重要措施。西方主要工业化国家的基尼系数一般控制在0.3左右。根据基尼系数变化，及时调控平衡好社会利益分配，是西方主要工业化国家维护社会和谐稳定的基本做法和成功经验。

三是社会管理权力结构平衡。任何国家的社会组织要健康有序地运行发展，都离不开管理，管理就需要设置各种部门，并授予其相应的法定公共权力管理其职责范围内事务，或掌握行政许可审批权，或掌握资源配置权，或掌握人事升迁决定权，或掌握监督、考核、奖惩裁定权等权力。从本质上看，任何性质的国家其社会管理权力无不反映了统治阶级的意志，代表了统治阶级的利益，但谁也不能不在法理上代表全体社会成员的公共利益。任何层级的权力都是协调平衡维护相应层级群体利益关系的工具，代表的是相应层级群体利益的公共需要，公共权力的本质是属于权力服务范围全体成员的。社会的健康和谐在于权力结构的合理平衡。当今世界尽管各国的国体政体有所不同，但国家公共权力结构主体都是由三部分组成，即由立法权、行政权、监督权组成。三种权力各有其独立的法律地位和职责，且相互监督制衡。权力结构失衡容易产生社会不公和腐败，也是产生集权暴政的重要原因。权力结构合理平衡，充分体现民意，真正做到民主科学立法；有法必依，执法必严，严格依法行政；坚持在法律面前人人平等，对当权者监督约束到位，是社会稳定健康发展的根本。“不平则鸣”，如果社会管理存在立法不公、执法不严、以权谋私等现象，民心就会不满，民怨就会发生甚至累积，如果不及时调整改变，久之，社会就会动乱，因此，注意权力结构的平衡，注重对当权者的教育和有效监督，是社会和谐稳定健康发展的生命所系。

满足平衡的需要是一种动态的平衡运动，而不是使其保持一种静态的平衡状态。“平”是讲适度，“衡”是讲把握分寸。运动变化是宇宙间一切事物的最根本的属性，在运动变化中，保持适度的平衡是事物有序发展的生命所系。正如恩格斯在《自然辩证法》中所说：“平衡是和运动分不开的。在天体的运动中是平衡中的运动和运动中的平衡（相对的）。但是，任何特殊相对的运动，即这里在一个运动着的天体上的个别物体的任何个别运动，都是为了确立相对静止即平衡的一种努力。物体相对静止的可能性，暂时的平衡状态的可能性，是物质分化的根本条件，因而也是生命的根本条件。”（《马克思恩格斯选集》第三卷，人民出版社 1972 年版，第 563 页）

平衡不是绝对的平衡，而是相对的平衡，这种平衡如流水微波，既畅通，又益生，如果是惊涛骇浪就会成灾，如果是死水一潭就会生腐。正如毛泽东所说：“所谓平衡，就是矛盾的暂时的相对的统一。”（《毛泽东选集》第五卷，人民出版社 1972 年版，第 375 页）恩格斯所说：“在活的机体中我们看到一切最小的部分和较大的器官的继续不断的运动，这种运动在正常的生活时期是以整个机体的持续平衡为其结果，然而又经常处在运动之中，这是运动和平衡的活的统一。一切平衡都只是相对的和暂时的。”（《马克思恩格斯选集》第三卷，人民出版社 1972 年版，第 563 页）运动和平衡是生命需要的常态。

平衡不是重复原有水平，而是一种始终遵循着进化与优化法则而上下波动的平衡，旧的平衡不断打破，新的平衡不断产生，新的平衡总是比旧的平衡生命力要强一些，生物进化论已证明了这一点。新的平衡就是新的生命。人体呼吸吐故纳新，事物整顿更新都是一种新的平衡，只有不断保持新的平衡，人才能保持身体健康，事物才能健康地、可持续地发展。

平衡不是平均，平均产生不了推动事物运动发展的动力，也就不需要平衡，不需要平衡也就不需要管理，不需要管理也就不需要组织，失去组织，人就会失去社会性的本质。如中国特色社会主义发展的目标是消灭贫穷，缩小贫富差距，走共同富裕的道路。这里所说的共同富裕也不可能是没有差别的富裕，如果社会财富的分配不能激发创造社会财富的各种要素的积极性，那么社会生产力就会失去发展的动力，社会就会失去活力，久之，社会财富就会萎缩。

平衡不能单极超强超弱，为了实现生态平衡，万物进化时产生了各种相生相克。“优胜劣汰”是生物进化和人类社会发展进程中的一般规律，但这一规律仍然限定在生态包括人类社会能平衡发展自我调节能力的阈限之内，“物极必反”，恐龙曾是地球上最强悍的动物，其他生物和可食的植物都是它的口中之食，它为所欲为地掠夺占有资源，使地球上灾害频繁资源糟蹋，最后把自己从地球上消灭了，曾是地球上最强大的生命，结果成了地球上寂寞的化石。中医认为：“造化之机，不可无生，亦不可无制。无生，则发育无由；无制，则亢而为害。”（《类经图翼》）平衡才能益生，才能持久。

平衡不是生命的归属，而是生命运动的形式和规律，天分昼夜、人分男女、物分雌雄，生要阴阳平衡，育要雌雄交配，动要劳逸结合，治要刚柔相济，财要生用平衡，利益分配要合理平衡，力在能量守恒，乐在音符强弱巧妙搭配，政在上下左右和谐。平衡是生命运动、事物发展最神奇、最美妙的艺术。

第二节　创造发展满足需要的规律

创造发展是人类满足需要的基本规律，人类社会一切需要的满足都离不开人的创造发展。创造发展是人类社会永恒的主题，是人类社会进步的基础，也是人类各种需要得以满足的根本前提。人类要不断满足生存发展享受的需要，就必须不断地深化对自然规律的认识，不断地创新创造，不断地推进物质文明和精神文明建设的发展，否则，人类的各种需要就不可能得以满足，人类的文明就不可能向前发展。

1. 人类具有用自己的创造物满足自己需要的本质

人类，经过漫长的自然进化过程离开动物界而成为人类，始于有创造意识的劳动。章昭华在《需要——创造论》一书中说："在人类刚刚脱离动物习性时，从形式看，它的需要和满足需要的活动与动物相差无几，比如同现在的黑猩猩没有多大区别。然而，从性质上看，却有了根本的区别，就是说，包括这个时期的人类活动也已具有了创造的性质，即用自己的创造性来满足自己的需要性质。例如，人类的速度不及猎物，但它可以创造出比如'投掷'猎物的方式；人类耐寒力不及动物，但它可以创造出比如'御寒'的活动方式。这种有创造意识的劳动即这种通过创造性劳动满足需要的方式，是人类第一个超本能、超自然的朦胧需要催生的。人类的"天目"一旦打开，便滋生出了无数的需要。无数的需要便催生了无数的创造。人类的需要通过创造性的劳动不断得到满足，同时人类的创造性劳动也不断拓展着人类的需要。在这个意义上，需要即创造，创造即需要。人类所需要的一切，除空气、阳光和天然物质生产资料外，都是人类自己创造的。无论怎样高级的动物，其需要都不可能超出哪怕是一点点自然和环境所赐予的范围，而人类则可以通过创造来满足自己的需要，并不断改善优化需要结构、提升需要等级。创造既是满足需要的手段，同时也是人类进步的需要。人类的每一个新的需要都是创造性构想，每一个新的需要都会催生出新的创造物，一个新创造物又会形成一个新的需要网。如信息网络技术、航天技术、材料工程技术、生物工程技术等，都有这个特点。每一次新技术革命，都会改变人们生产生活需要的结构和内容。创造往往带来人类需要质的飞跃。如日常生活离不开的网络、手机、汽车、各种智能家用电器，就是这种创造性进步的体现。工商企业，一味跟着市场走只会扼杀创新，使产品流于平庸，伟大的产品都是在创造顾客的需求，满足顾客更高层次的需要。人不仅有食衣住行等恒常性的基本需要，而且还具有满足需要的品质不断提升的需要。人们在满足需要时，首先是求有，有了以后是求优，求优的本质是提升满足需要的功能品质。如人们对汽车的需要，有了一定积蓄，首先是想买一辆车代步，以方便出行，拓展活动范围，丰富生活。过了几年，经济状况改善后，又想要买一辆质量性能更好的车，既要安全性好，又要更加美观舒适有品质。再如研制出一个功能全新的产品，使人们的生活质量有改善提升，人们就会产生一种新的需要，如电视、电脑、室内空调、手机、全自动室内清扫机等商品出现时产生的效应就是如此。如机械加工数控设备出现后，机械加工企业就产生了淘汰传统加工设备、装备全自动数控设备的需要。在这一过程中，数控设备制造企业谁的售后做得好，谁能及时收集用户对设备改进的意见，并不断改进升级，谁就会赢得更大的市场竞争优势。世界上许多著名的企业都是创造需要的优势企业。人们对产品的功能质量需要也是要求越来越高，做实业、做技术的人如果注意消费者的需要诉求，可以找到很多施展才能、成就事业的机会。人类追求生活质量提高的需要是永无止境的，人类满足需要的实践也是永无止境的。人类满足需要的实践推动着人类社会文明向着更高更优的目标不断向前发展。

2. 满足需要的主动权在于创造需要和满足需要的能力

人类历史进步的规律告诉我们，人类满足需要的实践也是创造需要的实践，谁创造了影响人类生活的某种需要，谁就掌握了满足某种需要的主动权，谁就在国际政治和市场竞争中赢得了某种竞争优势。能影响改变人类生活需要和生活方式的只有两大因素，一是重大的科技发明，二是重大的社会制度变革。二者中最根本的是重大的科技发明，因为科学技术的性质决定了社会生产力的性质，一定社会的生产力性质决定一定社会的生产方式。18 世纪，英国凭借其最早发明的蒸汽机技术开启了影响世界的第一次工业革命，建立了殖民地，成为“日不落帝国”。蒸汽机技术的广泛应用，不仅提高了满足人们各种需要的效率，而且创造了许多影响改变人类生活方式的新需要，在这些新的需要领域，掌握着核心技术的英国自然掌握着满足这些需要的主动权和市场竞争的优势，以及由此而形成的军事优势。蒸汽机技术曾为英国人的各种需要的满足开辟了广阔的空间，英国著名的经济学家威廉姆 · 斯坦利 · 杰文斯曾在他的作品里这样描述英国人当时满足自身需要的那种不可一世随心所欲的得意之状：北美和俄罗斯平原是我们的玉米地；芝加哥和敖德萨是我们的粮仓；加拿大和波罗的海是我们的林场；澳大利亚和西亚是我们的牧羊地；阿根廷和北美的西部草原放牧着我们的牛群；秘鲁运来它的白银，南非和澳大利亚的黄金流到伦敦，印度人和中国人为我们种植茶叶，而我们的咖啡、甘蔗和香料种植园遍及西印度群岛；西班牙和法国就是我们的葡萄园，地中海就是我们的果园……我们洋洋得意，充满信心，极其愉快地显扬和享受着帝国的威风。从 19 世纪上半叶至今，近百年的历史，美国的世界性超级大国地位的基础也是建立在创造和满足人类各种新需要的科学技术优势之上的。19 世纪上半叶，发电机在法国和德国率先发明，但是电力革命却主要发生在美国。美国在 1850 至 1899 年间的各项技术发明达 70 多万项，其中很多是电力方面的第一：第一部电报机、第一部电话机、第一座发电厂、第一盏电灯、第一个无线广播电台、第一次横渡大西洋的汽船航行。到了 20 世纪初，美国还是处在不停创造第一的状态：第一架有动力的飞机、第一次直接横越太平洋飞行、第一架超音速飞机。1946 年，美国发明第一台电子管计算机，使世界进入第三次技术革命时期。然后美国建设了人类第一条跨越大西洋从美国通往法国、英国的全长 6700 公里的越洋海底通信光缆、创建第一个计算机互联网、成功发射了第一颗国际通信卫星、组建了第一个全球卫星定位系统、第一个实现人类登月、第一次成功发射航天飞机、第一个破译遗传密码、第一个开启生命工程等等。所有的“第一”都创造了人类新的需要，同时开辟了满足需要的广阔途径。20 世纪的诺贝尔科学奖 466 项颁奖中，美国占了 201 项。科学技术的绝对优势成就了美国当今世界超级大国的地位，同时也助长、纵容了美国统治阶级中的一些胸襟不宽、眼界不高的政治家们在世界大家庭中目空一切、飞扬跋扈、倚强凌弱的霸主行为。人的需要没有终点，科学技术的发展也没有终点。物质运动的规律告诉我们，人类社会的文明进步也是在运动中发展的，世界文明发展的中心不可能万世不变。那些开创人类美好生活需要和不断为满足人类美好生活需要作出贡献的人们将名垂青史，那些无视侵害他国他人需要的人将会被历史无情地抛弃，这是人类满足需要的规律决定的，这是历史的辩证法。

在 16 世纪以前，中国在很长时间内都是世界强国，就是因为中华民族的先祖们创造了众多领先世界的科学技术。据英国人李约瑟在《中国科学技术史》一书中的介绍，16世纪以前，影响人类生活的重大科技发明约有300项，其中中国人发明占175项。他说，在现代科学技术登场前十多个世纪，中国在科技和知识方面的积累远胜于西方。近代以来，由于封建统治者实行闭关锁国的政策和自身的腐败、外敌的入侵，中国人民的创造性智慧被严重扼杀，国家积弱积贫，几近亡国灭种的边缘，在近四百年的历史时期，中国竟没有产生一项影响改变人类生活需要的科学技术。

历史的曙光终于又照亮了灾难深重的中国。1949年，在中国共产党的领导下，中国人民经过前赴后继的浴血斗争终于重新站立起来了。中华人民共和国成立至今70多年来，在党的领导和科学技术人员的不懈奋斗下，我国的科学技术从弱小逐步走向强大，逐步建立起了独立完整的科研生产体系，坚定有力地走上了依靠自己的科学技术满足经济、国防、民生建设发展需要的光明大道。当今的中国，已经傲然矗立在了世界科技大国的行列，并以势不可挡的雄伟步伐向着科技强国的目标奋勇前进。

中国要强大、民族要复兴、人民要幸福，科技强国梦就必须要实现。党的十八大以来，在习近平新时代中国特色社会主义思想指引下，我国科技事业创新发展进入加速前进的快车道。2012年，党的十八大提出实施创新驱动发展战略，强调科技创新是提高社会生产力和综合国力的战略支撑，必须摆在国家发展全局的核心位置。2016年5月，国家制定并颁发了《国家创新驱动发展战略纲要》。《纲要》要求，实施创新驱动发展战略要坚持走中国特色自主创新道路，面向世界科技前沿、面向国家重大需求、面向国民经济主战场，解放思想、开放包容，紧扣发展，深化改革，强化激励，把创新驱动发展作为国家的优先战略，以科技创新为核心，带动全面发展。《纲要》明确了创新驱动发展分三步走的战略目标：第一步，到 2020 年进入创新型国家行列，基本建成中国特色国家创新体系，有力支撑全面建成小康社会目标的实现。第二步，到 2030 年跻身创新型国家前列，发展驱动力实现根本转换，经济社会发展水平和国际竞争力大幅提升，为建成经济强国和共同富裕社会奠定坚实基础。第三步，到 2050 年建成世界科技创新强国，成为世界主要科学中心和创新高地，为我国建成富强民主文明和谐的社会主义现代化国家、实现中华民族伟大复兴的中国梦提供强大支撑。《纲要》紧紧围绕经济竞争力提升的核心关键、社会发展的紧迫需求、国家安全的重大挑战，采取差异化策略和非对称路径，强化重点领域和关键环节的任务部署，明确了针对性前瞻性很强的非常具体的八大战略任务：推动产业技术体系创新，创造发展新优势；强化原始创新，增强源头供给；优化区域创新布局，打造区域经济增长极；深化军民融合，促进创新互动；壮大创新主体，引领创新发展；实施重大科技项目和工程，实现重点跨越；建设高水平人才队伍，筑牢创新根基；推动创新创业，激发全社会创造活力。（注：以上内容摘引自《国家创新驱动发展战略纲要》）随着这些战略任务和目标的逐步实现，我国创造需要和满足需要的能力将大大提高，我国人民满足需要的主动权将牢牢地掌握在我们自己手里，并为满足世界人民美好生活的需要作出我们的贡献。

3. 只有政治上站起来的人民，才能主宰自己需要的满足

人只有充分地享有政治上的自由，才能充分发挥聪明才智，释放创造发展满足需要的能力，才能掌握满足自己的需要的主动权。在伟大的中国共产党领导下，今天的中国已经彻底推翻了压在中国人民头上的“三座大山”，走上了中国特色社会主义道路，中华民族已经傲然屹立于世界民族之林。我们拥有了能够以自己的创造发展满足自己的需要、创造自己美好生活的政治制度保障。国家的独立、民族的解放、人民的自由、适合国情的中国特色社会主义政治经济制度，为中国人民发挥聪明才智自主创造发展满足自身各种需要提供了根本政治前提和法律制度保障。正如党的十八大报告指出：“以毛泽东同志为核心的党的第一代中央领导集体带领全党全国各族人民完成了新民主主义革命，进行了社会主义改造，确立了社会主义基本制度，成功实现了中国历史上最深刻最伟大的社会变革，为当代中国一切发展进步奠定了根本政治前提和制度基础。在探索过程中，虽然经历了严重曲折，但党在社会主义建设中取得的独创性理论成果和巨大成就，为新的历史时期开创中国特色社会主义提供了宝贵经验、理论准备、物质基础。”没有这些坚实的基础，今天的发展就无从谈起。中华人民共和国的成立，终于拉开了以自己的创造发展满足自己的需要、创造自己美好的生活和为人类文明发展进步做贡献的精彩大幕。

解放初期，中国共产党领导中国人民在一穷二白的基础上，排除万难，艰苦创业，重新收拾旧山河，坚持按规律办事、周密规划建设发展战略部署，上下一心，众志成城，以凤凰涅槃之功，坚持创造发展，很快依靠自己的力量满足了国家基本的民生需要，满足了国防现代化建设

的需要，在不到 30 年的时间，建立起了一个独立的比较完整的工业体系和国民经济体系，很快结束了中国近代以来长时间依靠出卖资源换取西方国家生产的被人们称之为洋油、洋蜡、洋火、洋钉、洋伞、洋碱、洋脸盆、洋铁桶、洋镜、洋布、洋纸等简单的轻工产品满足人们日常生活之需的那让人瞧不起的不堪回首的屈辱历史。自力更生，艰苦奋斗，瞄准世界前沿，狠抓科技特别是国防尖端科技的发展，取得了以“两弹一星”为代表的一批国防科技成果，培养了大批科技人才，满足了国防现代化保障中国人民和平建设和生活的需要；大力开展农田水利、交通、轻重工业基础工程等基本建设，坚持发展经济，保障供应，为满足人民不断增长的物质文化需要提供了不断改善的条件和发展空间，并建成了许多造福后人的重大基础建设工程。同时，还组织研发出了一些影响人类需要的重大科技成果，如杂交水稻、人工胰岛素、青蒿素等。

不断完善丰富的中国特色社会主义，彰显了科学社会主义鲜活而强大的生命力，极大地激发了中国人民创造发展的积极性和聪明才智，为社会生产力的解放和发展注入了强大的动力，国家综合实力快速大幅提升，人民生活日益改善，国家面貌发生了翻天覆地的变化。

党的十八大以来，中国特色社会主义进入新时代，在习近平新时代中国特色社会主义思想的指引下，继往开来，坚持以人民为中心的发展思想，坚持创新、协调、绿色、开放、共享的新发展理念，中国经济社会的发展朝着更稳健、更全面、更协调、质量更好、科技含量更高的方向阔步前进。国家在关系国计民生和产业命脉的领域积极作为，以国家科技重大专项和重大工程为抓手，集中力量突破发展瓶颈，着力攻破关键核心技术，抢占科技制高点，把握国家发展和满足人民日益增长的美好生活主动权，取得了一个又一个举世瞩目的成绩。这些年来，中国天眼落成启用；悟空号已在轨运行，墨子号飞向太空，神舟十一号和天宫二号遨游星汉；神威太湖之光登上超级计算机榜首；C919大飞机成功首飞；载人航天、载人深潜、量子通信、航空母舰相继问世，实现关键性突破。几个彰显国家发展实力、功在当代、利在千秋的超大型基本建设工程和关系民生及社会发展的重大战略举措享誉世界：一是南水北调——世界最大规模的人工调水工程。东线中线一期工程已竣工全面通水，惠及8700万人，在保障用水、修复生态、抗旱排涝等方面取得了综合效益，大大缓解了受水区水资源短缺的问题。二是西气东输，拉开西部大开发序幕的标志建设工程。工程总投资1400亿元，干线绵延4000公里，横贯我国东西10个省、自治区、直辖市，工程十分浩大，仅挖填的土石方量就可铺设一条一米见方的道路环绕地球一周。西气东输工程有效解决了东部地区能源短缺的问题。三是高铁发展，截至2021年年底，运营总里程突破4万公里。为满足人们快捷、安全、方便出行的需要，提供了新的选择。四是港珠澳跨海大桥建成通车，拉开粤港澳大湾区大建设、大发展的序幕。港珠澳跨海大桥总长55公里，工程总投资超千亿，跨越伶仃洋，东接香港，西接珠海和澳门，是世界最长的跨海大桥，也是世界上超大型跨海交通工程。五是组织实施防范化解重大风险、精准脱贫、污染防治“三大攻坚战”，战绩显著，我国经济社会建设进入以人民为中心的安全、和谐、绿色、健康、可持续发展的新常态。六是积极推进“一带一路”国际合作，积极倡导人类命运共同体建设，成绩显著，影响深远……这些科技创新和经济与社会建设发展的成就，彰显了我们国家已步入了依靠自己的力量创造创新发展，满足国家不断进步、人民生活越来越美好需要的能力日益增强。

中华民族从站起来、富起来到强起来，中国人民生活不断改善、幸福指数不断提高的历史清楚地告诉我们，只有政治上能自己主宰自己命运的民族，只有坚持不断地创造发展、科学全面协调地发展的国家，才能牢牢把握满足自己需要的主动权。自己不能创造，自己没有发展，就不可能掌握满足自己需要的主动权，就不可能很好地满足自己的需要，这是创造发展满足需要的基本规律决定的。历史的经验和发展的现实告诉我们：中国人民今天能依靠自己的艰苦努力和智慧创造、建设发展过上令人羡慕的美好生活，就是因为我们在中国共产党的正确领导下建立起了政治经济上完全独立自主的社会主义新中国，就是因为我们走上了符合中国国情的中国特色社会主义的光明大道。

第三节　积健增能满足需要的规律

从人类文明进步发展的进程来看，人类满足需要的行为，始终遵循了趋利避害、积健增能递延发展的规律。人类满足需要的能力始终沿着积健增能的规律不断地递延增长，从而推动着人类的文明进步健康有力地不断地向前发展。这是人类文明进步发展的总趋势。

积健就是探索积累有益于人类健康文明生活发展的经验知识及一切文明成果。人类满足需要的实践活动始终是围绕着满足人自身的生存、保健、种族繁衍的需要和增强征服自然、改造自然、战胜竞争对手和敌人的能力而进行的。而且，这种能力是根据人类独有的“积健”生存法则而不断递延增长的。人类为了健康地生存发展，不断地探索拓展着满足物质需要的途径和方法：人为了解决吃的问题，在采摘野菜野果的过程中不断发现并筛选出适合种植的粮食、蔬菜、水果长期种植；在打猎的过程中筛选出能驯化饲养的畜禽长期人工饲养；发现火后逐步学会了取火用火加工食品，并不断探索总结提高烹饪技术；从开始能吃饱就行，逐步注重主食菜肴的色香味和营养搭配合理，同时还企业化生产销售各种省时省力保质的方便食品。人为了安全休养生息，发明了住宅等实用建筑；人为了御寒遮羞，发明了衣帽鞋袜和纺织缝纫技术；人为了防病治病，发明了医药技术；人为了交流沟通、积累经验、增强群体生存发展能力，在生产生活实践中产生了语言、发明了文字和文学艺术，逐步明确规定并不断完善了各种伦理、社会关系，建立起了各种自治公共管理组织。包括现代社会的国家和各类国际组织本质上都是人类保健发展需要的产物。人的保健需要主要是围绕以下几方面展开并不断上升：生命安全、衣食无忧、安居乐业、健康长寿、家和社睦、体面尊严、自由幸福、清政良俗、国泰民安、世界太平、生态平衡等方面。

满足人们生存、保健的需要也是当政者的第一要务，我国民主革命的先驱孙中山先生在《建国大纲》中说，国家“建设之首要在民生，故对于全国人民之食衣住行四大需要，政府当与人民协力，共谋农业之发展，以足民食；共谋织造之发展，以裕民衣；建筑大计划之各式屋舍，以乐民居；修治道路、运河，以利民行。”（《孙中山选集》（下），人民出版社 1972 年版，第 624 页）毛泽东曾说，领导干部要时时刻刻关心人民群众的开门七件事：“柴米油盐酱醋茶。”中国共产党第十七次党代会报告指出，中国特色社会主义建设与人民群众幸福安康息息相关，“必须在经济发展的基础上，更加注重社会建设，着力保障和改善民生，推动社会体制改革，扩大公共服务，完善社会管理，促进社会公平正义，努力使全体人民学有所教、劳有所得、病有所医、老有所养、住有所居，推动建设和谐社会。”（习近平：《高举中国特色社会主义伟大旗帜 为夺取全面建设小康社会新胜利而奋斗——在中国共产党第十七次全国代表大会上的报告》，人民出版社 2007 年版，第 37 页）2019 年 4 月，习近平总书记到重庆考察脱贫攻坚工作，在村民院子里与村民们座谈时，由衷地说：“党的政策对老百姓好，才是真正的好。”中国共产党之所以能成为中国人民的坚强领导核心，就是因为能始终不渝地坚持为人民服务的宗旨，团结带领全国人民为最大限度满足自己的物质文化需要、过上幸福美好的生活而不懈奋斗。

从增能方面来看，人的需要产生和满足需要的规律：人类所有的创造发明、科学技术都是围绕增强扩展人体器官和大脑的功能而展开的探索，都是人体和大脑功能的延伸。增能满足需要的规律告诉我们，从总体上看，人为了更好地满足自身不断增长的需要，不仅要努力提高自身满足需要的能力，而且总是希望通过学习和经验积累超过自身现有满足需要的能力的。因此，增强自身能力、超过现有能力是增能满足需要规律的运动特征。人为了增强手的力量和长度，发明了不断进步的各种作战武器、各种生产作业工具及机械设备，发现并利用了水能、火能、汽能、风能、核能等电能；人为了增强腿脚的功能，发明了不断进步的各种车船、飞机、火箭、飞船等；人为了增强眼睛的功能，发明了镜子、放大镜、望远镜、显微镜、透视镜、雷达、各种卫星探测定位系统，以及各种保护矫正视力的眼镜和各种照明灯具等；人为了增强耳朵的功能，发明了不断进步的各种扩音喇叭、电话、手机、以及各种收音机、放大器、助听器和传感器（传感器也是增强触觉功能的需要）等；人为了增强鼻子的功能，发明了各种呼吸机、气味分辨器等；人为了增强适应大自然变化的能力，通过长期观察研究，根据物候变化规律，创建了纪年历法，建立了天文学，发明了不断进步的各种御寒取暖设备和降温制冷设备；人为了增强大脑思维的功能，发明了各种不断进步的计算分析工具，如算盘、计算机、云计算技术、机器人等层出不穷、不断升级的智能演算分析、操作、检测、控制、排险等智能设备，发现并发明总结提炼建立起了各种科学理论知识体系等；人为了增强记忆力，发明了文字、纸墨笔、录音机、照相机、录像机、计算机存储系统及各种字声画面电子录放储存设备；人为了增强传播能力，发明了报纸书刊、喇叭、广播、电影、电视、卫星传播及互联网络技术等。人为了增强整体的认知、实践能力和社会运转、生产创造的效率质量，在已有文明的基础上，又发明了万物智联、智能制造等还在不断涌现的人工智能技术。人工智能技术的广泛使用将以我们现在无法预料的速度和状况改变人类的生活方式。人类为了满足需要，必然一如既往地、不断地、而且越来越快地推动着科学技术的发展，增强满足需要的能力。生产力作为人类征服自然、改造自然的一种能力在不断进步，从其根源看，实质上是人类大脑生发出的一种人体功能的不断拓展。人具有一颗万能思想的大脑，始终在不断地满足和拓展着人类各种超能的需要。谁能在已有的基础上进一步增强人类某种征服自然、改造自然、造福人类自身的能力，谁就能掌握满足需要的主动权。

人类积健增能满足需要的规律，有一个鲜明的特点，就是趋利避害。趋利避害也是积健增能规律的重要体现。人在满足需要时，能够根据自己的认知及掌握的标准进行理性取舍、趋利避害、“趋乐避苦”。人类满足需要的历史实践，反映出人类满足需要具有趋利避害、“趋乐避苦”的规律。从人类居住环境的演变发展看，最初，人类为了避免自然灾害和其他动物对人的自身健康和繁衍造成损害，学会了择洞而居住；为了避免潮湿的山洞对人体造成的伤害，人类又学会了在朝阳通风的地方用竹木藤草盖房而居；为了避免茅草房抗御自然灾害差、容易给人造成损害，人们又学会了用木头造房用粘土制瓦，住上了抗灾性比较好且比较舒适的盖瓦的木房子；为了改进住房条件，人们又发明了砖瓦结构、钢筋水泥框架结构的楼房，根据趋利避害、“趋乐避苦”的原则，人们又从材料、结构、功能、配置、环境、方便生活、有利健康、享受生活等方面不断地并且是永无止境地改进着居住条件。医药的发明，反映了人类防病治病即趋利避害的需要；在原始劳动中出现和不断丰富的各种文化娱乐活动，反映了人类“趋乐避苦”的需要。现实社会中，人们对各种工业品安全性标准的日益从严、对加工类食品卫生安全的严格管理、对农产品残留农药的严格检测等方面，都是趋利避害需要的反映。人的需要形成动机的思维过程就是一个趋利避害、“趋乐避苦”的抉择过程，在众多的需要满足物中，人总是选择于自己最有利的需要满足物，比如通常情况下，到商店购物，同样的商品同样的质量，人们会买价格便宜的；同样的工作岗位同样的报酬，人们挑选劳动保护好的；同样的工资标准，人们挑选工作比较轻松的岗位。

趋利避害、“趋乐避苦”的需要，体现了人的本性。哲学、心理学界争论了多少代人的问题，即人的本性是善还是恶的问题，到现在也还没有一个统一的答案，其缺陷就在于没有从事实出发把握人性，而只是体现了人们对人性的一种主张。正像恩格斯所批评的，人们习惯于从人的思想，而不是从人的需要去解释人的行为。从人的需要来看，人的本性就是趋利避害、“趋乐避苦”。法国启蒙思想家爱尔维修认为，人是一个能够感受外物作用的有机体，趋乐避苦和自爱利己是人永恒的本性，人的所有欲望、感情和精神都来自爱心，自爱心是道德的唯一基础，快乐和痛苦是道德的唯一动力。对于自然个体来说，趋利避害、“趋乐避苦”是一种本能需要，无善恶之分。同样，也不能说人性就是自私的，自爱利己如果不对他人构成伤害也不能说是自私。但是，人已经不是自然的个体，而是“社会关系的总和”，人已经不是单纯地生活在自然环境里，而主要是生活在自己所创造的社会里。因此，趋利避害、“趋乐避苦”就应该是社会人的需要。社会人有“小我”和“大我”之分，“小我”是个体的人，“大我”是群体的人或大至全人类。“小我”和“大我”有共同的需要，有共同的利益，同时，在具体需要和利益上存在差异和矛盾。为了满足“大我”和每个“小我”在不伤害别人的情况下趋利避害、“趋乐避苦”的需要，人类产生了道德评价和规章法律，以此来规范人们趋利避害、“趋乐避苦”的行为。善恶的标准和评价就是在这种情况下出现的。有益于“大我”和与“大我”保持一致的每一个“小我”趋利避害、“趋乐避苦”需要的行为就是“善”的行为，相反就是“恶”的行为。因此，道德建设便围绕怎样正确处理好“大我”与“小我”、整体与局部、公与私、人与人之间的关系展开，建立起了各种道德学说和规范。经过漫长的道德文化的雨露滋润和阳光照耀，习惯成自然，人类形成了共有的特性。从这点上可以说，人性就是人的道德心。人的本性是“大我”的本性，“小我”的本性是“大我”本性的体现；只有具有“大我”的本性，“小我”才能自由地参与社会生活，甚至才能称之为“人”。从这个意义上说，人性是人类根据自身的需要而塑造的区别于其他动物的共有特性。“大我”当然包括“小我”，日益增长优化的趋利避害、“趋乐避苦”的需要就是人的本性，也是人类满足需要积健增能的规律使然。

基于“大我”是人类健康成长生生不息的保证，是推动科学技术进步的动力，是“精神世界的圣火”，也是人类文明积健增能递延持续发展的根本保证，因此，在整体利益、根本利益上，“小我”的需要应该服从“大我”的需要；在具体利益上，“大我”应该为“小我”创造条件、提供保障。个人利益服从整体利益、眼前利益服从长远利益、满足个人需要不能伤害他人需要、团结友爱、助人为乐、劳动崇高、奉献光荣等道德价值取向是人类趋利避害“趋乐避苦”、积健增能满足需要规律的必然的要求。这是人性美好的一面。同时，我们也应该清醒地认识到：基于需要的人性也存在两大明显的弱点——贪和懒。这是人类道德、法制建设和精神文明建设存在的理由。人既能认识改造客观世界，又能认识改造主观世界，总是在实践中不断地克服纠正着自己贪和懒的思想和行为。如对剥削制度的否定、对生态平衡的保护、对贪官污吏的打击、对损人利己行为的谴责就是对人性贪婪之心的矫正；如对懒惰行为和不劳而获思想的批评、奖勤罚懒的各种考勤制度、多劳多得的分配制度、各种正面的舆论宣传教育等都是对人性懒的弱点的矫正。这些都是积健增能规律的自然体现。认识规律是为了把握规律，进而自觉地运用规律指导我们满足需要的实践。积健增能应该成为我们满足需要的永远的价值追求。人类的需要、行为具有自我控制、调节的能力，这种能力是由人的思想认识、文化习惯、价值观念构成的。因此，加强科学的世界观、人生观、价值观的研究和教育，对于提高人们自我控制、调节的能力，自觉克服人性中贪和懒的弱点，对于引导人们正确地遵循趋利避害“趋乐避苦”、积健增能满足需要的规律，努力学习，勤于实践，守正创新，乐于奉献，把满足“小我”的需要同满足“大我”的需要科学地结合起来，从而使“小我”和 “大我”的需要满足始终保持目标一致、健康向上、可持续发展的良好趋势，具有非常重大的意义。积健增能是伴随人类文明进步的一项没有终点的重要任务，积健增能规律是引领人类文明向前发展过程中不可抗拒且生生不息的力量。

第四节　化解矛盾满足需要的规律

人满足需要的实践，无处不存在矛盾，无时不存在矛盾。没有矛盾就构不成有生命力的事物，不化解矛盾就不能满足人的需要。从方法论的角度看，满足人的需要就是化解人们在生活中、生产中、各种社会活动中出现的矛盾困惑，就是促进人的需要与满足需要的能力共同成长的矛盾协同。矛锋利了，盾质地不坚，防不了，就需要改进盾。盾坚硬刺不破，就需要改进矛。正是这种不断的矛盾运动推动着需要的不断满足和事物的不断发展，这也正是中国古老哲学五行相生相克所揭示的规律。在满足需要的实践中，只有遵循化解矛盾的规律，协同矛盾的成长，才能有效地、科学地满足好当下的需要，才能促进人的需要和满足需要能力的良性成长。机械设备必须化解协同传动和制动的矛盾，才能满足正常安全使用。任何电器设备必须设计开关系统，化解协同用与不用的矛盾，满足既保证正常使用，又不浪费资源的需要。城市及公路交通路口红绿灯、斑马线、各种交通安全警示标识的设立，化解协同了车与行人正常通行的矛盾，满足了人们安全出行的需要。为了满足残碍人士正常生活的需要，人们发明盲文，化解协同了盲人朋友因眼疾看不见世界，但又想了解世界的矛盾；修建盲道化解协同了盲人朋友上街出行识路困难的矛盾，其他专门为满足残碍人士正常生活需要的特别设计和服务，都是化解矛盾满足需要规律的体现。

在矛盾运动中发现需要，并千方百计地去满足这些需要，从而使矛盾统一体实现协同发展，这是科学技术和人类社会进步的主要动力机制和发展规律。如攻防对抗的武器发展史就是矛与盾互为促进的协同发展史。尽管冷兵器的矛盾随着科学技术的发展已退出了历史舞台，矛与盾的实物形态早已被人们遗忘，矛已发展成了导弹、原子弹、氢弹，盾已经发展成了导弹防御体系，还有可用于集矛盾为一体可攻可防的各种定向能武器，但矛盾协同的需要永远存在，并不断地把武器装备的发展推向新的高度。再如卫星计算机网络技术、万物智联技术使社会信息、知识传递获取突破了时空的限制，但信息安全又成了问题，这就需要从技术上解决既方便使用，又要能保护各利益团体和个人的信息安全的问题，在这一过程中，很可能保证了安全，又妨碍了便利使用，这就需要从技术上解决方便使用的问题，就是这样一种矛盾运动不断地为技术进步提出新的需求，为技术发明提供新的空间和市场，从而推动科学技术不断进步。再举例：核能能量巨大，可制造核武器，可以发电，可以制造小型动力装置，利用得好可以造福人类，利用不好就会祸害人类，甚至毁灭人类。这就需要我们更加深入研究核能反应释放规律，从技术上、法律制度上解决好安全使用的问题。这样一个问题体系，就是一个庞大的需求体系，为人类的科学技术进步、国际政治制度创新提供了广阔的空间，随着一个个问题的解决，必将发现一些新的科学规律，形成一些新的学科，催生出一大批新的技术，更加有力地推动国际政治良性发展。

人类社会民族之间、国家之间、地区之间、组织之间的经济、文化、政治、历史发展始终会存在差异，人类个体自身的身体条件、社会关系、认识眼界、行为能力、需要诉求也会始终存在差异，这种差异性会不可避免地产生各种矛盾和问题。人类各个层面各种综合性、专业性的管理活动，都是一个目标，即预防化解矛盾的对立，遵循矛盾协同律解决各种问题，为社会和组织营造保持一种“和而不同”的充满活力的和谐局面。解决问题不是消灭矛盾，而是化解矛盾。唯物主义辩证法告诉我们，消灭矛盾永远做不到，因为矛盾运动是推动社会事物发展进步的根本规律。因此，我们的科学技术进步活动要有矛盾协同的思维，这样才能找准主攻的方向和着力点。我们的政治管理活动要围绕人类或群体的根本利益、长远利益协调好各种矛盾，这样才能保持良好的政治局面和社会的和谐稳定。出色的政治家、优秀的管理者、杰出的科学家以及各种专家和能工巧匠、行家里手，都应具有善于发现矛盾、化解矛盾，善于利用矛盾协同律推动世界、国家、事物进步的敏感、意志和能力。我国一位著名房地产商通过长期观察研究客户的需求，发现了客户需求的矛盾协同规律：客户的需求是物质上越是丰富，精神上越需要返璞归真；技术上越是现代化，情感上越需要古典；社会越是进步，回归自然的想法就越强烈。近些年来，悄然兴起并势头强劲的城市生态化住宅、生态化居民小区的建设，说明他的这一认识的正确。这确是从实践中得来的真知灼见，是矛盾协同需要律在房产置业客户需求分析上的具体运用。满足崇高美好的需要，是人们不懈的追求，但在前进中途也会出现各种理想与实际、行动与效果不一致的矛盾，因此在努力奋斗的过程中，必须正确把握前进的方向，科学把控前进的速度，及时化解各种矛盾。

化解矛盾满足需要的规律告诉我们，人的需要及其满足是一个复杂的矛盾体，人们满足需要的实践，就是化解矛盾的过程。要科学合理有效化解各种矛盾，必须认识把握矛盾运动的规律，在满足需要的实践中，面对诸多矛盾时必须分清主要矛盾和次要矛盾，重点要解决好主要矛盾即主要问题，其他问题就可以迎刃而解；面对具体问题时要分清矛盾的主要方面和次要方面，重点解决好主要方面的问题，次要方面的问题就比较好解决；面对满足生存需要的挑战时要分清对抗性矛盾和非对抗性矛盾，对抗性的矛盾要采取斗争革命的措施解决，非对抗性的矛盾则采取改革调解的方法解决。同时要注意矛盾的对立关系不是一成不变的，它们在一定条件下可以相互转化，即主要矛盾在一定条件下可转化为次要矛盾，次要矛盾在一定条件下可上升为主要矛盾；对抗性矛盾在一定条件下可转化为非对抗性矛盾，非对抗性矛盾在一定条件下可转化为对抗性矛盾。正确认识把握矛盾的运动规律，对于我们科学、合理、有效地满足需要是十分重要的。

中国共产党是最善于根据时势把握和解决各种社会矛盾，满足人类社会健康发展需要的伟大革命党和执政党。灾难深重的中华民族，在中国共产党的领导下，经过长期前赴后继地英勇斗争、团结拼搏、艰苦奋斗，终于实现了从站起来到富起来、到强起来的伟大民族复兴。辉煌的历史证明，是党对中国社会各个时期社会主要矛盾的正确认识和把握，保证了党的路线方针政策的科学性，从而使中国革命和建设不断地从一个胜利走向另一个胜利。中国是中国共产党领导的以人民为中心的社会主义国家，党和国家的一切工作以最广大人民根本利益为最高标准，认识、把握、解决社会主要矛盾始终以争取维护发展中国人民的根本利益、与时俱进满足人民群众日益增长的美好生活需要为根本出发点和落脚点。中国最广大人民群众的利益需要就是社会主体的利益需要。

中国共产党在一个世纪的发展历程中，每个发展阶段的重大战略及路线方针政策的制定，都同当时党对社会主要矛盾的认识和把握紧密相关。1935 年年底，毛泽东在瓦窑堡会议结束后在党的活动分子会议上做的《论反对日本帝国主义的策略》报告中分析并指出了当时中国社会的主要矛盾是民族矛盾，报告奠定了中国共产党建立抗日民族统一战线的理论基础，为动员凝聚全民族的力量夺取抗日战争的胜利发挥了积极的作用。1939 年，毛泽东在《中国革命和中国共产党》一文中指出："帝国主义和中华民族的矛盾，封建主义和人民大众的矛盾，这些就是近代中国社会的主要的矛盾。当然还有别的矛盾，例如资产阶级和无产阶级的矛盾，反动统治阶级内部的矛盾。而帝国主义和中华民族的矛盾，乃是各种矛盾中的最主要的矛盾。这些矛盾的斗争极其尖锐化，就不能不造成日益发展的革命运动。伟大的近代和现代的中国革命，是在这些基本矛盾的基础上发生和发展起来的。"（《毛泽东选集》第二卷，人民出版社 1991 年版，第 631 页）正是中国共产党对中国社会不同时期主要矛盾的准确把握，顺应满足了中国人民当时的迫切需要，赢得了中国最广大人民的拥护，并团结领导中国人民推翻了压在中国人民头上的"三座大山"，赶走了外国侵略者，结束了中华民族 100 多年来的苦难历史，实现了民族的解放和国家的独立。1949 年，中华人民共和国成立，实现了近代以来中国人民站起来的迫切而强烈的需要和愿望。社会主义革命胜利以后，中国共产党根据社会主义建设不同阶段的实际和发展趋势，及时分析和概括提出了不同时期的社会主要矛盾。1956 年，中国共产党第八次全国代表大会，根据当时我国处于社会主义改造、进入全面建设社会主义新时期的历史方位，明确提出了当时“我们国内的主要矛盾，已经是人民对于建立先进的工业国的要求同落后的农业国的现实之间的矛盾，已经是人民对于经济文化迅速发展的需要同当前经济文化不能满足人民需要的状况之间的矛盾。”（《中国共产党第八次全国代表大会文件》，人民出版社 1956 年版，第 82 页）这一主要矛盾的确立，为解放初期我国社会主义建设发展各项方针政策的制定提供了正确的依据，有力地促进了我国工业化进程。1978 年的党的十一届三中全会使党的工作重心实现了历史性转移，走上了以经济建设为中心的正确轨道，对社会主要矛盾的认识，又重新回到了八大的有关表述。1981 年，党的十一届六中全会通过的《关于建国以来党的若干历史问题的决议》根据社会的发展和我国国情的变化，对社会主要矛盾又做了新的概括：“社会主义改造基本完成以后，我国所要解决的主要矛盾，是人民日益增长的物质文化需要同落后的社会生产之间的矛盾。”（《中国共产党中央委员会关于建国以来党的若干历史问题的决议》，人民出版社 1981 年版，第 54 页）这一主要矛盾的确立为集中精力抓经济建设，全心全意谋发展，坚持改革开放制定正确的战略和方针政策提供了理论决策依据，有力促进了经济社会的发展。随着生产力的不断发展和社会各方面的进步，社会主要矛盾也会有所变化，从党的十六大开始，中国特色社会主义建设事业在发展中具有了一些新的阶段性特征，我国总体上实现了由温饱到小康的历史性跨越，进入全面建设小康社会的发展阶段，特别是党十八大以来，中国特色社会主义建设的阶段性特征越来越明显，进入了一个新时代。这个新时代的主要特征就是习近平总书记在十九大报告中指出的："我国社会主要矛盾已经转化为人民日益增长的美好生活需要和不平衡不充分的发展之间的矛盾。"（习近平：《决胜全面建成小康社会夺取新时代中国特色社会主义伟大胜利——在中国共产党第十九次全国代表大会上的报告》，人民出版社 2017 年版，第 11 页）这一社会主要矛盾的科学判断和确立，为中国特色社会主义进入新时代，提供了基本的理论和政策依据。解决这一社会主要矛盾的实践，将会形成更加强大的民族凝聚力和创造力，更加坚定中国人民"四个自信"的信念，为全面实现国家富强、民族振兴、人民幸福的中华民族伟大复兴的中国梦激发出持续增强的力量。

党的十九大不仅提出了我国社会主要矛盾的新概括，而且提出了解决这一社会主要矛盾的重大战略思想和一系列政策措施。十九大修改的《党章》明确规定把习近平新时代中国特色社会主义思想列为党的指导思想，为我们解决发展不平衡不充分的问题，满足人民日益增长的美好生活需要，实现中华民族的伟大复兴提供了科学指南。习近平总书记在党的十九大报告中明确宣告："新时代中国特色社会主义思想，明确坚持和发展中国特色社会主义，总任务是实现社会主义现代化和中华民族伟大复兴，在全面建成小康社会的基础上，分两步走在本世纪中叶建成富强民主文明和谐美丽的社会主义现代化强国；明确新时代我国社会主要矛盾是人民日益增长的美好生活需要和不平衡不充分的发展之间的矛盾，必须坚持以人民为中心的发展思想，不断促进人的全面发展、全体人民共同富裕；明确中国特色社会主义事业总体布局是‘五位一体’、战略布局是‘四个全面’，强调坚定道路自信、理论自信、制度自信、文化自信；明确全面深化改革总目标是完善和发展中国特色社会主义制度、推进国家治理体系和治理能力现代化；明确全面推进依法治国总目标是建设中国特色社会主义法治体系、建设社会主义法治国家；明确党在新时代的强军目标是建设一支听党指挥、能打胜仗、作风优良的人民军队，把人民军队建设成为世界一流军队；明确中国特色大国外交要推动构建新型国际关系，推动构建人类命运共同体；明确中国特色社会主义最本质的特征是中国共产党领导，中国特色社会主义制度的最大优势是中国共产党领导，党是最高政治领导力量，提出新时代党的建设总要求，突出政治建设在党的建设中的重要地位。”（习近平：《决胜全面建成小康社会　夺取新时代中国特色社会主义伟大胜利——在中国共产党第十九次全国代表大会上的报告》，人民出版社 2017 年版，第 19~20 页）

在习近平新时代中国特色社会主义思想的指引下，我们党和国家正在按照党的十九大提出的总体部署和要求，紧扣我国社会主要矛盾变化，牢牢抓住“全面”这一核心要求，统筹推进经济建设、政治建设、文化建设、社会建设、生态文明建设，坚定实施科教兴国战略、人才强国战略、创新驱动发展战略、乡村振兴战略、区域协调发展战略、可持续发展战略、军民融合发展战略，突出抓重点、补短板、强弱项，坚决打好防范化解重大风险、精准脱贫、污染防治的攻坚战，决胜全面建成小康社会的各项建设和工作正有序高效展开，前进的步伐更加自信而有力，采取强有力的措施解决发展不平衡不充分的问题，为满足人民日益增长的美好生活需要创造了越来越好的良好条件，提供了有力的经济政治保障。

历史经验清楚地告诉我们，化解矛盾满足需要的规律，是社会供求关系的矛盾运动规律，解决供求矛盾的根本方法是发展经济、发展社会生产力。因此化解中国社会主要矛盾及其他各种矛盾，必须紧紧抓住经济建设这一中心任务和发展生产力这一根本任务不动摇。正像毛泽东所说："生产力发展了，才能解决供求的矛盾。"（《毛泽东选集》第六卷，人民出版社 1999 年版，第 301 页）中国特色社会主义是适应中国国情的、符合人类社会发展规律的，是保护和促进中国社会生产力健康快速可持续发展的优越的政治制度。历史已经证明必将继续证明，中国共产党的领导和中国特色社会主义是化解中国社会各种矛盾，实现中华民族伟大复兴、满足人民日益增长的美好生活需要的最坚强的政治和制度保证。

同时，化解矛盾满足需要的规律还告诉我们，社会的健康和谐发展不仅要解决好社会主要矛盾，还必须随时有效化解日常社会生活中出现的各种矛盾纠纷。正像习近平总书记所说："矛盾处理是一个国家、社会长治久安的一个基础性工作。解决问题的宗旨，就是为人民服务。老百姓都能够顺心满意，我们这个国家才能越来越好。"（引自习近平总书记 2020 年 3 月 30 日在浙江安吉县考察了解社会矛盾纠纷调解工作时的讲话）

第五节　因果相应满足需要的规律

要把握满足需要的主动权，必须了解把握遵循因果相应的规律。满足需要的努力程度决定满足需要的程度，满足需要的行为正确与否决定满足需要的正确与否。从人们满足需要的行为与满足需要的结果之间的内在关系看，或从一个需要满足后引发出下一个新的需要的连锁反应看，满足人的需要具有因果相应的规律。被称为几何力学之父的威勒博士说："宇宙的一切事态发生，都是循着因果关系而发生。"俗谚说："种瓜得瓜，种豆得豆""撒什么种子得什么果"，这种种什么得什么的关系告诉我们，满足需要的行为是因，得到满足的需要物是果。人与自然资源开发利用的因果关系也一样，"无序开发、粗暴掠夺，人类定会遭到大自然的无情报复；合理利用、友好保护，人类必将获得大自然的慷慨回报。"（习近平：《共谋绿色生活，共建美丽家园——在 2019 年 4 月 28 日中国北京世界园艺博览会开幕式上的讲话》）总体来看，这种满足物质需要行为的因果关系比较清楚，比较好理解、好把握，人们在满足需要的实践中也遵循得比较好。但在满足精神文化社会需要的时候，一些人往往把握不太好，他们总是把自己的需要得不到满足的原因归于外因或命运不济。其实内因才是变化的根据，外因只是变化的条件。人的喜乐哀愁、吉福祸凶、成功失败除了不可预见的天灾人祸外，都有与其自身行为的因果关系存在。因果相应的规律告诉我们，你需要的果，必定是你行为的因造成的；好的结果，需要你真善美的智慧勤奋的实践才能得到。任何人也代替不了你所作所为的因缘果报。如想要成就某一事业，就需要学习这一行业的专业知识，需要延揽事业发展需要的各类人才，需要融资开拓市场，需要有艰苦奋斗坚忍不拔的精神。如果想当个优秀的人民公仆，就需要恪尽职守，勤政为民，清正廉洁。想拥有健康，就需要养成良好的生活习惯。有研究表明，世人得病的原因大致有三种：一是先天遗传；二是后天灾难；三是不科学的生活习惯。而且大多是第三条原因造成的。“因果报应”说是符合宇宙规律的，如一个高中毕业班，许多过去成绩一般的同学经过努力刻苦地学习考上了重点名牌大学，这就是这些同学努力学习结出的果。再如“朝为堂上官，夕为阶下囚”的贪官们的下场，就是其作恶结出的果，就是其作恶多端的报应。有些“果”当代人甚至一两代人也不一定能看清楚，如对生态环境的破坏作用就需要跨代际才能认识得更深刻些。

因果需要律主要表现在以下方面：从相互关联的确定性上看，有肯定因果关联、统计因果关联、模糊因果关联三种关联；从相互关联的方向上看，有单向因果关联、双向因果关联（反馈因果关联）两种。所谓肯定因果关联，就是因和果之间是一种直接的单纯的转化关系。乙因造成甲果的关系就是肯定因果关联，例如饭烧煳了，肯定是火大了。要想饭不烧煳，就需要火力适中。统计因果关联就是运用概率学的原理和方法对相关事务进行分析，找出其因果关系。这个过程大体上可以分为两个步骤：首先，对于某一个现象发生的频率进行考察；其次，对不同现象发生的频率进行比较和分析。比如说，我们可以通过考察特定人群患某种疾病的频率，来判断从事某种职业是不是很有可能造成从事这种职业的人患上这种疾病，需要不需要加强特殊的防范措施。如经过观察统计，矿工患肺结核病的比例很高，远高于一般人群。这样，我们就需要加强粉尘作业的劳动保护。所谓模糊因果关联是指有许多的结果是有多个因素造成的结果，不能肯定哪个因素是主要的。如一个企业的持续竞争优势，与其独特的资源、核心竞争力、默认知识、决策过程和企业社会资本之间的关系，就具有的因果模糊关联性。因此，向先进企业学习必须从自己的需要出发学习，必须结合自己的的实际。所谓单向因果关联就是此因素是造成彼结果的原因 ；所谓双向因果关联就是因果之间互为影响，互为作用，互为决定。例如，因为努力学习，所以他考上了大学，这是单向因果关联 ；一个企业因为有一批优秀员工，所以企业创造了良好的经营绩效，因为企业的效益好，有利于培养一支优秀员工队伍，这是双向因果关联。

掌握因果相应需要律，有利于从事物的因果关系中发现需要，预测结果；有利于围绕“果”的目标，及时满足“因”的需要。详细地说，一是从需要的因，可以预测需要产生的果。如一个懒惰不思进取的人，生活必然潦倒；勤奋进取、善于学习、乐于奉献的人，多会事业有成、生活幸福。如果一个人把学习当成第一需要，且目标远大、方向明确、方法科学，必定学有所成；如果一个人把吃喝玩乐当成唯一的需要，经常与酒肉朋友一起，或豪吃海喝，酩酊大醉，或经常进出灯红酒绿、醉生梦死的娱乐场所，发展下去必定没有好结果。二是从行为的果，可以预测新的需要产生。如一个地方盲目发展，破坏了水资源，给人们生活造成了严重困难，这时人们为了生存，就会督促政府加强管理，或整顿或关闭造成污染的工业项目，并加强环境综合治理，恢复水资源质量。三是个人可以根据因果需要律，正确定位、选择、矫正、调整自己需要的方向、内容、强度。任何人不能放纵自己的损人利己、仗势欺人、伤天害理、违法乱纪的贪欲、恶念，那不是人所真正的需要。冯友兰在《中国哲学史》中说：“人类所有之真、善、美，历史多与以相当的地位，其未得相当的地位者，则多其不真真、不真善、不真美者也。吾虽未敢谓此言无例外，然就历史之大势言，则固如此也。”人应该种下真善美的需要种子，以满足自己真善美的需要。那颗真善美的幸福之果，只要有一颗真善美的需要之心，我们每一个人都可以种出来。满足需要因果相应的规律告诉我们，满足自己的需要必须坚持自强、科学、文明、守法、利他的原则，才能最大限度地满足自己的需要、成就自己的事业、享受理想的生活和富贵的人生。善良正直的人们在满足需要的实践中一定要遵循因果相应的规律，种善因、收善果。

第六节 健全系统满足需要的规律

从满足需要功能的方法来考察，健全系统也是满足需要的一种规律。系统功能需要具有整体性、相关性、动态性的特点。从整体性来看，系统是由一群关联要素组成的有机整体。任何系统都有自己的要素需要群，每一个要素都有自己的功能作用。组成整体的各个要素相互联系、相互作用，构成了具有特殊的整体水平的功能和属性，即产生了系统新质，如果组成整体的各个要素的联系是协调的、有机的，其系统整体的功能就大于各要素的功能之和，系统整体就发挥最佳功能，反之，组成整体的各要素之间如果缺乏有机的、协调的联系，系统整体的功能就可能小于各要素功能之和，降低系统的整体功能。

宇宙、自然、人类都处在一个庞大的复杂的运动的系统之中，每一种事物的构成都是一个系统，都有自己的要素需要群。人类一切伟大的进步和日常活动都必须从系统需要出发，以满足或优化系统需要为归属点。随着系统科学研究的深入，系统的分类也越来越多，掌握需要产生和满足的规律，了解这些分类也是必要的。系统按照人类干预的情况分，可分为自然系统和人工系统；按照范围分，可分为宏观系统和微观系统；

按照学科领域分，可分为自然系统、社会系统、思维系统；按照与环境的关系分，可分为开放系统、封闭系统、孤立系统；按照运动的状态分，可分为平衡系统、非平衡系统（也可称为动态平衡系统）、近平衡系统、远平衡系统。随着人类对这些关系自身生存发展幸福的系统认识不断深入，人类对需要的认识和把握也更深入、更全面、更准确了，维护优化这些系统的责任感、自觉性和满足需要的能力也越来越强了。例如，对生态环境保护的日益重视就反映了这种可喜而有力的趋势。

人类现实的文明成果源自人类开始进化时第一次有意识的思维活动，累积着一代代人生活实践的宝贵经验和无数巨人超凡智慧艰苦探索的卓越贡献。这些卓越贡献的表现就是不断创造出的一个个有益人类自身生存发展的文明系统，如语言系统、工具系统、国家系统等等。人类的创造物都是一个个人造的系统，人造系统使人类的智慧得以有机整合和升华，并在需要的驱使下生生不息地完善优化着这些系统的同时，创造出新的人造系统。人造系统是人类为了满足个体不能满足自身需要的产物。人造系统使每一个人能用全人类的智慧劳动成果来满足自身需要成为现实。人类生活在一个大的系统之中，作为个体的人同时又生活在一个个相互关联的子系统之中，用着一个个人造系统的需要满足物。因此，我们每一个人都应该用自己的聪明才智为完善优化甚至创造出符合人们需要的新的越来越先进的人造系统贡献力量。

系统的生命和健康在于功能的完好，功能的完好取决于构成系统各要素的健全健康。比如，“人是信息和物、能三位一体的系统，三者中缺少任何一个，人就死了。作为人脑同样是三者缺一不可的，就像物能离开信息就不再是活的机体一样，信息也不能单独地存在，如果物能遭到毁坏，或供氧中断，脑中的信息也就不复存在，思维场就不可能再进行场效应内语言流便终止，”（陶同：《进化中的宇宙》，经济日报出版社 2004 年版，第 44 页），人便变成了没有思维能力的植物人。人的生命系统是这样，物的生命系统也是这样。人们经常引用的木桶原理也十分形象地说明了这一问题。木桶原理是由美国管理学家彼得提出的。其核心内容是三个结论：一是木桶能装满水必须要求桶壁每块板一样长；二是木桶的装水量是由最短的那块板决定的；三是木桶的装满水量取决于质量好坏，如果桶壁或底部有缝隙漏水，那就一点水也装不了。计算机系统要想正常运行，必须硬件软件系统都完好无损，哪一个构件出现故障都会影响正常使用。因此，系统功能需要律告诉我们：一个以满足某种需要为目标的好的人造系统，首先，必须要有一个好的总体设计；其次，构成系统的要素必须满足功能质量要求；最后，系统合成必须有良好的质量。

系统功能需要律为我们提供了发现需要、满足需要的科学便捷路径。一切有志于创业创新创优、追求成功和理想的人们，都可以从系统功能需要来寻找行动的切入点。

一是按照理想的系统需要构思寻找机会。比如从世界大的发展趋势中去发现引领世界潮流的伟大的需要。习近平总书记提出的“构建人类命运共同体”的伟大理念和秉持“共商、共建、共享”原则的“一带一路”区域、国际合作发展的战略构想，就是这样一种基于健全系统满足需要规律的满足人类社会发展需要的伟大理念和构想。构建人类命运共同体是人类社会发展的大趋势，是人类社会生存需要发展的必然。再如从国家战略和国家工程这样的大系统中去发现自己有能力承担的能满足国家需要的某种任务，开拓自己的市场，这种机遇也很多。满足自己的需要往往都是在满足别人的需要中实现的。再具体些，比如人们集中居住的生活环境也是一个系统，在新建的有相当规模的居民小区需要建设各种方便生活的配套设施，就业机会也很多，如提供物业服务、开一家超市、办个幼儿园、开个门诊部、经营一家快餐店、提供银行、邮政、通信业务服务等。再如为提高工业生产线效率，设计一台机器设备；为提高系统管理效率建立一个新的管理流程，等等。这样的例子不胜枚举。在理想的系统中需要很多要素功能，这些要素功能的满足需要有发现需要的慧眼和相应的专业知识技能，以及资源保障。各种系统中有许多空白需要有准备和有能力的组织和个人去填补。

二是寻找弥补系统中的缺陷。弥补系统中的缺陷才能有效地满足需要。任何人造系统都会存在这样那样程度不同的缺陷，这是由人的认识局限性导致的。如房屋是供人们休养生息居住的人造系统，现代建筑比起过去的民居自然先进多了，但按照健全系统满足需要的规律来衡量，还是有缺陷的。比如中国的传统民居除了提供休养生息居住的功能外，它还是文化熏陶、道德教化的重要场所、环境，同时发挥着文化传承的作用，比如中堂、主次居室、门框、门柱、照壁、门楼的设计，都体现了这些功能和作用。例如中堂：中堂上供奉着祖宗的牌位，贴着内容为祖训、圣贤名言、消灾降祥、安宅生旺的大幅字画，明朝以后，南方各地的民居几乎家家都在中堂张贴用红纸书写的标准堂贴，中堂的规范内容为中间大字书写的“天地君亲师位”，民国后改为“天地国亲师位”，右边小字书写本家姓氏“郡旺”，左边小字书写居地“保护神”。这些内容都是当时社会核心的政治、人文、伦理价值观。内容和形式是会随着时代的进步而变化的，但这种发挥建筑文化载体传承作用的系统思考问题的方法还是可以吸取的。任何人造系统没有最好，只有更好。只要怀着高度的事业心和责任感，用需要和专业的眼光去寻找，不管什么系统，你都能找到它需要弥补的缺陷。诸如：系统的本质性缺陷，功能性问题、结构性问题、安全性问题、环境性问题、合理性问题、合法性问题等；系统的技术性缺陷，可靠性问题、可维修性问题、操作性问题、审检把关问题、材料性问题、程序性问题等；影响系统正常的外因缺陷，如掌控系统人员的专业能力问题、职业操守问题等。如果能发现系统中存在的问题，并能用自己的智慧和专业能力去解决这些问题，就能弥补系统的缺陷，从而或提高系统的功能效率，或改善系统的性能质量，或保证系统的健康正常运行。发现缺陷就是发现需要，弥补缺陷就是满足需要，同时也创造需要满足物。满足社会或别人某种需要的同时，也满足了自己的某种需要。

三是运用新思想、新技术、新材料、新构思优化更新系统。人的需要从其基本功能性需要来看具有稳定性，它的上升性主要体现在功能性需要的优化和拓展上。人类不断增长的需要和日积月累的生产生活实践，不断催生各种新思想、新技术、新材料、新构思的产生，同时也不断激励、鼓舞、促进着人类需要的上升和新的需要产生。正是这种互为促进的循环运动，把人类的文明进步不断推向前进。满足人类上升性需要的推手，就是运用不断产生的新思想、新技术、新材料、新构思，不断优化更新人类生产生活需要链上各级各层各类各种系统。国际政治秩序的变化、国家政体的变化、国际贸易的变化是这样，社会、企业管理方式也是如此，随着卫星计算机网络技术的进步普及，智能化、扁平化的管理将使人类社会的各种管理体制和方式发生根本性的改变。这是由人类生存发展的需要所决定的，不以任何人的意志为转移。我们还是把眼光移向更具体的事物，如夜的照明系统，人类混沌初开时，人只能借助月光行动；掌握了取火的技能后，晚上便用上了火把照明；掌握了用植物果实和石油原油炼油的技能后，晚上便用上了油灯照明；掌握了利用电能的技术后，晚上的灯具便全部换成了电灯。每一次新的技术革命，都给人类生产生活的各级各类系统带来一次优化或更新，迄今为止，信息技术的发明和运用所带来的变化尤其深刻，而且这一趋势仍在强劲的发展之中。工业制造加工部门对这一趋势更为敏感，及时运用先进前沿的新技术改造、更新、优化加工制造工艺系统，是提高效率、保证质量、取得竞争优势的重要前提。世界已进入知识经济时代，科学技术发展日新月异，各种物化、智能化人造系统更新换代越来越快，计算机各种应用软件系统的升级换代速度之快，更是让许多人难以招架。我们只有不断地学习，才能适应社会的发展，只有不断优化、及时更新满足社会某种需要的专业能力，才能更好地满足自己和社会的需要，才能使自己在激烈的竞争中立于不败之地。

四是发展基础科学和原创技术，不断提升能影响甚至创新构建人类生活方式的人造系统的能力，才能提高满足生活需要的纲领性主动权。随着科学技术特别是卫星网络技术和交通通信技术的高速发展和广泛使用，现代人类社会已进入经济全球化时代，世界各民族的生活方式日益趋同，绝大多数国家的人民已由传统的生活方式进入现代生活方式。现代人类的生活方式是一种高科技主导的生活方式，人们生活的各个方面都离不开科学技术，所以人们对于科学技术的学习掌握对于满足需要的程度和满足需要的质量都有很大的关系。现代人类社会虽然进入了经济全球化时代，但国家作为这个国家的人们集体满足需要的经济体和政治体将长期存在，一个国家系统满足人们需要的能力，决定于这个国家的综合国力，特别是能影响人类生活方式的基础科学和原创技术的水平能力。我国有完备的科研生产体系，满足人民生活需要的能力是很强的，但在影响或创新构建人类生活方式的基础科学和原创技术方面与先进科技强国比还有差距。在美国等西方国家主导的世界分工中，我国等新兴工业化国家仍然只能徘徊在中低端制造领域，一旦有突破性的引领性技术创新，就会受到西方国家千方百计地阻止，因为他们十分害怕失去在现有生活方式中满足自身需要的纲领性主动权。因此，我们在追求自身发展时，在满足人们日益增长的美好生活需要时，还经常受制于人。近百年来，以美国作为首的西方发达国家几乎垄断了世界高端制造领域的现代工业中心，不仅经济附加值最高，满足自身需要的能力和自主性最强，而且全方位影响和创新了人类的生活方式。美国在世界交往中之所以霸道，动不动制裁这个国家制裁那个国家，很重要的原因是因为它掌握着构成现代人类生活方式大系统的核心科技引擎。因此，我们作为一个人口和科技大国，必须大力加强能影响或能创新构建人类生活方式的基础科学和原创技术研究开发，这样才能真正赢得综合国力竞争的主动权，才能更好地、系统地掌握满足我国人民日益增长的美好生活需要的主动权，进而为世界人民的美好生活贡献力量。

第七节　遵循时序满足需要的规律

满足需要必须遵循需要的时序性规律。与天地同步的节律性，是一切生命的内在固有规定。这种节律性反映生命在不同时间有不同的需要的时序性特点和运动规律。生物的需要有时序性特点，只有适应遵循这种时序性规律满足其需要，才能保证其生生不息地繁衍发展。如农作物需要春耕夏种秋收冬藏；随季节变化而迁徙的候鸟，夏天需要在温带地区繁殖，冬天需要在热带地区过冬，还有许多昆虫、爬行类动物及鱼类都有春情冬眠的时序需要。同其他生物一样，人的日常生活需要也有时序性特点，人的活动包括饮食起居的需要都必须与宇宙节律协调同步。比如，人应该白天工作，晚上休息，如果长期颠倒作息时序，就会造成人体生物钟混乱，对身体健康造成伤害，因此，人要保持身体健康，必须遵循时序规律作息。人的活动不能春行夏令、行秋令、行冬令，否则，必有天殃。人的饮食需要也有时序性的特点，一日三餐早吃好，中吃饱，晚吃少。孔子说“不食不时”，讲的就是要按时吃饭，不吃反季节食品，如夏天不适宜吃羊肉，冬天不适宜吃西瓜。人在四季的穿戴着装时序性特点更为明显，需要春晤夏凉秋爽冬保暖。人们四季户外活动的需要也有时序性的特点，如春赏花、夏观瀑、秋采红叶、冬踏雪；四季人文象征意义也不同，春安、夏泰、秋吉、冬祥等等。虽然人与其他生物按时序性规律满足需要在本质上是相同的，但在满足方式上是有区别的，人是主动适应自然时序来满足自身需要，其他生物则是被动适应自然时序。大棚里面种的反季节蔬菜虽然违背了蔬菜生长需要的自然时序，但人造的环境满足了蔬菜生长的自然时序性需要。人的需要时序性特点体现为各种不同的阶段性：按人的自然生命来看，人的需要是随着年龄、时期的不同而发展变化的，幼需要养，少需要学，青年阶段需要成家立业，壮年阶段需要事业有为，老年阶段需要衣食无忧、身体健康、心情愉悦、颐养天年，有个好的归属。因此，人必须遵循时序规律，满足不同年龄段的需要。按人的实践活动来看，人的需要也总是适应实践活动不同的阶段性要求而变化，如一位成功的企业家在事业发展的各个阶段就有各种不同的需要，在策划决策阶段、企业开始创业阶段、入轨成长阶段、快速发展阶段、稳定发展阶段，他的需要均有不同。因此，遵循时序规律，满足事业成长发展阶段的不同需要，才能保证事业的健康发展和长盛不衰。人们从事的每一项工作和开展的每一项活动，其进程都会体现出阶段性的特点，在工作和活动中，人们的需要也会体现出阶段性的特点。各种内涵不同的节庆活动，使社会性需要和个体性需要更是表现出明显的阶段性特点。物质生产中的各种科学试验、生产加工、建设制造的工作工艺流程，社会管理中规定的各种议事决策工作程序都有时序性的特点。

根据自然时序、生命时序、社会民俗文化活动时序、各种人造程序时序，掌握需要产生的规律可增强工作预见性，增强满足社会和个人需要的针对性和效益性。我们的祖先为了掌握自然时序以满足生产和生活的需要，在长期的农业生产实践中，对天气变化进行了仔细的观察，经过不断的总结完善，最后根据一年内太阳运行的位置变化，把一年划分为二十四个节气。二十四节气的发明凝结了中华民族的大智慧，为我们根据自然时序满足自身的生产生活需要提供了极大的方便和科学依据。现在，二十四节气不仅满足了农业生产根据自然时序耕种收藏的需要，而且已经深深地影响到了我们生活的方方面面，包括饮食起居、治病养生、节庆民俗等。在养生方面，人们根据时令锻炼进补，“三伏进补好时机”，冬病夏治效果也比较好。人的生理、病理也存在时序性规律，根据生理、病理的时序性需要保健、防病、治病就是中医的一大特色和优势。中医认为人的生理时序规律是：“月始生，则血气始精，卫气始行；月廓满，则血气实，肌肉坚；月廓空，则肌肉减，经络虚，卫气去，形独居。”从而推出“月生无泻，月满无补，月廓空无治，是谓得时而调之。”（邱鸿钟：《医学与人类文化》，湖南科学技术出版社1993年版，第44页）中医根据四季气候变化，发现并总结出了人生病与气候时序的关系，经过长期观察掌握了四时脉象、疾病流行的时间分布和特点，发现了四时药性变化、服药、针刺所宜和禁忌等。根据四季气候变化对人体的生理、病理产生的影响，古人掌握了饮食时序性宜忌的需要。《饮膳正要》中说“春气温，宜食麦以凉之；夏气热，宜食菽以寒之；秋气燥，宜食麻以润其燥；冬气寒，宜食黍以热性治其寒。”春天，大地回春，万物复苏，阳气升发，人体内的阳气也随之升发，此时应该养阳，在饮食上要多食用一些助阳的食品。夏天，酷热多雨，暑湿之气比较容易乘虚而入，人们往往食欲降低，消化吸收功能也随之减弱，大多数人厌食肥肉和油腻的食物。因此，在饮食上，要注意食物的色、香、味合理搭配，尽力引起食欲，使身体能得到足够的营养。秋天，气候干燥，要注意尽量少食用辛辣燥热的食物，应注意适量多食用一些柔润性好的食物。冬天，气候寒冷，比较适合吃一些热一点的食物，可增加一定的脂类。但也要注意，燥热之物不可食之过量，以免内伏的阳气郁而化热。人的生理一天之内也有时序性的需要，中医经典著作《黄帝内经》中就有“一日分四时，朝则为春，日中为夏，日入为秋，夜半为冬”的记载。现代研究也表明，人体各种指标，如体温、脉搏、血糖、血压、肝脏的代谢等等，几乎都有二十四小时节律性的变化。顺应天时，科学地调节和满足人这种节律性的需要，使之更好地阴阳平衡，动静结合，该吃时吃，该工作时工作，该活动时活动，该休息睡觉时休息睡觉，将心放宽，是养生的最好方法。

不违时令地进行农林渔业活动，有利于保证持续满足人的日常生活需要。孟子说：“不违农时，谷不可胜食也。数罟不入 池，鱼鳖不可胜食也。斧斤以时入山林，材木不可胜用也。谷与鱼鳖不可胜食， 材木不可胜用，是使民养生丧死无撼也。”（孟子·《梁惠王上》）掌握遵循人的需要时序性的特点规律，对于科学合理地 满足人的生理、饮食、起居、生活的需要，对于防病治病，提高人的健康水平和生活质量，以及准确预测人们的需求及市场变化，提高市场竞争能力，获取良好经营效益，都具有十分重要的价值。

第六章 厘清分界 满足需要

从理论上弄清楚与需要相关的一些心理活动、行为实践的实质，对于在理论指导下正确认识需要、科学合理满足需要是十分必要的。如从理论上正确区分需要与动机行为、需要与理想信仰、需要与需求想要、需要与欲望贪心、需要与奢侈浪费的界限和异同，对于帮助我们正确认识需要，指导我们判断自己的需要，精选自己的需要，科学合理地满足需要就具有十分重要的意义。

第一节 人的需要与动机行为

人们通常把需要和动机混为一谈，认为需要就是动机，动机就是需要。实际上，需要和动机是既有联系又有区别的。

何谓需要，前面已经提到过，从心理学的角度看，需要是人在生活中感到某种欠缺而力求获得满足的一种内心状态，它是人脑对生理和物质、社会要求的反映；从管理学的角度看，需要是人们正常生活、工作和健康持续发展应该有的或必须有的条件，因此，需要并不单纯是一种心理现象；从生命的原始状态来看，需要是客观存在，是一种本能。脑死亡的植物人，其维持生命完全要依靠别人的喂养，已经不存在任何动机及其他心理活动，却仍然存在按时补充营养的需要。

何谓动机？动机是使人去满足自己需要的一种行为驱动力。这种行为驱动力有时与需要具有一致性，正像《人的需要理论》里所论述的："'需要'经常被用来表示一种驱动力或产生驱动力的某种内在状态(例如，'人需要睡觉' 或'兔子需要打洞')。在此，'需要'指的是一种动机力量，这种力量是由于特定的缺乏在体内产生的不平衡或紧张状态造成的。"但不是所有的需要都会成为动机，只有当需要与一定的客观事物之间建立起心理联系，即有了行动方案之后，需要才能成为行为的动机。动机的形成来源于两方面的因素：一是由一定需要引起，即通常认为的需要产生动机。这种引起人们产生动机的需要既是自己的需要，也可能是别人的需要。二是由人们的兴趣和好奇心引起，这种动机就是人们对某一新事物或对某一旧事物、某一问题的新发现所产生了强烈兴趣，并由兴趣诱导产生的探究欲和满足欲。需要形成动机有一个思维过程，人所具有的认识水平、文化习惯、价值观念指导、促进、制约着这一过程。

行为是指人们为满足需要而采取的一系列行动。通常情况下，人的一切行为都是由动机引起的，动机是需要引起的，因此人的行为也可以说是动机的结果、需要的满足。动机转化为行为的过程与需要转化为动机的过程一样，是受个人认识水平、文化习惯、价值取向的影响制约的，这种过程往往是同时完成的。但动机转化为行为还受到三个方面的制约：一是需要主体对自身价值取向与社会主流价值体系相符性的判断。如果动机与社会主流价值体系相悖，则可能消退或潜伏起来。因为，如果不良动机不顾社会主流价值观的制约顽强地表现出来，形成不良行为，那就会受到社会和他人的谴责。二是需要主体动机转化为行为相应方式的选择。如果找不到合适的形式，它就可能消退，或者转换新的动机。动机转化为行为往往有几种方案进行比较，只有选出一种社会公认、他人认可、自己力所能及的方案，动机才能转化为行为。三是需要主体行为能力与动机的匹配性。人的需要满足总是受行为能力的制约，动机的形成也总是受到行为能力的制约。如一个普通高中毕业生有应聘某公司某工作岗位的需要动机，但到现场一看，该工作岗位的应聘条件要求，学历为博士研究生毕业，在此种情况下，动机就无法转化为行为，只能改变动机应聘适合自己条件的岗位。

合理正当的需要和良好的动机，要靠科学的行为方式才能实现。一个人的行为一定是某种需要动机的反映。一般的规律是需要产生动机，动机决定行为，行为产生结果。但是，有两种情况需要注意、分清：一是由于动机目标、行为方案与客观条件有差异或主体实施时有失误，会出现需要动机与行为结果不一致。平常说的好心办了坏事就是这种情况。

二是动机与需要有时是可以互为决定的。通常情况下，是需要产生动机，但在许多时候，由兴趣、好奇心引起的动机，也可能产生相应的需要，引起相应的行为。好的动机，可以引发产生新的合理正当积极的需要，产生积极的行为。如某人看到别人通过学习提高了能力素质，工作做出了成绩，于是见贤思齐，产生了学习的需要，产生了积极学习的行为。相反，某人见有人搞不正之风轻而易举发了财，便产生了“别人搞得，我也搞得”随波逐流的错误思想，萌生了靠歪门邪道敛财的不良动机甚至错误、罪恶的动机和不正当合法的需要，结果产生了贪污受贿等违法乱纪的行为，受到了相应的组织纪律处分甚至法律制裁。

正确认识需要、动机、行为、结果的关系，是为了更好地满足正当合理的需要。社会管理、文化建设和思想教育在为满足人们正当合理的需要创造良好条件和环境的同时，有一项重要的任务，就是要帮助人们正确选择需要，端正行为动机，养成良好行为习惯。正确选择需要，就是要正确认识自己的需要，并坚持正当、合理、合法、不妨碍他人，不放纵欲望的原则，选择确定需要；端正行为动机，就是要树立科学的世界观、人生观、价值观和方法论，努力使指导自己行为动机的价值观体系与社会主流价值观体系保持一致；养成良好行为习惯，就是要养成以合法的、正确的、科学的行为方式满足自身需要的习惯。帮助人们正确选择需要、端正行为动机、养成良好行为习惯的方法很多，外部影响引导的方法主要是严明赏罚和评价反馈。一般来说，赏能起到强化需要或刺激需要、兴趣、好奇心的作用，使人们明确正确的行为指向，激发动机形成，激励巩固强化积极行为。罚包括物质处罚、道德谴责、纪律处分、法律制裁等，能起到消退或中止需要、兴趣、好奇心的作用，从而使动机消退，行为得以纠正。评价反馈是针对行为表现和结果进行评价，并通过一定的渠道反馈给当事者，评价的好坏都会影响被评价者的动机。如果人们满足需要的行为结果得到正面评价，那么自信心和自尊感就会提高，从而巩固原先的需要、动机和行为，并在此基础上沿着被肯定的价值指向产生新的需要和动机，进而强化这一指向的行为。如果人们满足需要的行为结果得到负评价，那么自信心和自尊感就会低落，从而调整消退原来的需要和动机，并不同程度地产生挫折心理。在这种情况下，有些人有可能放弃高层次的需要而退居低层次的需要，或放弃当前不合理、不现实的需要，选择当前合理的现实的需要；有些人则可能盲目地继续坚持原有的需要，甚至与评价对着干。因此，根据需要动机行为相互关系及互为转化的原理，正确引导人们不断满足和提升自身的需要的社会实践、做好人们的思想工作，就显得十分必要。这对于增强社会管理、文化建设和思想教育的针对性、科学性和有效性是十分有益的。

第二节　人的需要与理想信仰

需要与理想信仰有着密切的联系，追根溯源，理想信仰也是一种需要。追求理想信仰就是为满足一种令人向往的需要而奋斗。从词义来讲，所谓理想，是指有根据的、合理的对未来事物的想象和希望，也指符合希望的、使人满意的事物或行为结果。这两个义项所定义的内容都与人的需要有关。用哲学语言来表述，理想不是幻想空想，而是人们在实践中形成的具有实现可能的对未来的向往和追求，是人们的政治立场和世界观在奋斗目标上的表现，是希望未来某种需要得以满足的一种预期目标。所谓信仰，是指对某人或某种主张坚信不疑和尊敬，并高度自觉地拿来作为自己行动的榜样或指南的一种整体性精神活动。就信仰的对象来看，自古以来，人们所信仰的上帝、神灵、神仙、佛祖、先知始祖、天堂地狱、因果报应、理想社会、美好主义、学术理论等，无不与人的命运需要息息相关，并在人的精神世界中居于主导和统摄地位，从根本上影响和支配着人们的思想和行为。

理想包括个人的理想、团体的理想、政党的理想、国家的理想、人类的理想，不管哪个层面的理想，其内核都是人们希望未来某种需要得以满足的一种预期。所以，个人的某一理想就是个人对未来某种需要能得以满足的一种预期目标，如中小学生长大了想上大学的理想、想当科学家的理想、想环游世界的理想等。无产阶级执政党的理想就是从最大限度满足全体社会成员的需要出发，根据社会发展的规律而构建的一种理想社会的目标。中国共产党的最高理想是实现共产主义。马克思依据社会发展规律提出和描述的共产主义社会是人类历史上最合理、最进步、最理想的社会。马克思曾经把共产主义社会分为低级与高级两个阶段，低级阶段为社会主义社会。我国的社会主义建设取得了辉煌的成绩，政治上已经实现了在共产党领导下的人民当家作主，经济上已经成为全球第二大经济体，但全面衡量我国的社会主义建设水平，现在仍然处在初级阶段。马克思对共产主义社会高级阶段的设想是：生产资料全部实行了全民所有制；阶级和阶级差别，工农之间、城乡之间、脑力劳动和体力劳动之间的差别已经消灭；全体社会成员具有高度的共产主义觉悟和道德品质、高度的劳动积极性和自觉性、高度的文化素养和劳动技能；社会生产力高度发展，劳动生产率极大提高，社会产品极大丰富；在个人消费品的分配方面，实行各尽所能，按需分配的原则，人们的物质文化需要可以得到最大限度的满足；随着国内国际上一切阶级和阶级差别的消灭，政党和国家也自行消亡。（孙维本：《中国共产党党务工作大辞典》，中国展望出版社 1989 年版，第 10 页）由此可见，共产主义理想的核心就是人们的物质文化需要可以得到最大限度的满足。我们的信仰就是坚信共产主义社会是人类最美好的社会，实现共产主义是人类社会发展的必然规律。

理想信仰体现人的需要具有长远性和整体公益性的特点，人们往往看不到其与主体现实需要的联系，难以理解为什么其行为与世俗的个人的现实需要相悖。其实，这一点是不难理解的，人的本质特征是其社会性，作为社会人，是有“小我”和“大我”之别的，所以，人的需要也是有“小我”和“大我”之分的。个人的现实的需要就是“小我”的需要，公共的长远的需要就是“大我”的需要。满足人的需要，必须兼顾协调好“小我”和“大我”的利益，这样，社会才能健康运行发展。信仰共产主义，为共产主义理想而奋斗，就是为建设人类最美好的社会、为人民群众都能过上幸福美好的生活而奋斗。实现中华民族伟大复兴的中国梦，就是要实现国家富强、民族振兴、人民幸福。人类历史的进步，每一步都离不开那些具有远大理想和坚定信仰的人们为之奋斗牺牲，他们为了最大限度地满足“大我”（“小我”寓于“大我”之中）的需要，不惜牺牲自己目前的利益甚至生命，他们的动力来源于“大我”的需要，他们的人生价值是以“大我”的需要满足度来衡量的。伟大领袖毛泽东为了中国人民的解放事业，为了让劳苦大众过上好日子，青年时放弃“小我”唾手可得的舒适，毅然投身革命，不仅自己出生入死，历尽千难万险，而且牺牲了六位亲人。近代中国许多出身官宦贵族家庭的革命人士不惜抛弃优越的生活、甚至不惜牺牲自己的生命，积极投身中国人民的解放事业，都是因为他们有崇高的理想信仰追求。这种崇高的理想信仰追求反映的是人民大众整体和长远的需要。中国共产党“为人民服务”的宗旨，其实质也是为最大限度地满足人们的物质文化需要服务，带领人民群众为满足日益增长的物质文化需要而奋斗。正如习近平总书记在谈到共产党员特别是党员领导干部要做共产主义远大理想和中国特色社会主义共同理想的坚定信仰者和忠实践行者时所说的：“衡量一名共产党员、一名领导干部是否具有共产主义远大理想，是有客观标准的，那就要看他能否坚持全心全意为人民服务的根本宗旨，能否吃苦在前、享受在后，能否勤奋工作、廉洁奉公，能否为理想而奋不顾身去拼搏、去奋斗、去献出自己的全部精力乃至生命。一切迷惘迟疑的观点，一切及时行乐的思想，一切贪图私利的行为，一切无所作为的作风，都是与此格格不入的。”（引自习近平：《关于中国特色社会主义的几个问题》）

人的活动如果没有理想的鼓舞、信仰的导航，将变得空虚而渺小。没有崇高的理想和信仰，人就会放纵“小我” 的贪欲和原始的本能。雨果说：“人有了物质才能生存；人有了理想才谈得上生活。你要了解生存与生活的不同吗？动物生存，而人则生活。”人是需要理想信仰的，因为需要有意义、有价值的生活。现阶段我国还处在社会主义初级阶段，我国各族人民的共同理想是在中国共产党的领导下，建设中国特色社会主义，把我国建设成为富强、民主、文明、和谐的社会主义现代化国家。这个共同理想，立足于我国的现实，高于我国的现实，符合我国社会主义发展的客观规律，是科学的社会理想， 代表了广大人民的根本利益。

我们每个社会成员都要牢固树立这一共同理想，团结在中国特色社会主义的旗帜下，为实现这一伟大的共同理想而努力奋斗。任何脱离这一共同理想的努力，都将失去光耀社会和时代的价值意义。

第三节　人的需要与需求想要

需要与需求、想要之间既有联系，又有区别。需要与需求是两个难以区别的概念，但只要深入加以分析研究，也还是能发现一些它们的不同之处。需求是由需要产生的要求。需要是需求的前提，需求是需要或有迹象或明确而具体的愿望要求。它们的区别主要有以下几点。

一是需要用途广泛，需求则偏重在经济学领域使用。如人的爱情、亲情、友情、尊重、自尊、尊严等非物质性的不可分割、不可计量、不可市场交易的精神需要，就只能用需要来表达，而不能用需求来表达。需求是由需要而产生的要求，这种要求的满足具有他依性，即需要主体这种要求的满足必须得到他人或社会的帮助。需求的产生和存在是交易、市场产生存在的根源和根据。在经济学中，需要和需求是两个不同的概念。需求是指既有愿望，又有支付能力的需要。如果没有支付能力，则不能将需要称为需求。需求是对应供给而言的，供需关系是研究市场经济的核心工具。需要是经济发展的原动力，市场就是为满足需要形成的一种资源配置方式。

二是需要是一种目标，需求则是一种策略。通常情况下，需要是一种普遍化的公共的目标，如人为了获取正常营养以维持身体健康有饮食的需要，饮食是公共需要的目标，但具体吃什么，每个人要求则不可能完全一样，这种不同的需求就是满足目标的策略。需求的对象物往往是可以权益化规定的具体的需要满足物。如对大米的需求、对猪肉的需求，包括对某种专业性服务的需求、对就业岗位的需求，都反映了需求的这种属性。

三是需要是应该有和必须有的客观存在，需求是已经意识到或已经有要求的需要。食品安全是人们饮食的客观需要，当人们知道社会上食品安全问题不断出现的情况后，为了满足自己应该必须有的食品安全需要，人们便有了食用绿色安全食品的需求。顺应这种需求，生产、加工、销售绿色安全食品的农户、企业、商家就能获得良好效益。而那些生产销售假冒伪劣商品，特别是那些生产销售损害人的身体健康甚至危及生命的假冒伪劣食品的不良不法商人，则一定会遭到消费者的唾弃，不仅不能“发财”、满足自己的所谓“需要”，而且一定会受到需要规律和社会规则的严厉制裁，危害严重者还将受到法律的制裁。从某种意义上讲，人的最大需要是被人需要。胸怀崇高理想的人们、追求成功的人们、渴望物质财富的人们要想实现自己远大而美好的目标，就是到人们的生活中去寻找需要，发现需求，然后满足它们。别人不需要的人，自己的需要也是不可能完全而顺利地得到满足的。人不能为了满足自己的需要而去损害别人的需要，更不能以欺骗的、不道德的手段趁人之危，利用别人的需求，挣取昧良心的钱，亵渎别人真诚的心。古今中外的无数事实证明：损害别人需要的人，同时也损害了自己的需要。“己所不欲，勿施于人”，这是每一个人应该具有的基本道德遵循。

需要与想要紧密相连。通常情况下，没有需要就没有想要，想要的东西绝大多数情况下是就是需要的东西。但在不良的社会环境影响下，在不正确的攀比心理、在强烈的虚荣心和占有欲望以及“病急乱投医”焦急恐慌的不良心态驱使下，人们有的“想要”不一定是“需要”的。需要与想要的对象满足物一致时，想要就是需要的动机表现，二者就是互为促进的关系，不会形成矛盾挫折心理。需要与想要不一致、不同步时，人就会产生矛盾挫折心理，如果自我调控不好，人就会产生消极对抗情绪，甚至产生错误行为。当人们想要的东西不是正当合理的需要，且反而拼命去追求那些不需要的“想要”时，就会影响自己真正的需要，给自己造成伤害。因此，树立正确的世界观、人生观、价值观，坚持理论联系实际、主观符合客观、唯物辩证的思想方法，调控自己的需要和想要，对于人的身心健康、快乐幸福具有非常重要的意义。

需要与想要有明显的区别：一、需要是客观的，想要是主观的。需要是人在生活中、生理上感到某种欠缺而力求获得满足的一种内心状态，想要是一种有明确目标的主观愿望。二、需要是应该的，想要是可以商量的。如一个三口之家购买一套一百平方米左右的住房是应有的需要，购买两套以上的住房就是可以商量的想要。三、需要是科学的，想要可能是错误的。如“我想要喝酒，但我有高血压病，需要戒酒。”“我想抽烟，但需要戒烟。”四、需要是应该的，想要是合理的，但现实条件是矛盾的。现实社会中有些人想要的合理需要，由于受自身或社会的条件限制，却很难甚至不能实现。如我国实行九年义务教育制度满足适龄儿童上学的需要，对于绝大多数家庭的孩子来说，九年义务教育完成后，孩子想要继续上学，就能继续上学，但有的困难家庭却满足不了孩子的需要。这样的问题，需要社会的全面进步来逐步解决。五、需要是普遍化的目标，想要是特殊性的要求或个人偏好。如保暖是需要目标，但买什么样的衣服却是个人的偏好；吃是所有人的需要，但怎么吃却是人的想要，湖南人用餐想要吃偏辣的口味，四川人用餐想要吃麻辣的口味。六、想要、偏好往往超出正常需要，并且呈正负两极发展趋势。有的想要是一种经过思考的方向和决心，有的想要是一种希望和憧憬，有的想要是超凡脱俗的崇高追求，有的想要是一种超越自身能力和社会条件的空想，有的想要是一种无奈的乞求，有的想要是一种厚颜无耻的堕落和放纵无度的贪婪。对于个人来说，想要应建立在正当合理的需要之上，应建立在自身能力条件的基础之上，想要应该成为实干创造的动力目标，想要应瞄准人类追求真善美的崇高道德价值目标。

第四节　人的需要与欲望贪心

需要与欲望的区别，讨论由来已久。主要观点集中在三个方面：一是认为需要就是欲望，欲望就是需要。《现代汉语词典》（第七版）对需要定义的第二义项就是：“需要是对事物的欲望或要求。”近代西方的一些鼓吹天赋人权的思想家们，沿着这一逻辑窄道前进，就成了纵欲论、自由主义的理论依据。二是认为需要是“天理”，欲望是“人欲”，“人欲”即贪心。这一观点不加区别地认为人和人类的一切祸咎和罪恶都根源于“人欲”这一罪魁祸首。《老子》中说：“祸莫大于不知足，咎莫大于欲得。”我国南宋时期的大理学家朱熹更是主张要“去人欲，存天理”。禁欲论、寡欲论的理论根据就是这一观点。三是认为需要产生欲望，欲望不一定是需要，有时欲望与需要甚至是对立的，但人的需要是可以调节的，人的欲望也是可以调节、控制、引导的。荀子认为，人“天性有欲，心为制节。”节欲论、导欲论的理论依据就是这一观点。这三种观点都从一个侧面揭示了需要与欲望的区别和关系，扬弃其消极错误主观唯心的一面，吸收其客观、科学、积极的一面，对于我们继续深入探讨和正确认识需要和欲望的本质，正确追求和满足自己的需要和欲望是非常有益的。正确认识和确定自己的需要，科学理性地培育调控好自己的欲望，对以下几点应该有清醒的认识。

一是在正当性的前提下，需要和欲望是人生健康成长、幸福生活的必要条件，也是积极因素。需要是人所感受到的一定生活和发展条件的必要性，欲望同愿望、意志一样，也是需要的一种表现形式，是被认识到了的需要动机。需要是人的思想与活动的基本动力，欲望是这一动力的增强剂。欲望是人想得到某种东西或想达到某种目的的要求。需要和欲望都是一种客观存在，都是人生命的一种摄取状态。欲望是人类行动最为直接的动力来源。完全禁欲人就会失去动力，社会就会失去活力。“欲而不贪”，个人才能健康成长，生活才能幸福长久；社会才能和谐稳定，健康持续发展。林语堂说：“一般来说，过着更富足、更完美生活的人，是那些有着丰富需求和欲望的人，而不是随遇而安、对周围的事物漠不关心的人。”（《林语堂精品作文选》）人的欲望如果与需要一致并有理性的驾驭，就是一种积极向上的健康可持续的加速需要实现的神奇力量。对合理合法、有益进步、向善向上的需要，人们的欲望越强烈越好。两个需要和客观条件相同的人，因对需要的欲望不同，其结果会完全不同。如同是一个高中班的同学，由于求知欲不同，有的考上了重点大学，有的却名落孙山；有的大学毕业后成了某一方面的专家学者或在事业上取得了辉煌成就，有的却碌碌无为终其一生。

历史唯物主义告诉我们，人的一切需要和欲望都是受历史条件制约的，都是受个体的生活现状和世界观、人生观、价值观所影响的。人的世界观、人生观、价值观不同，决定着人的需要与欲望的价值取向也会不同。一个信奉“人不为己，天诛地灭”价值观的人，必然自私自利之心很重，甚至损人利己，贪赃枉法；一个信奉“人生最大的价值在于奉献”价值观的人，必定是一个热心公益、乐于奉献的人。欲望的驱动力来自两方面：首先是天然的本能和个体主动性的个性心理特征，如对某一事物的兴趣爱好、注意力等；其次是对某一事物重要性、意义的认识。因此，加强正确的世界观、人生观、价值观教育，引导人们正确认识自己的需要及实现需要的正确途径，培养人们健康向上的欲望心理，使人们的欲望与自身正当的需要保持一致，并成为实现需要的正向动力，永远是社会管理中思想政治教育、道德文化建设的一项重要任务。

二是欲望未必是需要，有时二者甚至是对立的；欲望一旦与正当需要背离，人的思想和行为就会偏离正确的轨道。一个不幸患上了糖尿病的病人，医生告诫他必须控制饮食，主食每天不得超过六七两。病人说：“那怎么行？肯定不够，会饿的。”医生说：“从营养的角度讲，足够了。想吃只不过是你的欲望，不是需要。吃多了会加重你的病情。”一个嗜酒的高血压病人，他的需要应该是戒酒，喝酒对他的病情不利。因此，满足自己健康生活的需要，就应该适当地节制自己的欲望，坚持科学的生活方式，保持生活规律和身心健康。凡是涉及个人身体健康的这类状况，绝大多数人都懂得欲望与需要的区别，并能自觉地控制自己错误的欲望。但是，在社会交往中、在与别人的比较中产生的欲望，不一定是自己的需要，许多人包括许多组织（当然组织是由人组成的，所以依法成立的也叫法人）就难以做到科学定向和正确调控。如有的人看别人家装了中央空调，不管自己家房子面积的大小、需不需要，也跟着安装了中央空调，结果是造成了自己不必要的浪费。可怕的是有的人在不正确的比较中产生了错误的欲望，最后走上了犯罪的道路，这样的例子很多。如许多受到法律制裁的贪污腐败的政府官员和公职人员，往往就是从与自己条件差不多的人作错误比较时开始走上犯罪道路的。有一个主管基本建设的副省长，看到一些承包工程的私营企业家大把大把地挣钱、大手大脚地花钱，心里便产生了错误的不平感，认为“我的学历比他高，我的能力比他强，我的权力比他大，我挣的钱也应该比他多。他从我这里拿工程挣了大钱，我收他一点感谢费是应该的”，于是胆量越来越大，最后发展到公开索贿，不给钱就不办事的地步，结果受到了法律的制裁。对于一个具有一定职务的公职人员来说，满足基本需要，工资性收入已经足够了，贪污腐败并不是因为需要，而是放纵了自己的贪心欲望。不是需要的欲望，就像一个蠢蠢欲动的魔鬼，稍不注意，它就会侵蚀和毒害那些意志薄弱者的灵魂和生命。有相当多的时候，就像一个食欲很强的糖尿病人需要节食一样，其欲望和需要是对立的。现实社会诱惑很多，诱发不良欲望的因素很多，尤其是手中有权的各级公职人员，如果不加强思想道德修养，不择善交友，不慎微、慎初、慎独、“不以恶小而为之”，就会分不清是非，分不清正当需要和不良欲望，就有可能成为不良欲望的俘虏和牺牲品。

三是欲望一旦与贪心结合就会成为毒害人心灵的恶魔，欲望一旦被贪心主导就是人走向罪恶深渊的开始。从心理学的角度看，欲望是人特有的一种对需要对象物的强烈追求、摄取、占有意识。这种意识如果没有贪心的侵入，而与正当需要保持一致，那么，它的现实性也好，无限性也好，都是一种有益的、健康向上的、推动人类文明进步的动力。相反，欲望一旦占据主导地位，就会成为毒害人们心灵的恶魔。欲望作为个体的一种情感体验和心理活动，是其后天形成的世界观、人生观、价值观对现实社会的反映。如果奉行“个人主义”“人不为己，天诛地灭”的人生哲学，人的欲望就会被贪心占领，如不加强学习，不修正自己的价值取向，不适时调控思想行为，欲望就会一步步地把人引向错误、罪恶的深渊。很多受到法律制裁的贪官污吏，贪赃枉法、偷盗抢劫、坑蒙拐骗、霸市欺人之徒并不是天生的不肖之徒和恶棍，许多人都是因为不注重道德修养，放纵了自己的贪欲，一步步地、不可自拔地走向了罪恶的深渊。贪欲通常表现为无度无控的物欲、财欲、权欲、色欲、支配欲、占有欲等随心所欲、为所欲为的欲望。人一旦被这些欲望所支配，其思想行为就会偏离甚至脱离社会主流价值体系的航向，步入歧途，如不及时调整航向，就必定会被主流社会和社会发展的规律所抛弃并受到应有的惩罚。我国民间流传久远的“人心不足蛇吞象，做了宰相想皇上”的典故，既揭示了欲望的无度，也为人们节欲提供了教意深刻的反面教材。人们只有清醒地认识欲望的这种客观性和明显的弱点，树立科学的世界观、人生观、价值观，加强道德品质的修养砥砺，才能正确认识需要，端正动机，驾驭欲望。

在人类历史的发展进程中和现实社会中，人们对以下需要观是肯定和赞扬的。

一是满足自身的需要，不能损害别人的需要，不能损人利己，不能违法违规缺德。孔子曰：“己所不欲，勿施于人，在邦无怨，在家无怨。”

当代人在满足自身需要时，不能损害后代人的需要。搞建设抓发展，利用自然资源不能竭泽而渔，要有“但存方寸地，留与子孙耕”的道德责任和造福人类的胸怀。孔子曰：“君子爱财，取之有道。”“富与贵，是人之所欲也。不以其道得之，不处也。”朱子治家格言讲：君子要“勿贪不义之财，勿饮过量之酒。”满足自身的需要，不能违法违规缺德。违法违规缺德的行为都是不自重、不敬畏正义的行为。古人云：不自重者致辱，不自畏者招祸。社会上那些以权谋私、坑蒙拐骗、无法无天、欺行霸市、欺男霸女之徒，不顾违法违规缺德，千方百计攫取不义之财，千方百计满足其无度肮脏丑恶之欲，最终都难逃丢财丢人甚至丢命、害人害己害家、身败名裂的下场。

二是满足需要应该靠自己的劳动创造获取，不能靠非法牟利、残酷剥削他人和靠别人恩赐。非法牟利终究逃脱不了法律的制裁、社会的唾弃，其结果只能是一害他人、社会，二害自己、家人。残酷剥削他人劳动，获取超额利润以满足个人或小集团的贪欲，这是剥削阶级的本性，违背了人类社会公平正义的基本价值取向，必然激起人们的反抗，社会正义也不能允许，最后，资本的所有者不仅不能获取超额利润，反而连应有的利益也会受到损失，甚至连本也会保不住。消灭剥削制度是人类社会发展不可抗拒的规律，同样靠别人恩赐满足自己的需要是一种懒汉堕落、为人不齿的思想行为。当然，社会对那些老弱病残丧失了劳动能力和遭遇了特殊困难的人应该施以援手，给予热情的关心帮助，从制度上保证他们基本需要的满足。

三是满足需要要有度，知足，要管住自己。俗话说：“良田万顷，日食三餐；大厦千间，夜眠八尺。”“知足常乐，知止不耻。”美国最富传奇色彩的享誉世界的政治家、美国独立战争的主要参与人和《独立宣言》的主要起草人，同时也是揭开了雷电之谜并发明了避雷针的伟大科学家本杰明·富兰克林（1706—1790年）成功的秘诀在于向历代名人学习坚持修炼完善的人格，即13种美德：节制、寡言、秩序、决心、节俭、勤奋、诚恳、公正、适应、清洁、镇静、贞洁、谦逊。这13种美德无不体现了满足正当需要的积极法则和节制欲望的有度法则。我国新文化运动的先驱鲁迅先生对需要和欲望的关系也有精辟的论述。1925年4月18日，鲁迅在《忽然想到》一文中说："我们目下的当务之急就是，一要生存，二要温饱，三要发展。苟有阻碍这前途者，无论是古是今，是人是鬼，是《三坟》《五典》，百宋千元，天球河图，金人玉佛，祖传丸散，秘制膏丹，全都踏倒他。"时隔不久，他针对保守和激进主义者对以上论述的片面性理解又做了科学的解释，他说："我之所谓生存，并不是苟活，所谓温饱，并不是奢侈，所谓发展，也绝不是放纵。"有度、知足是人的一种境界和智慧。有度就是获取、消费需要满足物要合理合法、不竭泽而渔、不奢侈浪费，丰年要想着歉年，有时要想着无时；满足个人需要不能损害他人、集体、社会、人类的整体需要，人与人交往要坚持诚信为本、友善为怀，在处理人与人的利益关系时要坚持互利双赢。知足就是要珍惜现有的幸福生活，要多想自己的优势，不盲目攀比、不放纵欲望，与那些物质生活水平比自己高的人比，不自卑不嫉妒，而是以积极的心态用自己诚实而创造性的劳动，不断改进自己的需要结构，提高自己的生活质量水平。人许多的痛苦和烦恼，都是由于不懂得知足。许多"好人" "好官"变坏，甚至沦落为囚徒，都是因为管不住自己的欲望贪心。

人作为本能动物和社会生物，欲望和利益冲动常常如魔鬼缠身，稍不留神就会涉险犯错。心中要有知足的降魔剑，必须培养强大的信念和道德力量。有多少受到法律制裁的贪官，在最后忏悔时都说，自己之所以走上犯罪道路，主要原因就是放松了学习和道德约束，不感恩组织的培养和人民的信任，不珍惜光荣的岗位，组织为自己履行职责提供了良好优越的条件，而自己却权欲熏心，物欲膨胀，太不知足啊！贪心总是伴随侥幸，侥幸最是危险，人在追求不正当的需要时，千万不能存侥幸心理。"你知我知"外还有"天知地知"，暗室的"盟约"从来是靠不住的。"没有不透风的墙""隔墙有耳""举头三尺有神明""若要人不知，除非己莫为"，这些古训我们应该牢记。管住自己必须慎微慎独，不该做的事坚决不做，不能做的事坚决不做。

俗话说，生活有度，人生长寿。在满足个人养生锻炼精神享受等方面的需要时，也要坚持有度的原则。体育锻炼有利于身体健康，但过度锻炼就会损害身体健康；饮食合理的营养搭配，有益身体健康，但过度摄取营养或为减肥过度减少营养摄入就会影响身体健康；健康的娱乐活动有益身体健康，但过度追求甚至沉湎于感官享受就有害于身体健康。在满足需要的实践中，我们应牢牢记住中国古老的哲学箴言：乐极生悲，物极必反。暴殄天物，必遭天谴；放纵情欲，必有凶祸。

从个人物质精神的享受上来说要知足，但对于工作和为社会做贡献来说，不能骄傲自满，不能取得一点成绩就沾沾自喜止步不前，而应该始终保持一种谦虚谨慎的态度和旺盛的进取精神，从而使自己认识事物的知识水平和分析解决问题的能力不断提高，工作不断进步，正当的物质精神需要得到更好的满足，同时也为社会做出力所能及的贡献。

四是社会对人的道德评价是以有益社会的整体需要为价值判断标准的。人的社会性决定了人的生存与发展离不开社会活动，离不开置身活动的群体，只有生活在群体里时，人才能有所作为，人的需要才能得以满足。人类社会活动有序性的建立和维系依靠两大支柱：一是法制，二是道德。道德是调整人与社会以及人与人之间关系的原则和规范的总和，它以维护社会整体利益和发展的需要为出发点，以最大限度地满足每个人的正当需要为落脚点，以善恶、美丑、是非为标准，通过社会舆论、内心信念和传统习惯来评价人们的行为。人的思想行为一旦失去了道德的规范和约束，就会善恶、美丑、是非不分，就会与主流社会格格不入，甚至与主流社会背道而驰，最后落得个被主流社会边缘化甚至抛弃的下场。道德既具有鲜明的时代性，又具有很强的历史传承性，它反映特定社会在一定历史时期社会经济发展的需要。在阶级社会里，同其他意识形态一样，道德的主流价值导向也必然反映出统治阶级的意志。如我国的社会主义核心价值体系就反映了我国以工人阶级为领导的以工农联盟为基础的人民民主专政的意志。社会主义核心价值体系，反映了当代全体中国人民维护发展整体利益的需要，代表了全体中国人民的根本利益和长远利益。人是依赖于社会而生存的，人与人的关系和正常的交往是由必不可少的社会规范维系的，人自觉地遵守社会道德规范，积极地认同并服从于代表社会前进方向的主流道德价值目标，最终受益的是我们自己。英国大哲学家罗素说："只有同这个世界结合起来，我们的理想才能结出果实；脱离这个世界，理想就不结果实。"他还说："欲望使人即使到了天堂也会坐立不安。"

五是人生的最大价值在于为满足人类整体的需要做出贡献。这是前一观点逻辑推论的必然结论，也是入选人类发展历史光荣榜名单唯一的条件。中华民族的人文始祖炎帝、黄帝之所以千秋万代为人敬仰歌颂，就是因为他们为中华民族的发展需要作出了杰出贡献。炎帝神农氏是中国农耕文化的创始者，他发明耒耜、斧头、锄头等生产工具，教人耕种养殖、栽桑种麻，使人们摆脱了单纯依靠天然产品为生的被动局面，走上了主要依靠自己创造的产品为生的道路；他还发明制造陶，首倡日中为市，制作五弦琴演奏音乐，满足了人们生活便利、互通有无和文化娱乐的需要；他历尽千辛万苦"始尝百草，始有医药"，用中草药救活了许多人，满足了人们保健治病的需要。黄帝轩辕氏制定天文历法、支持仓颉造文字，发明造车、宫室、算数、音律，支持妻子嫘祖教会人们养蚕缫丝，为中华子孙满足按自然时序规律作息、记事交流、积累经验、不断改善穿戴居住条件、借助工具思维等需要开辟了崭新的天地。炎帝神农氏和黄帝轩辕氏开启文明的不朽功德永远彪炳中华民族发展的青史。现在世界上所设置的诺贝尔奖、我国设立的科学技术进步奖等各种奖项，无不都是褒奖那些为满足人类整体的某种需要作出了贡献、为国家的强盛做出了丰功伟绩的人物。世界上不少的科学定律和量值单位名称，都是那些为满足人类的某种需要作出了贡献的人们的功名的记录。人生的最大价值在于奉献。

欣赏自己的价值是幸福的，这种幸福来源于被人需要。试想，社会不需要你了，组织不需要你了，单位不需要你了，朋友不需要你了，家庭不需要你了，你还有价值感吗？对于追求生活意义的人来说，生命的价值在于活着，活着的价值在于创造，创造的价值在于奉献。正像高尔基所说："当你感到一切人都需要你的时候，这种感情就会使你有旺盛的精力。2012 年 6 月 16 日，我国首位女航天员刘洋在执行神舟九号飞船与天宫一号在轨航天器交会对接任务前接受记者采访时说，这两年时间，她没有逛过街，也没有看过电影。她说："不少人问我：这种日子很辛苦吧，学习训练这么紧张，很累吧？我真的没有感觉到辛苦，反而觉得非常幸福，是一种被组织信任、被祖国需要的幸福。"被祖国需要是幸福的，被人需要是幸福的，因为这标示着你的价值所在。许多人和事被人们铭记在心，或为不朽的历史颂扬，就是因为这些人和事满足了人类社会发展的某种需要，或是解决某种社会问题，或是满足人们某种生活的需要和增强人们战胜自然的信心、勇气。在某种意义上说，人的最大需要就是被人需要。就像你有一项发明创造只有满足社会的需要才有可能申请专利一样，个人需要的满足只有能同时满足他人或社会的某种需要才有可能实现。人生的价值是用别人和社会需要的尺子衡量的，而自己需要的尺子却衡量不了自己的价值。

第五节　人的需要与奢侈浪费

人的需要是人的生命运动和生活应该有且必须有的条件，而奢侈则是花费大量钱财追求过分享受的行为，浪费则是随意处置物质资源和社会财富，不能做到物尽其用。奢侈浪费共同的特征是超越正常的需要、不珍惜物质资源和社会财富。

现代社会是需要与浪费严重对立的时代，许多贫穷的人们基本的需要得不到应有的满足，而许多的权贵和富人也包括许多家境比较殷实的普通老百姓却养成了奢侈浪费的不良习惯。据中国新闻网 2019 年 4 月

26 日消息：麦肯锡最新报告显示，2018 年，中国消费者的高端鞋、包、时装、珠宝、豪车和手表等奢侈品的消费额达到 7700 亿元，占全球奢侈品总额的三分之一，每个家庭购买奢侈品的平均支出为 8 万元左右。从年龄来看，“80后”是主力，每人每年平均花4.1万元购买奢侈品，“90后”为 2.5 万元。报告预计，到 2025 年，中国奢侈品消费增长近一倍，达到 1.2 万亿元，届时全球 40% 的奢侈品消费将由中国消费者承担。当然这组数据不能完全用于证明奢侈问题的严重性，这里面有一部分人是因为经济条件好了而向往高品质生活的合理价值追求，同时也说明我国的经济发展很好，人民的生活水平提高了。适度的奢侈品消费不等于生活方式的奢靡。但这组数据也有值得我们引起注意的问题，就是整体上不具备适度消费奢侈品能力的年轻人成了消费奢侈品的主体，说明在年轻人中存在追求享受、过度消费的问题倾向。日常生活中人们的浪费现象更是随处可见、司空见惯。归纳起来，大致表现在以下几方面。

一是对环境资源的破坏和浪费严重。近些年相当长一段时间，我国在加快经济发展的过程中，出现了忽视环境保护的现象。党的十八大以来组织的治理环境污染破坏的攻坚战已见显著成效，但由于惯性的作用，难度依然很大。一些人一方面在为由于环境污染造成自然资源的日益匮乏而忧心忡忡，另一方面却仍然在肆无忌惮地浪费和毁坏着自然资源和社会财富。相当长一段时间，有的地方为了发展经济掠夺式地开发自然资源，为了采石采砂，把一座座青山变成了荒山秃岭，把一条条碧水溪流的河床挖得百孔千疮；城市发展中环境保护意识不强、措施不力，致使城市内及周边的河流、湖泊、地下水遭受严重污染；随意占用良田沃土、推山填湖搞房地产开发、建经济开发区；在发展工业和畜牧养殖业的过程中，不注重环境保护，超标随意排放毒气、粉尘、污水使空气和水资源遭受到严重污染等问题的存在，已造成了环境资源的严重破坏和浪费。这种破坏和浪费不仅给当下带来危害损失，而且具有相当长时间的危害和损失。环境的治理和修复不仅要花费大量的资金和人力，而且需要相当长时间才能达到理想的效果。这种严重忽视生态环境保护的现象，现在大势已经改变，但改头换面的现象还在个别地方存在，且稍一放松还会卷土重来，这是“小我”及“资本”趋利本性的必然。在各类热闹丰盛的餐桌上，剩下的主食、菜肴、酒水，有的吃了一半，有的甚至未动筷子，“粒粒皆辛苦”的宝贵劳动果实就被当成残汤剩羹倒入了泔水桶。还有一次性竹木筷子、一次性塑料餐具等一次性日常生活用品的大量生产和使用；商品过度包装、住房二次装修或重新改变装修、建设质量控制不严造成的一些“豆腐渣”工程等现象，也造成了比较严重的资源浪费。

二是官僚主义、形式主义造成的奢侈浪费现象。地方各级领导机关个别领导干部存在的官僚主义，一些地方、单位工作中存在的各种轰轰烈烈的形式主义，搞不切实际、不求实效、谋政绩的面子工程，也造成了许多浪费。这不需要列举枯燥的统计数据，放眼看看发生在我们身边的情况就清楚了。如在国家铁腕治理环境污染的攻坚战中，有的地方部门为了应付上面的检查，在治理湖泊污染源时采取治标不治本的做法，临时堆砂包堵，甚至采取用水面移动塑料网格种植水草遮挡的做法，费了不少力、花了不少钱，最后在群众的强烈反映中，在上级严厉督查下，不得不采取排污管改道根治的办法。结果既浪费了人力时间，又浪费了大笔治污资金。随意改变建设规划造成重复建设，建了又拆、拆了又建、建了又改的浪费现象经常在一些地方发生。

三是不良的社会风气和人们不良的生活习惯造成的资源浪费。现在社会上存在的红白喜事大操大办之风、名目繁多且互相攀比的请客送礼之风也造成了不少的资源浪费，而且使人与人之间的关系变得越来越复杂、越来越功利化。另外在人们的日常家庭生活中及一些公共办公场所存在的长明灯、长流水、大量的闲置物品，如果统计一下，浪费情况也是很惊人的。其实，人真正的需要是很少的。如果根据需要来配置资源财富，当今世界不知要节省多少资源财富，地球母亲不知要减轻多少负担。

按需要获取资源，按需要进行消费，财尽其用，物尽其需，是人们应有的理性。勤俭节约是一种美德，是一种积极向上的价值取向；铺张浪费是一种恶习，是一种不良的价值取向，历来不为人们所提倡。早在2000多年前的荀子就认为："足国之道，节用裕民，而善臧其余。"（《荀子·富国篇》）"锄禾日当午，汗滴禾下土，谁知盘中餐，粒粒皆辛苦。"由于生动形象地揭示了劳动成果来之不易的真理，这首诗千百年来为人们传诵，其深刻的原因就是与人们对浪费行为的反感和反对浪费的价值取向形成了共鸣。"一粥一饭当思来之不易，半丝半缕恒念物力维艰""眼下胡花乱铺张，往后日子空荡荡""历览前贤国与家，成由勤俭败由奢"……多少古训箴言教训警示着一代代的人们。铺张浪费，小可毁人败家，大可祸国殃民，甚至损害全人类的长远利益。1992年在里约热内卢召开的联合国环境与发展大会所制定的《21世纪议程》中，专门设置"改变消费形态"一章，强调指出全球环境持续退化的主要原因是不可持续的消费和生产造成的，因此，应当特别注意不可持续的消费所产生的对自然资源的需求，以及配合尽量降低损耗和减少污染的目标，有效使用这些资源，所有国家均应全力促进建立可持续的消费形态。歌德说过一名很有名的话："毫无节制的活动，无论属于什么性质，最后必将一败涂地。"（《名人语录：外国》，内蒙古出版社，第142页）为了个人事业的发展、家庭的长久幸福，为了社会的可持续发展，为了人类子孙后代的福祉，我们每一个人，尤其是手中有权的公职人员都应该牢固树立"勤俭节约光荣，奢侈浪费可耻"的价值观，养成勤俭节约的良好习惯。从一点一滴做起，在日常生活中坚持科学、适度、实惠、节约、循环的消费观，杜绝各种浪费行为。中华人民共和国成立初期，毛泽东吸取古人有益的治国经验，提出了："发展经济，保障供应" "自己动手，丰衣足食" "厉行节约，勤俭建国"等以满足人民需要为出发点、同时指导人民正确满足需要的治国理念和方针，对于指导人们正确满足需要具有长远的价值。这是历史的经验。2019年全国"两会"期间，习近平总书记在参加内蒙古代表团讨论的讲话中，告诫全体党员干部，不论国家发展到什么水平，不论人民生活改善到什么地步，艰苦奋斗、勤俭节约的思想永远不能丢。2020年8月，习近平总书记又针对制止餐饮浪费行为做出重要指示，严肃地指出餐饮浪费现象，触目惊心，令人痛心！强调尽管我国粮食生产连年丰收，对粮食安全还是始终要有危机意识。杜绝舌尖上的浪费，既是保证粮食安全的需要，也是培养全民节约资源、珍惜粮食、尊重劳动美德的需要。我们应该通过建立健全法规制度，加强常态的、有效的管理和思想道德教育，堵住各种破坏资源、浪费财物的漏洞，减少杜绝社会生活中的各种浪费行为。对于国家和各级各种组织来说，无疑是一种责无旁贷的重要职责。

第七章 满足需要的错误行为

满足需要的错误行为主要有八大类：一是违反自然规律的行为，二是违反社会规律的行为，三是违法乱纪缺德的行为，四是舍本逐末、轻重倒置的行为，五是不顾公平正义、唯利姑恶的行为，六是奢侈浪费、过度消费的行为，七是过度追求商业化营利的行为，八是违反基本常识的行为。只有通过学习，不断提高认识和改造世界的水平能力，自觉克服和及时纠正这些满足需要的错误行为，才能更好地满足我们自己以及我们服务对象的需要。

第一节 违反自然规律的行为

所谓自然规律，是自然现象固有的、本质的、必然的、稳定的联系，具有不以人的意志为转移的客观性，不能被人改变、创造或消灭，只能被利用。例如：能量守恒定律提示了各种形式能之间的转化与其增加与减少不会引起能的总量变化的本质，元素周期律揭示了元素的化学性质与原子序数之间的本质联系，所有物理、化学定律所揭示的都是自然规律。再如一年分四季、太阳东升西落、气候春暖夏凉、水从高处往低处流、鱼儿离不开水、孤阴不生、独阳不长、南桔北枳等等不以人的意志为改变的自然现象也是自然规律。虽然人不能任意改变、创造或消灭自然规律，但可以不断地认识、把握、利用自然规律，改造自然，有目的地调控自然界的实物、能量和信息，使各种客观规律共同作用有利于满足人们不断增长的生活健康发展的各种需要。但人类永远也不可能完全认识把握自然界运行的所有规律，有时在自然规律面前，人类显得是那样的渺小不堪一击，严重的山崩地裂、台风海啸等自然运动可给人类文明带来重大灾难，甚至使其荡然无存。面对这样的重大自然灾难，人类可以通过已经掌握的知识预防躲避保护自己，但不能阻止其运动的规律。人类要满足自己不断增长的物质文化需要，必须遵循自然规律改造自然、利用自然，决不能违背自然规律。

违背自然规律行为，主要源于急功近利、好大喜功、自作聪明、盲目自信等错误的思想和意识。违背自然规律直观的错误行为主要表现为杀鸡取卵的生产方式：一是过度使用自然资源，造成资源枯竭，生物链失衡，物种减少，一方土地不能再养一方人；二是不尊重自然规律，过度干预自然规律运行，不注意生态环境的保护，随意将大量废气、污水等污染物质排放到自然环境中，造成空气污染、水污染、土地污染等，损害了人们对基本生活需要满足物即“命需”的满足。产生违背自然规律的错误行为，有的是限于认识上的局限性不自觉而为，有的是私欲贪心所趋，明知不可为而恣意而为。但大多数主观愿望一般都是为了更好地满足自己或自己所领导服务的地方急切的需要，或为了尽快致富、尽快改变落后的面貌，超常规地加快经济社会发展。尽管主观愿望是好的，但违背了自然规律，也是错误的。容忍“好心”办坏事，容易造成其用力越大，损害越大、破坏越大的恶果。近几十年，我国许多地方为了经济发展，不按自然规律办事，不注意生态环境的保护，重复犯了西方国家工业化初期的错误，结果造成了严重的环境污染，呼吸清新的空气成了奢望，守着江河却喝不上清洁的水，有的地方甚至河里的水、地下的水都被污染了，昔日捧起来就能喝的江河溪流水不能喝了，河里溪里的鱼儿不见了，有的甚至变成了臭水毒水，修复环境生态将付出巨大的代价。真的是得不偿失！以牺牲环境为代价的发展，不是科学的发展，而是野蛮的掠夺，不仅不能满足人们美好生活的需要，而且对人们正常生活需要的满足都造成了严重影响和后患，而且贻害后人，教训惨痛。国家现在正在花大力气组织治理环境污染攻坚战，并已取得了很大的成绩，历史上罕见的河长制、湖长制、山长制、路长制和中央环境治理巡视制度，以及政府和各类组织各级各层环境保护责任制的建立都发挥了很好的作用，但要实现根本好转，必须在坚持系统治理和坚持科学的生产方式上下功夫。因此，任务仍然十分繁重。

违背自然规律的行为从行政决策角度来看，表现主要有五种：一是碌碌无能，对自然规律没有足够认识，盲目行动。二是无视自然规律，野蛮行动。三是对自然规律虽有所认识，但认识不足，过于自信，主观决策行动。四是实验不足，论证不充分，对自然规律把握不到位，轻率行动。五是生搬硬套不同地域成功经验，慵懒行动。从使用违反自然规律的技术来看，其表现主要有三种：一是使用干扰地球运动构造的技术。二是使用干扰气候变化的技术。三是违背物种地域分布规律，霸蛮引种推广不适宜所在地经纬度种植的庄稼果木树种、饲养鱼禽牲畜等等，这些错误行为造成的损失和破坏，例子不少。世界银行在《2020年的中国》研究报告中指出，在过去的二十年中，中国经济快速增长，城市化和工业化使中国进入了世界上空气污染和水污染最严重的国家行列。其实城市化、工业化同空气污染、水污染有关系，但没有必然联系，如果在城市化、工业化的过程中能时刻牢记环境保护的重要性，并采取严格的、科学的环保措施，是可以避免，至少可以最大限度减少对环境的损害和破坏。2004年的淮河污染，2005年的松花江污染，2007年的太湖、巢湖和滇池的蓝藻爆发，2014年的兰州水污染事件，都说明在这些流域和湖泊沿岸周边，都程度不同地存在着以上五种违背自然规律的行为。

遵循自然规律、抓好经济社会建设是每一个地方政府的重要职责，保护好所在地的生态环境也是各地各级政府的重要职责，如果为了发展不顾生态环境保护，甚至肆意破坏生态环境，那就不仅无功可言，而且有罪。国家坚持绿色协调发展的理念，就是强调抓发展、搞建设要尊重自然规律，按自然规律办事。为了更好地认识自然规律，更好地遵循自然规律满足人们美好生活的需要，国家制定了科技强国战略，党的十九大提出了要瞄准世界科技前沿，强化基础研究，实现前瞻性基础研究、引领性原创成果重大突破。随着基础研究的加强，我们对自然规律的认识将会不断深化，我们遵循运用自然规律满足需要的能力将会增强，力量将会越来越强大。

第二节　违反社会规律的行为

所谓社会规律，就是指社会发展的必然方向和推动社会向前发展进步的动力，以及人们生产生活中所表现出的各要素和各种现象间必然的、稳定的、本质的联系。马克思主义认为从整体来看，推动人类社会向前发展有两个动力系统：一是人的需要。马克思主义认为，人类为满足生存发展的物质需要而进行的物质生产是人类整个历史的出发点。人的需要是推动社会向前发展进步的原始动力，决定着社会发展进步的方向。劳动和劳动中创造积累的知识是满足需要的根本手段和推动社会向前发展进步的直接动力。二是社会内部的矛盾运动。认为人类“社会的变化，主要是由于社会内部矛盾的发展，即生产力和生产关系的矛盾，阶级之间的矛盾，新旧之间的矛盾，由于这些矛盾的发展，推动了社会的前进，推动了新旧社会的代谢。”（《毛泽东选集》第一卷，人民出版社 1991 年版，第 29 页）阶级斗争是社会内部矛盾运动的集中反映。这两大动力系统的矛盾运动，构成了人类社会发展的三大基本规律。

第一是人的需要形成人类社会发展元力的基本规律。这一规律告诉我们，人生的动力在于追求需要的满足，人的需要是推动人类社会向前发展进步的原始动力，并且决定着社会发展进步的方向，社会对于人的需要满足具有帮助促进和制约阻碍的作用，即具有作用和反作用。这一规律要求人类社会的一切实践活动都应该围绕满足人的需要进行，任何离开人的需要所进行的活动都是没有价值和意义的，甚至是错误的。人类满足需要的第一实践和根本任务是为了生存和不断提高生活质量而发展社会生产力。这一规律运动表现为：人的需要推动社会生产力发展。

第二是社会生产方式的不断变革推动人类社会不断向前发展的基本规律。生产方式是社会生活所必需的物质资料的谋得方式，是社会的决定力量，包括生产力和生产关系两个方面，是生产力和生产关系矛盾运动的统一体。生产力是生产方式的物质内容，生产关系是它的社会形式。生产力决定生产关系，生产关系反作用于生产力，生产关系一定要适应生产力发展状况的规律，是生产方式的矛盾运动规律。这一矛盾运动推动着生产方式的不断进步。这一规律要求我们：满足需要就必须发展生产力，就必须建立与现实生产力相适应的生产关系，生产关系的变革既不能阻碍生产力发展，也不能太超越现实生产力的水平，各种社会管理制度和政策的制订必须实事求是，有利于促进生产力的解放和发展。否则就会影响社会生产力的发展，影响人们正常的物质文化需要的满足。这一规律运动表现为：生产关系不断适应生产力发展的矛盾运动推动人类生产方式的不断进步。

第三是人类生存发展正常社会秩序的建立和维护，依赖于适应一定生产方式的政治建构及其规则运作的基本规律。这一规律的原理告诉我们，人类社会的有序性是依靠一定的政治建构及其运作而实现的，马克思主义将这种治理国家的政治建构称之为上层建筑。人类社会不可能自发地形成有序性，其有序性必须依靠由能代表绝大多数社会成员需要和社会前进方向的社会成员组成执政团队对社会进行有效的政治管理才能实现。上层建筑是建立在经济基础之上的意识形态以及与之相适应的制度、组织和设施，在阶级社会主要指政治法律制度和设施。经济基础是由社会一定发展阶段的生产力所决定的生产关系的总和，构成一定的社会基础，经济基础的性质决定上层建筑的性质，经济基础的变化决定上层建筑的变化，上层建筑反作用于经济基础。这一规律要求我们，社会建设必须坚持物质精神两个文明一起抓，上层建筑、精神文明建设必须适应经济基础的性质，必须为一定发展阶段的经济基础服务。我国是处在社会主义初级阶段的具有中国特色的社会主义国家，其经济基础是以公有制为主体的社会主义经济，这就决定了我国的上层建筑必定是社会主义的政治建构，政治上由人民当家做主，坚持人民民主专政，经济上为人民谋福祉，发展以人民为中心，社会文明建设以社会主义核心价值体系为主导。违反这一规律就会影响中国特色社会主义的健康发展、社会的稳定和人们正常需要的满足。这一规律运动表现为：上层建筑适应经济基础要求的矛盾运动保证和促进人类社会生产方式的良性运行以及人的全面发展。

社会规律一般分为两大类，即基本规律和特殊规律。基本规律为宏观共性的规律，如以上三大社会运行的基本规律。特殊规律是某一事物特有的规律，如经济领域的价值规律、市场规律、供求规律、竞争规律、盈利规律等，社会管理方面的文明建设规律、人才培养教育规律、质量管理规律、安全生产规律等。任何规律都是同类现象背后的共性，是丰富多彩的现象背后的稳定性联系。在日常的社会交往生活中，人的行为以及人与人之间相互影响形成的各种稳定的因果关系以及同类社会现象规律出现的稳定的共性，也属于特殊社会规律的范畴。

在这里要特别强调一下，容易被人所忽视的许多流传久远的古谚语、联语、成语、箴言，甚至许多精辟的俗语实质上就是某一社会规律的经验性认识和总结。如：政者，正也；礼义廉耻，国之四维；四维不张，国将灭亡；上行下效，上有所好，下必甚焉；上梁不正下梁歪，中梁不正倒下来；经国序民，正其制度；制治于未乱，保邦于未危；彝伦攸叙，虽有不善者寡矣；彝伦攸 ，其于善也绝矣；法存则国安，法亡则国危；议事以制，政乃不迷；欲端天下之风尚，在正百官之廉耻；欲正百官之廉耻，在端朝廷之教化；欲端朝廷之教化，在正君人之心术；建国君民，教学为先；教也者，长善而救其失者也；人心正则国治，人心邪则国乱；君为正，则百姓从政矣；人不率则不从，身不先则不信；仁昭而义立，德博而化广，故不赏而民劝，不罚而民治；言教者讼，身教者从；榜样的力量是无穷的；以正治国，以奇用兵；善以赏小为明，严刑以诛大为威；爱民者，民爱之，惜民者，民惜之；公生明，廉生威；政在去私，私不去则公道亡；国道无私，政道去邪，法不容情；枪杆子里面出政权；枪杆子、笔杆子，国防、教化要靠这两杆子；欲求木之长者，必固其根本，欲流之远者，必浚其泉源；思国之安者，必积其德义；不谋全局者，不足以谋一域，不谋万世者，不足以谋一时；人言可畏，众口铄金；舆论造成环境，习惯使成自然；树倒猢狲散，兵败如山倒；水可载舟，亦可覆舟；群众的眼睛是雪亮的，人民的力量是伟大的；民为神主，上思利民；民为邦本，本固邦宁；得民心者得天下，失民心者失天下；背施无亲，幸灾不仁，贪爱不祥，怒邻不义；失天之度，虽满必涸；上下不和，虽安必危；失天之道，虽立不安；得道多助，失道寡助；道高益安，势高益危；得天之道，事处自然；君德首之以公，公者千古，私者一时；

位以德兴，德以位叙；为政清廉才能取信于民，秉公用权才能赢得人心；知屋漏者在宇下，知政失者在草野；民以食为天，政以食为首；粮仓满，则天下安；手中有粮，心中不慌；生以食为本，事须豫则立；饥在贱农，寒在惰织；为政之要，惟在得人；得贤者胜，失贤者败；惟才是用，量才器使；人尽其才，物尽其用；金无足赤，人无完人，用其所长，避其所短；慈不掌兵，义不掌财；士为知己者死，女为悦己者容；人才者，求之者则愈出，置之则愈匮；自强者兴，自怠者亡；功以才成，业由才广；功显名立，名随绩扬；吏者民之本纲，治民必先治官；廉者，民之表也，贪者，民之贼也；俭可以养廉，奢可以导贪；奢者心常贫，俭者心常富；惰而侈则贫，力而俭则富；惰以致贫，羞也；廉以不富，荣也；得时则昌，失时则亡；政治清明河清海晏，经济发展民富国强；安而不忘危，存而不忘亡，治而不忘乱；道因时而立，事惟公乃成；上下同欲，无坚不克；政声人去后，民意闲谈中；众人一条心，黄土变成金；俩人一般心，有钱堪买金，一人一般心，无钱堪买针；团结就是力量，这力量是铁，这力量是钢；和羹之美，在于合异，上下之益，在能相济；人必自侮，然后人侮；家必自毁，而后人毁；国必自伐，而后人伐；人心齐，泰山移，人心专，石山穿；遍地是黄金，一分本事一分银；爱拼才会赢；行者常至，为者常成；勤俭是个聚宝瓶，家和致祥万事兴；福善之门莫美于和睦，患咎之首莫大于内离；一个篱笆三个桩，一个好汉三个帮；平常你家与我家，大灾面前无小家；山川异域，日月同天；一方有难，八方支援；众人拾柴火焰高，三家四靠糟了糕；财聚人散，财散人聚；堡垒最容易从内部攻破，骗子最容易从贪心得手；不怕马王爷三只眼，就怕人怀两条心；莫饮过量之酒，莫贪意外之财，莫纵一时之欢，一失足成千古恨；利欲熏心，随人翕张；生活有度，人生添寿；常在河边走，容易踏湿鞋；莫伸手，伸手必被捉；苍蝇不叮无缝的蛋，野鬼不找归宿的人；平生不做亏心事，半夜不怕鬼敲门；悖入又悖出，害人终害己；无功受禄生祸，不义之财是灾；心清自然静，疑心生暗鬼；有节有德，无私无畏；吃人口软，拿人手短；利令智昏，灾祸随身；为富不仁，地狱之门；做事须循天理，出言莫伤人心；三个臭皮匠，顶个诸葛亮；不听老人言，吃亏在眼前；凡事问“三老”，集思广益好；没有金刚钻，莫揽瓷器活；人强不如家伙（工具）强，磨刀不误砍柴工；书中自有黄金屋，书中自有言如玉；学能开慧，勤能补拙；勤耕者富，勤学者强；天道酬勤，一分收获一分耕；勤为无价之宝，慎是护身之符；积少成多，积米成箩；积学储宝，积健为雄；不积跬步，无以至千里；俭以养德，静以修身；忧劳可以兴国，逸豫可以亡身；俭，德之共也，侈，恶之大也；历览前贤国与家，成由勤俭败由奢；敬胜怠，义胜欲；知其雄，守其雌；强者找方法，弱者找借口；功成崇志，业精惟勤；身不苦则福禄不厚，心不苦则智慧不开；铁棒磨成针，功到自然成；刀不常磨要生锈，人不学习要落后；台上一分钟，台下十年功；师傅领进门，修行在个人；实践出真知，成才在勤奋；一年之计在于春，一生之计在于勤；机会总是留给有准备的人；道高一尺，魔高一丈；居安思危，历难无咎；戒骄戒躁，方能长久；知足常乐；事能知足心常泰，人到无求品自高；己所不欲勿施于人，在邦无怨，在家无怨；你敬人一尺，人敬你一丈；与人方便，自己方便；身正不怕影子斜，真金不怕火来炼；平生不做亏心事，半夜不怕鬼敲门；良药苦口利于病，忠言逆耳利于行；亏人是祸，亏己是福；恶人自有恶人治，好人自有好来报；天地无私，为善自然获福；圣贤有教，修身可以齐家；敢饮贪泉真君子，财上分明大丈夫；学生智，勤生财，廉生福，贪生祸，善生安，恶生灾；正人君子，穷不坑友，富不忘恩，做人有义，处事有道；善恶到头终有报，不是不报，时候不到，时候一到，一切皆报；好事不出门，恶事传千里；邪不压正；无欲则刚；收人一文，自己不值半文；贪小利，失大节；口腹不节，致疾之因；念虑不正，杀身之本；恶不可积，过不可长；上善降祥，道随时泰；天网恢恢，疏而不漏；若要人不知，除非己莫为；逆天行道，其枉自招；天令其亡，必令其狂；没有规矩不成方圆；徒善不足以为政，徒法不足以自行；名不正则言不顺，言不顺则事不成；利不可虚受，名不可苟得；名利靠奋斗得来方能长久，财位使奸巧获取终是烟花；业精于勤荒于嬉，行成于思毁于随；般般皆会，件件不精；一招鲜，吃遍天；家有常业，虽饥不饿；国有常法，虽危不亡；偏听则暗，兼听则明；听其言，观其行，识真人；病从口入，祸从口出；忍得一时之气，免得百日之忧；施恩不图报，与人不追悔；一言既出，驷马难追；求人须求英雄汉，济人须济急时无；渴时一滴如甘露，醉后添杯不如无；锦上添花世上多，雪中送炭人间少；升米恩，斗米仇；小恩养贵人，大恩养仇人；大米干饭喂小狗，小狗吃饱了，反过来咬你一口；不分善恶对人好，事后麻烦必自找；小人专望人恩，恩过辄忘，君子不轻受人恩，受则必报；玩物丧志，坐吃山空；可怜之人必有可恨之处；可恨之人，必有可悲之苦；好人难做，欲壑难填；生于忧患，死于安乐；危险藏于至安，祸患隐于过乐；人无远虑，必有近忧；吃不穷，穿不穷，盘算不好一世穷；一棋走错，满盘皆输；天降大任于是人也，必先苦其心志，劳其筋骨，饿其体肤，空乏其身，行拂乱其所为，所以动心忍性，增益其所不能；大人不华，君子务实；学习长知识，实践出真知，成功在奋斗；不入虎穴，焉得虎子；水滴石穿，功败垂成；行百里半九十，胜利往往在再坚持一下之中；锲而不舍，持之以恒，坚持才能名就功成；精诚所至，金石为开；事在人为，境由心造；小成在能力，大成在格局；承前启后，继往开来；靡不有初，鲜克有终；不忘初心，方得始终；慎终如始，则无败事；忠厚传家远，诗书继世长；传家两字曰耕与读，兴家两字曰俭与勤；安家两字曰让与忍，防家两字曰盗与贼；亡家两字曰嫖与贱，败家两字曰暴与凶；积善之家必有余庆，积不善之家必有余殃；刻薄成家，业难久享；不仁而富，必遭鬼瞰；积善在身，长日加益；积恶在身，犹火销膏；父孝子贤，夫贵妻荣；不是一家人，不进一家门；物以类聚，人以群分；得道者多助，失道者寡助；诚信是金，吃亏是福；明人不做暗事，真人不说假话；因是自己造，果是自己受；种瓜得瓜，种豆得豆；种善果得善果，种恶果得恶果；我命在我不在天；三人行必有我师焉；百步之内必有芳草，野岸茅庐也隐高人；千里马常有，而伯乐常无；人满一百，五艺俱全；满招损，谦受益；谦虚使人进步，骄傲使人落后；要当先生，先当学生；放荡功不遂，满盈身必灾；力微休负重，言轻莫劝人；天要下雨，娘要嫁人；沉舟侧畔千帆过，病树前头万木春；旧时王谢堂前燕，飞入寻常百姓家；尔曹身与名俱灭，不废江河万古流；天下才人，皆以一傲字致败，天下庸人，皆以一懒字致败；名声不能大于才华，财富不能大于功德，职位不能大于能力；德为人纲，绩为名纲；君子以言有物，而行有恒；行要好伴，住要好邻；近朱者赤，近墨者黑；女怕嫁错郎，男怕入错行；浊者自浊，清者自清；好酒不怕巷子深，功夫不负有心人；雨入花心自成甘苦，水归器内各现方圆；市场有分工，术业有专攻；万贯家财，不如一技在身；

一技在身，胜握黄金；吃得苦中苦，方为人上人；儿孙自有儿孙福，莫为儿孙做马牛；谨家规、崇俭朴、教耕读、积阴德，此正当为子孙造福也；广田宅、结姻缘、争利益、鬻功名，此不当为子孙求福也；造福者淡而长，求福者浓而短；虾有虾道，蟹有蟹道，各有各的活法；求同存异，取长补短，方可各得其所；一招鲜，吃遍天；贫居闹市无人问，富在深山有远亲；亲戚不共财，共财断往来；井深槐树粗，街宽人义疏；物以类聚，人以群分；道不同，不相与谋；人有缘，志同道合；疾风知劲草，事久见人心；城门失火，殃及池鱼；辅车相依，唇亡齿寒；远水难救近火，远亲不如近邻；人人为我，我为人人；等等。这些历代人们在满足需要的社会实践中总结的经验和规律性认识，为我们正确认识、把握、遵循社会规律满足需要提供了丰富的经验和有益的指南。社会规律和自然规律一样，具有不以人的意志为转移的客观性。正如荀子所言："天行有常，不为尧存，不为桀亡。应之以治则吉，应之以乱则凶。"（荀子《天论》）

人是以社会方式生活的，社会规律的客观性，决定人们满足日益增长的物质文化需要也不能违背社会规律。一个国家的统治集团要想巩固自己的统治地位，必须坚持一切执政行为都要从有利于保障和促进最广大人民群众需要的满足出发，并以此为落脚点。社会资源的配置方式、社会财富的分配政策不能脱离当时生产力水平，上层建筑必须符合经济基础的性质，必须为经济基础服务，整个社会的治理要有利于解放和发展社会生产力，有利于改善和满足最广大人民群众不断增长的物质文化需要。个人和企业等团体通过市场交换获取生产生活需要满足物必须遵守市场规律、价值规律，以等价交换的形式去获取。任何企图不通过劳动和合法途径就想获取自己需要的财物的思想和行为都是错误的：如掌握社会资源配置权的各级政府组织和官员，通过制定政策谋取自己或利益小集团的特权；权钱交易，以权谋私；为人处事不讲诚信，损人利己，坑蒙拐骗；欺行霸市，强买强卖等行为，都是违背社会规律满足需要的错误行为。公权力不能私用，私权利不能越界，这是社会规律。所谓公权力，是指以满足和维护社会公益需要为目的的国家公权力机关及各类社会公益法人组织及其责任人在职务上的权利。它是基于社会公众的意志而由国家机关行使的强制力量，其本质是处于统治地位的公共意志的制度化和法律化。所谓私权利，通常是指以满足个人需要为目的的个人权利。在正常社会条件下，遵纪守法讲道德，个人就享有满足个人需要的充分的私权利。行使满足私权利不能侵害公共利益，不能侵害他人权利，否则，也必然会受到法律的制裁和社会的惩罚。

产生违背社会规律的行为，究其原因，主要有以下三个方面。

一是狭隘的阶级和小集团的利益及个人私利所驱。每个国家历史上都有这样的统治集团，他们受其狭隘的阶级和小集团的利益所驱，把公权据为私有，凭借自己掌握的权力，为自己所代表的阶级及小集团的利益服务，武力掠夺、强征暴敛，穷奢极欲，根本不顾老百姓的死活，逆社会发展规律而行，最后只能被生活不下去的老百姓联合起来进行革命，把他们推翻。历史上这样的例子不少。现实世界中，经济上逆全球化的思潮和国际政治上搞单边主义的强权政治倾向也都是违反社会发展规律的错误行为。世界经济全球化、构建人类命运共同体，是人类社会生产力、特别是影响决定人们满足生活需要方式的第一生产力——科学技术高度发展和满足人们日益增长的美好生活需要的必然趋势，将不以任何人的意志为转移，世界各国特别是那些具有世界影响力的大国的具有远见卓识、富有人类大爱情怀和责任担当的政治精英们，应该率领自己服务的国家沿着人类社会发展规律的光明大道阔步前进。

二是没有科学正确理论的指导。没有科学正确理论的指导也是产生违背社会规律行为的一个很重要的原因。如忽视社会文化和精神文明建设、环境保护等违背社会规律的行为，除了一定的历史局限外，在很大程度上，也是因为没有坚持科学的理论指导造成的。一个组织、一个领导如果没有坚持科学正确理论的指导，其决策和工作很容易滑向主观唯心主义，不自觉地逆自然、社会规律而行，这样的组织和领导不可能履行好满足人民群众需要的职责。在建设中国特色社会主义的过程中，必须坚持以马克思列宁主义、毛泽东思想、邓小平理论、“三个代表”重要思想、科学发展观、习近平新时代中国特色社会主义思想作为行动指南，只有这样，才能正确地认识和把握人类社会的发展规律，社会主义和中国特色社会主义建设的规律，从而更好地遵循社会运行的各种规律，优质高效地履行好带领人民群众为满足美好生活需要而奋斗的神圣职责。

三是自身学习和修养不够。从个人层面来看，个人在追求需要满足时违反社会规律的原因，除了所处利益阶层的影响和自身利益处境的制约外，主要是自己学习和修养不够，对社会规律不了解或认识不到位，特别是对影响个人进步和成就事业的有关社会规律认识不到位，不能运用规律扬长避短、化消极因素为积极因素。如对马太效应的认识，许多人往往都是持负面消极的理解，认为马太效应揭示的是一种富的更富、穷的更穷的社会现象规律，这一规律告诉我们处于劣势的人们想通过自身的努力改变现状是非常难的，甚至是不可能的。其实这一规律也是激励人们如果想成为强者，就必须通过自己的努力获取成功，这样就能更好地满足自己的物质需要和追求人生价值的需要。了解了马太效应，就会为追求更加美好的生活而更加努力奋斗。再如告诫人们千万不要败在第一步的——多米诺骨牌效应。成就事业是满足需要的关键，没有事业的支撑，满足需要就没有坚实的基础。成就事业，不论做什么事，都要走好关键的一步， 千万不要败在第一步。一着不慎，满盘皆输。开始的和关键的失误，都会使整个计划受到影响，步步受挫，造成恶性循环。再如告诉人们怎样抓住关键来满足自己需要的——二八律。二八律告诉我们，社会生活中往往是关键的少数决定最终结果。做事面面俱到不如重点突破，小而有效的努力可以获得大的收获。社会上许多成功人士的经验告诉我们，赢得 80% 的成就，只需 20% 关键的资源。社会规律渗透在社会生活之中，我们一定要加强学习实践总结和修身自律，努力提高认识社会规律的水平，增强遵循社会规律办事的自觉，从而通过自己的努力更好地满足自己美好生活和成就事业的需要。

人类在改造客观世界满足自身需要的过程中，既要遵循自然规律，也要遵循社会规律。人们运用自然规律满足自身的需要，总是受整个社会对该规律的实践状况与认识水平的影响和制约的。因此，在解决实际问题时，往往要求运用自然科学、技术科学和社会科学的知识，进行系统的、综合的研究，紧密配合发挥作用。自然规律和社会规律之间有区别，也有一定联系，其共同点是都不以任何个人的意志为转移。自然规律可以离开人的实践活动而发生作用，如风雨雷电、四季变化、日蚀、台风、海啸、地震等；社会规律的作用则是通过人的有目的、有意识的活动表现出来的。自然规律起作用的有效时间比较长，社会规律起作用的有效时间一般要短得多。自然规律不直接涉及阶级的利益，不同的阶级、集团都可以利用自然规律为自己服务，只是在利用的目的和方向上才具有一定的阶级性；社会规律则不同，因为在阶级社会中，社会规律大多直接涉及不同阶级的利益，而且对它们的发现和利用也往往是在阶级斗争中实现的。由于自然规律不具有阶级性，不直接涉及人们的阶级利益，故反映这种规律的自然科学知识不具有阶级性，也不具有民族性、政治性。无论是自然规律还是社会规律，都需要我们在实践中认识、把握、总结、检验，实践是检验真理的唯一标准。强调按规律办事，运用遵循规律满足需要，并不是要墨守成规死守教条办事，而是要按照经过实践检验的和与时俱进不断深化科学认识基础上揭示的科学规律办事，实事求是地办事。能够发现认识把握事物规律的人，必定是那些善于学习、勇于探索、能突破现象把握事物本质的人。那些善于把握规律、运用规律办事的人，必定是那些善于学习、善于实践、胸怀宽广、无私无畏、与时俱进的时代精英。

第三节　违法乱纪缺德的行为

满足需要不能违法乱纪缺德，这本是不言自明的道理，但在现实社会中，许多人却总是不断地在这方面栽了跟头、吃了大亏、毁了前途、毁了人生，甚至害了家庭、害了单位、害了组织、害了国家。如公职人员满足自身需要，不能以权谋私、损公肥私、结党营私、贪赃枉法、揽功诿过、买官卖官、偷梁换柱、骗上欺下、狐假虎威、仗势欺人；任何人满足需要都不能有黑道逆行、偷盗抢劫、巧取豪夺、坑蒙拐骗、偷税漏税、权钱交易、权色交易、行贿挟人、威胁利诱、掺杂使假、短斤少两、欺行霸市、囤积居奇、轻诺寡信、欺弱欺生、作局讹人、乘人之危、卖生求荣、伤风败俗、违法违规剥削他人劳动、随意克扣员工工资等违法乱纪缺德的行为。这些行为，在任何法制健全的社会，都是要受到法纪制裁和舆论谴责的为人不齿的行为。许多用违法乱纪缺德的手段满足自己需要的人，并不是不知道违法乱纪缺德不对，而是明知故犯、有意而为。

满足需要不能违法乱纪缺德，这是人类社会建立正常秩序的前提。人的社会性决定了人的生存与发展离不开社会活动，人的需要满足只有依靠社会才能实现。社会有秩性的建立和维护依靠两大支柱：一是法律制度，二是道德文化。法律是靠国家强制力保障执行的行为规范，制度纪律是靠组织约束力保障执行的行为规范，道德文化是靠人的认知自觉、社会舆论风俗习惯维持的行为规范。任何国家都有自己的法制体系和道德文化体系，生活在特定国家的人们满足自己的需要，必须要遵守所在国的法律制度，信守尊重所在国的道德文化价值信仰。现在跨文化生活工作的人越来越多，虽然世界文化正在加速融合，但在相当长的历史阶段，世界还将以主权独立的国家为政治单元而运行，所以在世界任何地方满足自己的需要都必须尊重和服从所在国的政治管理，都不能违法乱纪缺德。没有规矩不成方圆，社会失序，任何人的需要都很难得以满足。没有正常的社会秩序，人们就没有正常稳定安逸的生活。

人们在需要满足的过程中出现违法乱纪缺德的行为，有个人的原因，也有社会的原因。个人原因主要是没有树立正确的人生观、价值观、财富观，私心很重，法纪观念淡薄，道德修养差。许多用违法乱纪缺德手段满足自己需要的人，思想上多是信奉所谓的“人为财死，鸟为食亡”“人不为己，天殊地灭”　“有钱能使鬼推磨”和“马无夜草不肥，人无横财不富”的极端个人主义哲学和“拳头底下出黄金”的“丛林法则”，他们总想不付出劳动就能满足需要，总想不付出艰苦努力就能一夜暴富。如许多受到法律制裁和人们唾弃的贪得无厌的贪官污吏、毫无良心的市剑奸商、为非作歹的黑恶歹徒就是这类宵小之徒。其次是自作聪明，心存侥幸。许多受到惩罚的贪污受贿者开始违法违纪时，都有一种侥幸心理。这些人明知贪污受贿是违法违纪的行为，一旦败露会受到国家和组织的法律纪律制裁处分，但由于利欲熏心，意志薄弱，便自作聪明，认为偶尔为之，不可能被人发现，相信和贿赂者订立的只有“天知地知你知我知”的暗室盟约，第一次以忐忑的心情收下贿赂后，在紧张担心中过了一段时间，发现自己的贪污受贿行为没有被发现，于是便逐渐大胆起来，开始从小贪变为大贪，从受贿来者不拒发展到不送礼不办事，明目张胆地索贿，结果不可自拔地步入了罪恶深渊，受到了法律的制裁和组织的处罚。还有的人趁着社会转型，国家集中精力抓发展，法制不够健全、监督不够有力之际，钻法律的空子，打政策的擦边球，有的甚至假借改革的旗号，明目张胆、肆无忌惮地以违法乱纪缺德的手段谋取非法不当利益。其实，社会的有序性是不以任何人的意志为转移的必然规律，大乱之后必有大治，“天网恢恢，疏而不漏”，历史从来不会缺席审判和鞭挞那些贪得无厌、作恶多端的贪官污吏、黑恶歹徒和不讲良心的市侩小人，任何时候、任何地方都不要存侥幸心理。社会是一个复杂的大系统，需要严格规范管理。任何社会、任何时候都会存在以违法乱纪缺德行为满足自己“需要”的现象，但如果国家组织执法严格、监督有力，社会管理科学系统规范，思想道德建设抓得紧而且注重效果，这些现象就会得到有效的控制，那些靠违法乱纪缺德行为满足自己肮脏需要的不良之徒和无耻小人就会成为人人喊打的过街老鼠，就会失去生存的社会条件。建立维护社会政治经济文化生活和建设发展的有序性和规则运行，是一个国家执政集团神圣而不可推卸的责任。

国际社会也一样，任何国家也不能恃强凌弱，违反国际法和惯例，不讲诚信公平正义，对人对己两套标准，随意撕毁契约协议，更不能无端加害，以霸凌行径侵害或损害别国的利益来满足自己国家的需要。

中国是社会主义国家，执政党是坚持以为人民服务为宗旨、始终把人民对美好生活的向往作为奋斗目标的中国共产党， 中国共产党和中华民族优秀的传统文化对用违法乱纪缺德的手段满足需要的行为持零容忍的态度。以违法乱纪缺德的手段满足需要的人，不管地位多高、权力多大，终究逃脱不了法纪的制裁和道德的审判。特别是党的十八大以来，以习近平同志为核心的党中央坚持老虎苍蝇一起打、国际追逃追赃猎狐，领导全党全国人民开展了力度空前的反腐败和扫黑除恶的斗争，一大批贪官污吏、黑恶势力受到了严惩，为广大人民群众满足美好生活的需要创造了良好的政治生态和社会环境。党的十八大以来至 2017 年，“5 年间，全国纪检监察机关共立案审查省军级以上党员干部及其他中管干部 440 人，其中，十八届中央委员、候补委员 43 人，中央纪委委员 9 人；纪律处分厅局级干部 8900 余人，县处级干部 6.3 万余人。”“全国共处分乡科级及以下党员、干部 134.3 万人，处分农村党员、干部 64.8 万人。”已追回外逃人员 3453 人，追回赃款数十亿。（《十九大党章学习讲座》，党建读物出版社 2017 年版，第 265~268 页）2018 年 1 月开始，全国又开展了声势浩大的扫黑除恶专项斗争。据有关部门官方网站报道：当年 1 月至 9 月，全国公安机关就打掉了涉黑组织 514 个，打掉了黑恶势力犯罪集团 2993 个；全国检察机关共批准逮捕涉黑涉恶犯罪 17000 余件 57000 余人，提起公诉 6300 余件 3200 余人。根据 2018 年中共中央、国务院发出的《关于开展扫黑除恶专项斗争的通知》部署，这项旨在保障人民安居乐业、社会安定有序、国家长治久安的专项斗争至 2020 年结束，为期三年。中共中央纪委国家监委网站 2018 年 12 月 3 日发布消息，2012 年 12 月 4 日，十八届中共中央政治局召开会议，审议通过《十八届中央政治局关于改进工作作风、密切联系群众的八项规定》。截至 2018 年 10 月底，全国累计查处违反中央八项规定精神问题 254808 起，处理 349552 人，给予党纪政务处分 206428 人。从查处问题类型看，违规配备使用公务用车问题 144929 起，违规发放津补贴或福利 42549 起，违规收送礼品礼金 32696 起，大办婚丧喜庆 25671 起，违规公款吃喝 24825 起。这些数字明明白白地告诉那些还在以违法乱纪缺德的手段满足需要的人和那些在利益诱惑面前意志薄弱的人，千万别存侥幸心理步入歧途，否则等待你的只有法律的制裁和社会的唾弃。

在中国特色社会主义建设新时代，随着全面依法治国、全面从严治党的不断深化，将会进一步促进遵纪守法、讲道德讲文明良好社会风气的形成，不敢违法乱纪缺德谋利、不能违法乱纪缺德谋利、不想不愿违法乱纪缺德谋利将成为整个社会的常态新风，人们将在更加和谐有序公平正义充满活力的社会条件下，发挥自己的聪明才智、通过自己的勤奋劳动努力，心情舒畅地最大限度地满足自己美好生活的需要。

第四节　舍本逐末、轻重倒置的行为

舍本逐末、轻重倒置的错误行为，也是个人和组织在满足需要时经常出现的几种方法论性质的错误行为。这些错误行为往往表现为人们为了满足某种眼前的需要、从众的需要、表面的需要、自私的需要、主观臆断的需要，急于求成，不惜损害根本利益、长远利益、广大人民群众的切身利益，不择手段获取某种利益。舍本逐末、轻重倒置的实质是：没有满足真正的需要，或没有满足当时当地最重要的需要。如一个人只追求物质和感官享受，不注重身体健康；在孩子成长期，教育孩子只重视知识教育，忽视对其良好生活习惯和心理健康行为的培养；不管需要不需要，无条件满足孩子的各种要求和虚荣心，甚至放任孩子乱花钱的溺爱行为；孝敬父母老人重物轻情、轻养厚葬的行为；在职场中不集中精力全心全意履行自己的工作职责，而热衷于一些无关紧要的社交活动，甚至分心占时从事其他兼职的行为；企业不集中精力搞好主业，而是见什么赚钱就搞什么的跟风投机谋利行为；在社会建设中不重视现实民生利益，不顾整体利益和长远利益，而热衷于谋取政绩的短频快大的形象工程的行为；个人消费和社会建设中随处可见的该花的钱不花，不该花的钱乱花的行为等，这些都是舍本逐末、轻重倒置满足需要的错误行为。

所谓舍本逐末，就是抓不住根本的、主要的、长远的需要，却热衷于追求满足一些并不重要或可有可无的甚至影响自己根本长远利益的所谓需要。没有正确思想指导、认识事物规律能力不强，遇事没有主见，且爱慕虚荣、急功近利的人，在政治上、工作中热衷于做表面文章搞形式主义的人最容易犯舍本逐末的错误。所谓轻重倒置，就是把重要的需要当成不重要的需要，把标准可高可低甚至可有可无的需要当成重要的需要。例如，一个年轻人急于事业有成，出人头地，不注意自己综合能力的培养增强，不走以德强身、以学强身、以技强身的成长成才正道，而热衷于推销自己的广告效应和庸俗关系学。对于处于学习成长阶段的年轻人来说，这就是舍本逐末、轻重倒置的行为。再如一个人在青少年时代的主要任务是读书学习，作为一个正常家庭的家长或孩子的法定监护人，却为了减轻家里负担，甚至认为普通人家的孩子读书没多少用，于是就不顾孩子的意愿前途，让孩子过早放弃学业，走上社会工作挣钱。这样的结果，就有可能影响孩子健全心智的形成和发展后劲。对于孩子的家长和孩子法定的监护人来说，这样的决定就是舍本逐末、轻重倒置的错误行为。又如良好的生态环境是人们根本的长远的福祉，而当地政府却不注重环境保护，为了自己招商引资的政绩，或是受目光短浅、急功近利的思想意识所趋，一味迎合不良开发商的腰包和少数人的利益，不惜以牺牲环境为代价引进发展一些污染严重、破坏生态环境的工商企业。结果使这个地方人们祖祖辈辈赖以生存的生态环境遭到严重破坏，水污染了，空气污染了，田土也污染了，人们可能得到了一些短期的经济利益，但良好的生存环境的需要被侵害了、破坏了，有的甚至严重影响了人们的身体健康。再如一家主业鲜明并有竞争优势且效益也比较好的企业，由于片面追求短频快效益，盲目跟着市场跑，什么最挣钱就干什么，结果造成主业核心竞争力受损，经营成本加大效益受损，不仅损害了企业主业的优势和发展，而且效益也越来越差，发展严重的还可能破产。以上这类行为都是舍本逐末、轻重倒置满足需要的错误行为。如果下功夫收集一下，发生这类错误行为的案例还是不少的。

第五节　不顾公平正义、唯利姑恶的行为

所谓不顾公平正义、唯利姑恶的行为，是指个人或组织为了满足某种需要、实现某种迫切希望达成的目标而放弃原则甚至不顾法制、放任姑息迁就一些错误的行为，依靠、保护和使用一些不健康的力量以满足这种需要、达到这种目的的做法。这里的“恶”是指那些以权谋私、仗势夺利、违法乱纪缺德谋取不义之财、损害国家整体长远利益和人民群众利益的恶念、恶行、恶人、恶政。就个人来讲，唯利姑恶的行为主要表现为为了谋取不当利益、满足某种需要而放任或明知故犯产生的错误思想和行为。如许多人明明知道为了谋取自己的某种不合规甚至不合法的利益去行贿某些有关键决定性作用的领导和公职人员是错误的，却总是被强烈的欲望所俘虏，放任自己的恶念，驱使自己去实施行贿的错误行为。采取这种错误行为满足需要，不仅损坏了良好的社会风气，而且破坏了依法依规公平正义的社会管理秩序。唯利姑恶的错误行为发生在组织和领导干部身上比较多，有的领导干部为了实现某种目标，违背党和国家德才兼备的用人标准而随意甚至有意重用个别品行不端、负能量很强的所谓“能人”，只要他能实现组织和领导期待的政绩目标，根本不管其过程手段是否正当合理，对他们在工作中所采取的一些明显违法违规损害整体、长远、群众利益的错误行为不严格加以管控，及时纠正，而是予以袒护，有的甚至暗中支持。权力失去监督必成祸害，私欲失去控制必成灾难。许多事实告诉我们：一些地方的黑恶势力之所以能长时间在市井乡间为非作歹，与这些地方的当权者唯利姑恶的错误行为是密切相关的。再如有的地方政府为了地方经济的发展，为了地方的税收，

为了留住引进的企业，对个别企业的违法行为放任不管，甚至暗中支持保护，违规违法不讲原则地满足一些不合理的，有损国家、地方、群众利益的要求，成了不法企业、不法商人的保护伞。以上这样的事例都是典型的唯利姑恶的错误行为。更有甚者，有的地方、单位，违反党的"德才兼备"干部选拔任用标准，任用一些所谓的"能人"，并对其违法乱纪缺德的行为放任不管、甚至袒护开脱；有的还不顾民意，明知其人有问题却故意"带病提拔"，以示支持，这些极端的唯利姑恶行为严重地损害了国家的政治生态和社会的文化生态。封建社会清明的政治家们都知道，国家不能豢养"聚敛之臣"，认为"聚敛之臣"比盗贼式的家臣于国家社稷更为有害。国家不能用图财贪利的小人来为国家服务，否则灾害就会不断到来。历史实践证明，唯利姑恶不仅不是促进发展的正道，而且是十分有害的错误行为。用这种办法发展经济，可能会带来一时的表面繁荣，但这种表面繁荣绝对不可能长久，更不可能健康持续发展。例如，改革开放中期，有的地方为了繁荣经济，鼓励支持保护发展不健康甚至有伤风化的某些娱乐业，结果不仅败坏了地方社会风气，而且许多正规的企业都不敢在这种社会风气不好的地方投资，相反影响了地方经济的健康发展；再如，有的地方为了加快城市经济发展，对个别房地产开发商违法野蛮拆迁（有的甚至雇用黑恶势力暴力强拆）、工商企业乱占乱毁粮田沃土、破坏生态等违法违规行为，睁一只眼闭一只眼，甚至明目张胆地支持，偏袒维护开发商的利益，结果造成一些矛盾激化的恶性事件，严重影响了地方党政机关为民清廉公正的形象。历史反复证明，采取这种唯利姑恶的策略和做法来成就我们伟大而光明正义的事业是不可能成功的，相反只会贻害社会，损害我们伟大而光明正义的事业。在党和政府历次反腐败斗争中被清理出来的许多损害国家、民族、单位、群众利益的大蛀虫、大贪污腐败分子，曾经都是我们一些地方单位重用的所谓“能人”，这些蛀虫、腐败分子不仅给国家造成了重大经济损失，而且严重损害了党和国家的形象。我国生态环境之所以受到严重破坏，也与我们一些地方的执政管理者为了加快地方经济的发展，忽视环境的保护，放任了一些企业为了利益最大化违规违法疯狂攫取自然资源、肆意破坏污染环境的行为密切相关。我们应该深刻吸取这些唯利姑恶的教训。

历史的经验和教训告诉我们：一项造福人民伟大正义的事业必须用健康的力量、用正能量来推动、来成就。唯利姑恶只能养痈遗患损毁社会的健康肌体和功在当代、利在千秋的伟大事业。党的十八大以来，我们党针对相当一段时间在一些党政机关和领导干部中存在的唯利姑恶的错误思想和行为，狠抓党的政治、思想、作风、纪律建设；坚持无禁区、全覆盖、零容忍，深入开展反腐败斗争；与一切违法乱纪、不讲政治原则、不顾公平正义、损害国家整体长远利益和人民群众利益的行为作坚决的斗争，全面而深入地进行了正本清源的清理和坚决有力的纠正。为了防止环境污染，我国坚决顶住西方有关国家的不满，从 2017 年开始全面禁止进口洋垃圾的外贸交易。2018 年召开的党的十九大对决胜全面建成小康社会、夺取新时代中国特色社会主义伟大胜利又做出了全面部署，在以习近平同志为核心的党中央的坚强领导下，中国特色社会主义进入了更加全面协调发展、正道直行的新时代。中国共产党已经十分明确地向全世界庄严宣告：中国既不会走封闭僵化的老路，也不会走改旗易帜的邪路，将始终坚持和发展中国特色社会主义。随着中国特色社会主义事业“五位一体”总体布局和“四个全面”战略布局的整体协调推进、深化落实，唯利姑恶的行为将彻底失去生存的土壤。

第六节　奢侈浪费、过度消费的行为

历览前贤国与家，成由勤俭败由奢。奢侈浪费、过度消费的行为也是一种满足需要的错误行为。有人会说，我花自己的钱消费，一不贪二不抢，有什么错误可言。所谓错误，并不仅仅是指违反了法规纪律受到批评处罚的思想行为，凡不符合客观实际、违背客观规律、超越正常需要、损害整体长远利益的思想和行为都是错误的。奢侈浪费、过度消费的行为超出了正常需要，无度挥霍社会财物而不能物尽其用，既浪费了资源，又销损了个人勤奋质朴、亲民济世的品行，甚至败坏社会风气，影响社会和谐稳定。因此，不管社会多么发达、不管个人多么富有，奢侈浪费、过度消费的行为都不是一种满足正常需要的行为，而是一种充满了社会负能量和消极作用的错误行为，应该旗帜鲜明地予以反对，加以正确的引导。国家应建立科学严格的法规制度遏制过度消费，杜绝低效率消费，防止资源浪费；提倡绿色生活方式，提倡节约消费、适度消费、文明消费、健康消费；建设健康消费文化，反对跟风式消费、攀比式消费、炫耀式消费，更要反对挥霍无度、奢侈浪费。奢侈无度的生活方式不仅浪费钱财资源，而且对身体健康也不利，过度享受容易降低身体免疫力，更不能与幸福划等号，节制与劳动才是幸福的源泉。

奢侈和浪费是过度消费的典型表现。奢侈主要表现为不惜花费大量的钱财和社会资源追求过分享受。如我国改革开放后，有的人由于钱来得太容易，生活非常地奢侈，住的是上亿的豪华别墅，用的是世界级高档名牌，吃的是山珍海味，用车追求豪华新款，穿衣追求高档名牌、每次出门不同样，一块表几十万、一个拎包几十万、一桌宴席几十万、一条腰带好几万、手机、电脑、电视机只要出新的就更换，毫不珍惜……这种暴殄天物、挥霍无度的奢侈行为与广大老百姓的正常消费生活、享受形成天壤之别，与中华民族克勤克俭的优良传统美德和社会主义核心价值观格格不入。奢侈必然导致浪费甚至破坏，公职人员追求奢侈容易导致腐败，富人追求奢侈容易丧失进取精神，迷失良知公义，导致家风颓败，事业转衰，福运不长。奢侈浪费和贪污腐败许多时候都是相伴而生的，看看现实中那些受到党纪国法制裁的贪官污吏们奢侈腐朽的生活就知道了，看看那些每天从大大小小的酒楼拉出来的一车车的剩饭剩菜就知道了。人们生活中那些常年闲置的家庭生活设施设备、那些一年住不到一两个月的景区私人度假住宅，那些更换频繁的高档穿戴包饰用品、那些吃不到一半就倒掉的丰盛酒席……不知浪费了多少自然社会资源财物！

据2020年8月21日央广网消息，中国科学院地理科学与资源研究所实地调查报告显示，我国餐饮业人均食物浪费量为每人每餐93克，浪费率为11.7%，一年仅餐桌浪费量就在1700万吨至1800万吨之间，相当于3000万人至5000万人的食物量。如果把每年全国各种食物浪费总量折合成粮食，可达约1000亿斤，可供约3.5亿人一年的需要。数据可谓触目惊心。

艰苦奋斗、勤俭节约是中华民族的传统美德，也是中国共产党的优良传统和作风。早在创建工农红色政权之初的1933年，在毛泽东的领导下，中央就颁发了《中华苏维埃共和国中央执行委员会第二十六号训令——关于惩治贪污浪费行为》。该训令对贪污及浪费行为做出了严格的惩罚规定。毛泽东在同年召开的中华苏维埃共和国工农兵代表大会上掷地有声、振聋发聩地指出："应该使一切政府工作人员明白，贪污和浪费是极大的犯罪。反对贪污和浪费的斗争，过去有了些成绩，以后还应用力。节省每一个铜板为着战争和革命事业，为着我们的经济建设，是我们会计制度的原则。"（《毛泽东选集》第一卷，人民出版社 1991 年版，第 134 页）中华人民共和国成立之后，党和国家把厉行节约、反对贪污浪费作为常规内容纳入党内外经常性的思想政治教育，并制定颁发了反贪污浪费、反对奢靡之风、反对官僚主义等错误行为的一系列指示规定，同时严格依法依规惩罚贪污腐败浪费行为和腐败分子，在治国理政的实践中始终注重坚持抓好党的自身建设和社会主义精神文明建设，树立党政机关为民勤政清廉的良好形象，从而在伟大的社会主义革命和社会主义建设及改革开放中谱写了一篇篇震惊世界的壮丽诗史。当今，中国已成为世界第二大经济体，中国特色社会主义已进入新时代，近代以来，久经磨难的中华民族迎来了从站起来、富起来到强起来的伟大飞跃，迎来了实现中华民族伟大复兴的光明前景。

过度消费在现代商业模式下的另一种可怕表现就是超前消费，也叫举债消费、透支消费，这是一种超过当前和未来可期的收入能力的消费行为，在有些情况下，它以追求享受为目的，以追风随流为特点，盲目攀比、不计后果。现代社会商品市场经济高度发达，为人们满足美好生活的需要提供了广阔的平台，但也给人们带来了种种诱惑，鼓励甚至怂恿人们透支信用卡。网贷、钱庄等广告网上随处可见，电商直播、商品优惠活动等爆炸流行，致使许多经不起诱惑的人们不计后果，通过各种透支借贷等举债途径形成冲动的超前消费。尤其是年轻人超前消费的行为比较普遍，据有关统计，现在我国城市的年轻人70%以上有债务负担。为数不少的在校大学生在学校期间就有超前消费的行为，大学生因为网贷发生的悲惨事件时有发生。这种透支未来的错误的消费模式对年轻人健康成长造成的伤害不可低估，社会应该加以正确引导。我们每一个人都应该树立正确的价值观、消费观，立足现实，理性消费，每次超前消费都要认真考虑此花销是否有价值，是否为了自己的需要，是否超出了自己当前及未来可期的承担能力，超过了就应该调控自己的消费行为，以免造成后患。我们普通人应该脚踏实地活在当下，不应该透支自己美好的未来。过度的超前消费助长人们追求享乐至上不劳而获的颓废不良风气，不利于社会文明健康发展。

生活奢靡、过度消费的产生，有三个规律性的历史社会现象：一是追求奢侈生活的人多是有权有势的人，或是有权在握的政客，或是经济实力非常雄厚的富人。二是胜利或者成功后的人们及社会财富高速增长的社会转型时期容易产生奢靡、过度消费的行为。三是盛世容易出现奢靡之风。当奢靡和过度消费之风开始形成之时，如果当政者不清醒或放松社会法治管理和进行正确有力的舆论教化引导，不能旗帜鲜明地反对和制止，奢靡和过度消费之风就会蔓延并滋生出一些贻害无穷的毒瘤，扩大社会阶层矛盾，影响社会和谐和政局稳定，败坏社会风气，损害组织和社会健康的肌体。

中国共产党对这一规律性的社会现象认识是清醒的，并把握规律坚持不懈地组织开展针对性很强的思想政治教育和专项斗争， 不断增强自我净化、自我完善、自我革新、自我革命、自我提高的能力，发现苗头问题及时处理纠正，始终坚持为人民的利益坚持好的、改正错的，整体上有效防止了奢靡和过度消费在社会上特别是党政机关中的蔓延。早在新中国成立前夕，毛泽东就在党的第七届中央委员会第二次全体会议上的报告中明确提出，在革命胜利后，特别是党执政后，要防止党内和革命队伍中可能出现的各种腐化现象。他在报告中语重心长地说："我们很快就要在全国胜利了。……因为胜利，党内的骄傲情绪，以功臣自居的情绪，停顿起来不求进步的情绪，贪图享乐不愿再过艰苦生活的情绪，可能生长。因为胜利，人民感谢我们，资产阶级也会出来捧场。敌人的武力是不能征服我们的，这点已经得到证明了。资产阶级的捧场则可能征服我们队伍中的意志薄弱者。可能有这样一些共产党人，他们是不曾被拿枪的敌人征服过的，他们在这些敌人面前不愧英雄的称号；但是经不起人们用糖衣裹着的炮弹的攻击，他们在糖弹面前要打败仗。我们必须预防这种情况。夺取全国胜利，这只是万里长征走完了第一步……中国的革命是伟大的，但革命以后的路程更长，工作更伟大，更艰苦。这一点现在就必须向党内讲明白，务必使同志们继续地保持谦虚、谨慎、不骄、不躁的作风，务必使同志们继续地保持艰苦奋斗的作风。我们有批评和自我批评这个马克思列宁主义的武器。我们能够去掉不良作风，保持优良作风。"（《毛泽东选集》第四卷，人民出版社 1991 年版，第 1438–1439 页）1949 年 3 月 23 日，在中央机关离开河北西柏坡搬迁到北平的前夕，毛泽东更是言辞切切地告诫党的各级领导干部，我们是进京赶考，我们绝不当李自成，李自成进京就变了，我们一定要考个好成绩。中国共产党牢记毛泽东的告诫，始终以赶考的姿态接受着前进征途的各种考验。

正像《中国共产党章程》总纲指出的："全面从严治党永远在路上。新形势下，党面临的执政考验、改革开放考验、市场经济考验、外部环境考验是长期的、复杂的、严峻的，精神懈怠危险、能力不足危险、脱离群众危险、消极腐败危险更加尖锐地摆在全党面前。"（《中国共产党章程》，人民出版社2017年版，第10页）随着改革开放的全面展开和经济的快速发展，再加上国外资产阶级生活方式的消极影响，在改革开放逐步扩大的相当一段时间内，一些党政机关及社会上讲排场、比阔气、大手大脚、奢侈浪费现象时有发生，特别是公款吃喝、违规配车、公款旅游、修建豪华楼堂馆所、大搞节庆论坛活动、请客送礼、大操大办之风盛行等问题十分突出，严重败坏了党风政风社会风气，广大干部群众对此反映强烈。2012年11月党的十八大召开以后，以习近平同志为核心的党中央精心部署，从上至下深入组织开展反对形式主义、官僚主义、享乐主义和奢靡之风的教育和斗争，很快于12月制定颁发了中央政治局关于改进工作作风、密切联系群众的"八项规定""六项禁令"，以及一些非常具体的廉政建设规定。在此基础上，2013年，中共中央、国务院正式颁发了《党政机关厉行节约反对浪费条例》。《条例》的制定和实施，不仅对于党政机关推进厉行节约反对浪费工作制度化、规范化、程序化，从源头上狠刹奢侈浪费之风具有十分重要的意义，而且对于建设节约型社会，正确引导全社会形成健康科学的消费观，抑制社会上的奢靡之风，防止过度消费都发挥了积极作用。以习近平同志为核心的党中央坚持全面从严治党，以身示范，率领全党深入推进党风廉政建设，强力开展反腐败斗争，以零容忍的态度惩治腐败，构建不敢腐、不能腐、不想腐的有效机制，不仅扫除了侵害党的健康肌体的政治生态雾霾，而且也有效地抑制和防止了社会上的奢靡、过度消费之风。党的十九大对党政机关的作风建设和社会生活方式文明建设提出了更高更严的标准和要求，习近平总书记在党的十九大报告中强调：要持之以恒正风肃纪，要坚持以上率下，巩固落实中央八项精神成果，继续整治四风问题，坚决反对特权思想的特权现象。要在全社会倡导简约适度、绿色低碳的生活方式，反对奢侈浪费和不合理消费、开展创建节约型机关、绿色家庭、绿色学校、绿色社区和绿色出行等行动。

享受生活、追求幸福是人们天经地义的需要，也是人们一辈子辛辛苦苦奋斗的重要生活目标。带领人民创造美好生活，是中国共产党始终不渝的奋斗目标。我们并不反对正常合理的需要和享受，反对的是过度享受的奢靡之风和过度消费浪费资源的不健康的生活方式和社会陋习。中华人民共和国成立以来，特别是改革开放以来，中国共产党团结率领全国各族人民艰苦奋斗，取得了经济社会建设举世瞩目的伟大成绩，极大地改善了民生，广大人民群众的获得感和幸福感有了很大的提升。国家为广大人民群众享受生活提供了许多有力的政策制度和硬件设施建设的保障，全民医疗养老保险制度逐步健全，文化娱乐和体育锻炼等基础设施遍布城乡，遍布全国各地的旅游景区建设管理越来越好，高质量的城市交通供水供电供气等民生基础工程建设日益配套健全，环境保护日益加强，生态环境的创伤正在逐步修复，多主体供应、多渠道保障租购并举的住房制度，保障全体人民住有所居，各地还根据本地的财政经济状况建设了惠及全民的一些具有地方特色的民生工程。现在，我国人民整体上已经过上了小康生活，依然不能过度消费，更不能奢靡浪费，我们还要继续努力，美好的生活要靠奋斗得来，要靠发展维护，要靠健康的生活方式滋润添彩。奢靡和过度消费之风既不利于个人的健康发展，也不利于国家的健康发展，必须坚决反对。

第七节 过度追求商业化营利的行为

所谓商业化即市场化，是通过商品交换即市场配置社会资源、体现价值规律的经济形式，它是权利人以自由平等的交换为手段、以实现买卖即供需双方利益最大化为目的的行为。商品按照社会必要劳动时间决定的社会价值进行交换，即商品的价格与价值相一致的商业化，是社会经济活动得以正常运转的重要机制，对于社会的建设发展和满足人们的需要具有重大的作用。凡事有度，过度就会产生消极破坏作用。如果商品生产者、经营者背离价值规律，片面追求利润最大化，不择手段过度追求效率效益，就会损害消费者权利，形成一种互害的恶性循环，影响市场经济的健康发展。所以，背离价值规律过度追求商业化营利也是满足需要的一种错误行为。

在我国社会主义市场经济条件下，由于在重视发挥市场配置资源作用的同时，加强了国家的宏观调控，较好地避免了西方资本主义市场经济体制下存在的生产的无政府主义状态和周期性的经济危机等弊端，但受市场经济唯利是趋、等价交换等特有意识的影响，不从满足实际需要出发，不按客观规律办事，不讲诚信、不守规矩，违背价值规律过度追求商业化营利的问题在社会上还是不同程度地存在，有的领域问题还比较大。其表现主要有以下六种。一是欺蒙外行谋取暴利。有的生产商、供应商、利用需方信息、知识不对称的弱点， 卖给需方的商品和提供的服务随便加价搭车加项，本来成本只有几百元的东西把价格定到上万元，没有订购、本来不需要的服务项目通过垄断的技术平台不经需方同意就加上去了。二是绑架顾客需求谋取暴利。有的商家在满足顾客需要时，逼着顾客购买许多不需要的服务和附加产品。最典型的是商品的过度包装，现在有的商品真正满足顾客需要的价值不到其价格的三分之一。三是违规使用各种生物技术谋取高额利润。如有的牲畜家禽养殖企业为了谋取高额利润，违规违禁使用一些可能贻害于人的催肥催熟抗病的药物。有的粮食蔬菜食品生产加工销售企业为了提高产量，增加获利，违规违禁使用一些剧毒有害的农药化肥及催熟剂、防腐剂、保鲜剂。这些满足需要的行为，供方得到了高额回报，但给需方的食物安全带来了隐患和危害，是完全错误的、有的甚至是违法的。四是不考虑长远和整体发展需要，热衷于见效快、发大财，只顾自己眼前利益最大化。如社会上存在的轻视基础科学、基础理论、核心技术的研究开发，认为自己研究开发不如花钱买技术划得来的思想和行为；又如有的地方为了地方经济的快速发展，有的领导为了自己快出政绩， 引进和发展一些违背国家国土空间规划和本地国土功能定位的甚至破坏环境的但能很快挣钱的企业及项目；再如肆意侵占基本农田开发房地产，或在基本农田种植果树苗木、挖塘养鱼；有的景区过度开发、巧立名目乱收费，有的世界文化遗产在保护利用中过度商业化等行为，都是过度追求商业化以满足需要的错误行为。五是不注重精神文明建设的需要，只重视经济效益，不重视社会效益的行为。社会上有的文化企业和艺人、学者以及有的自媒体、视频主播等，对于文化艺术在社会精神文明建设中的作用和引导人们健康审美、满足人们美好精神需要的责任认识不清甚至错误，因而过度迎合人性中原始的低层次的欲望趣味，不择手段地攫取文化市场的超额利润。还有的名人利用自己的名声进入自己并不擅长的其他领域招摇撞骗，攫取钱财，不仅损害了自己的名声，而且助长了社会上追名逐利的不良风气。六是利用夸大溢美的广告效应甚至虚假广告谋取暴利。通常主要是两种表现：一是夸大产品作用；二是请“专家”讲解引诱顾客需要。这些过度追求商业化营利的错误行为无处不在，让人们防不胜防，不仅让顾客花了不少不明不白的钱，有的甚至对顾客的身心健康造成了伤害。同时，过度追求商业化利润最大化的行为还总是或多或少伴随着与满足顾客需要无关的资源浪费，伴随着各种违规违法不道德的行为，这些错误行为不仅对宏观市场经济的健康发展造成伤害，而且还对社会精神文明建设造成不良影响。历史的经验和现实的要求告诉我们：要推动和保持社会的健康发展，优质高效满足人们不断增长的美好生活需要，必须坚决纠正这些违背价值规律过度追求商业化营利满足需要的错误行为。

人的需要是丰富多彩的，不仅有物质需要，还有精神文化、亲情社交、自尊与实现人生价值等需要，满足需要的途径方法也是多种多样的，商业化不是人们满足需要唯一的途径。如果一切社会生活、一切社会关系都商业化，就会阻碍破坏社会健康全面的发展。影响人们多种正常需要的满足。在市场经济的体制下，由于商业化以营利为唯一目的、以等价交换为手段的、再加上经济基础决定上层建筑的规律使然，人们必然会产生并不断强化利益至上、唯利是趋、等价交换等意识，如不加强正确有力有效的调控管理和规范教育，必然会出现许多与社会健康发展、人们正常互利需要相悖的商业异化行为。如果任商业化侵蚀人们社会生活的各个方面，任损害消费者利益的过度追求商业化营利的行为存在发展，社会将不可避免地退回弱肉强食的“丛林”。商业化理想的运行机制离不开四个条件：一是供需平衡的市场状况；二是健全严格的法制规范；三是诚实守信的契约精神；四是科学有力的监督管理。不断地改进加强这四个方面，才能确保社会主义市场经济健康发展，为满足人们日益增长的美好生活需要提供良好的社会保障。同时，中国特色社会主义制度还要求我们，在经济领域实行有计划的宏观调控，以避免恶性无序竞争、浪费资源、贫富差别过大，进而造成经济危机，破坏社会和谐稳定。

特别强调一下，应该由国家提供或负责组织提供的教育、医疗、住房、文化、治安、水、电、公共交通等关系民生的公共产品和公益事业服务，更不能过度商业化。如果过度商业化会损害社会公平正义，扩大贫富差距，助长社会私欲横行的风气，影响国家和谐稳定的政治局面，进而损害符合人民需要的社会政治基础。

第八节　违反基本常识的行为

所谓常识，是指一般人应该掌握的知识，也指人们所从事的职业或专业应该掌握的基本知识，如生活常识、科学常识、政治常识、法律常识、社交礼仪常识、生产管理常识、财务管理常识、安全管理常识、质量管理常识、组织试验常识、机械加工常识、手机使用保养常识等。在满足需要的实践中，人们面对复杂的社会生活，需要掌握的各种实用常识实在太多了，往往由于学习不够、经验不足，或没有经历过犯一些常识性的错误，不仅不能很好地满足需要，反而会造成工作财产损失甚至身体伤害。因此，加强常识学习、遵循常识办事，对于我们在满足各种需要和从事各项工作时避免或尽量少犯常识性低级错误是十分必要的。违反常识的错误，一般不是主观故意的错误，往往是由于不懂、不熟、不严谨的作风、不良的习惯造成的。

在日常生活中，人们在满足各种需要时很容易犯常识性的错误：如人的身体健康需要养成良好的生活习惯，正常饮食，不能饥一餐饱一餐、贪杯酗酒；正常作息，不能经常熬夜，这是基本的生活常识，而许多人自觉或不自觉地经常违背其中的一两项，长此以往，必然会对人的身体健康造成危害。春捂秋冻这是常识，而有的人在春暖乍寒之际，就随意把衣服减了，结果造成了不应该患的感冒。是药三分毒是常识，而有的人却不经医生诊断，违背常识乱吃各种补药，结果不但没有增益身体健康，反而对身体造成了伤害。生活中违背常识满足需要的错误的行为经常发生在我们身边、甚至在我们身上。因为现代社会知识更新非常快，新生事物、新的需要层出不穷，有许多新生事物我们还没来得及学习，就变成了我们离不开的需要。如智能手机的使用、互联网 + 的各种实际应用，如网购、网邮、网上支付结算、网上办公、手机银行、智能制造等新科技的应用，已渗透到人们生活的各个方面，绝大多数人都是在应用中学习了解掌握这些满足新需要的新科技工具的常识，在这一过程中，完全不犯常识性错误是很难的。我们只有活到老、学到老，才能在满足生活需要的实践中少犯常识性错误。但对于上千年前我们的祖先就知道了的常识性错误，我们就无论如何也不应该再犯了：如拔苗助长、刻舟求剑、画蛇添足、画饼充饥、饮鸩止渴、杯水车薪、火上浇油、火中取栗、以卵击石、以莛叩钟、以汤止沸、炙冰使燥等。

在企业的科研生产管理活动中也经常会因犯常识性的错误导致试验失败、产品报废、出现人身安全事故、科研生产管理混乱。如工厂生产线上的各个操作岗位都应持证上岗，而且复杂重要设备必须专人专岗，这是基本常识，可在笔者曾工作过的集团中的一个企业的车间主任就犯过这种常识性的错误：有一天，该车间有一件价值昂贵、质量很重的工件，需要启动航吊车周转工位，当时开航吊车的师傅正好有事外出不在现场，这位主任几年前在别的车间也曾开过航吊，为了赶进度，便违反专人专岗的规定，自己爬上驾驶室操作航吊作业，结果由于起吊不稳，工件滑落坠地，造成了重大经济损失。再如机械加工中操作机器设备前，应对设备进行安全检查，还要空车运转确认正常后方可投入使用，严禁机器设备带故障运行。这是机加工人应知应会的常识，可有人却图省事，也有的为了赶进度，便忽略这一程序，结果有的因设备故障没有及时发现检修排除造成了产品加工批次性质量问题，有的还造成了工伤事故。再如产品设计要遵循现行统一的行业标准，不能用过时的标准，这是常识，可有的设计员却经常由于习惯性地使用老标准而犯常识性的错误，如果没及时发现纠正，就会造成产品与系统不协调，就会造成经济损失。这样的例子举不胜举，人们要学习掌握的各类常识实在太多，要完全掌握也实在困难，在满足需要的实践中，工业企业设计生产管理人员要避免犯类似的常识性错误，最有效的方法是增强五个意识：一要增强按职责办事的意识，二要增强按法制办事的意识，三要增强按程序办事的意识，四要增强按标准办事的意识，五要增强追求更好的意识。如果具有这五个意识，有不懂的常识就会自觉地去学、去查、去问，就不会盲目自信，想当然地、自以为是地处理问题，就会在工作中避免，至少可以减少犯常识性错误。实践证明，各类行政管理人员和集体作业人员在履行职责时和个人满足需要时，要避免犯常识性的错误，都应该牢固树立这“五种意识”。

我们每一个人都生活在人与人之间形成的一系列复杂关系构成的社会环境之中，要满足生存发展的需要，不仅需要掌握一系列科学文化知识、生活常识，而且还应该学习掌握一系列为人处事的社会常识。一个人如果不具备社会常识，甚至为人处事总是违背社会常识，就很容易得罪人，就很难在社会上立稳足，自然满足需要的期望值就会大打折扣，甚至事与愿违，影响你人生的前途或事业的发展与成功。社会常识许多是普通学校里面学不到的知识，如人际交往（包括国际交往）中的各种礼节、各种会务庆典礼仪的策划、公共场合怎样得体穿戴打扮、怎样得体发言、怎样与各种不同的人打交道、求职怎样进行自我介绍、商务宴请应注意什么、旅行中应注意些什么、如何防范各种场合中的骗术，参加婚寿、升迁、开张、成功等喜庆活动，以及参加丧悼、走访拜会等活动的行为举止怎样才符合人们的审美禁忌心理习惯，等等。这些社会常识往往都是社会约定俗成的公认的程序规定和习惯性的行为方式。在许多情况下，人们往往都是以这些常识来评判一个人的言行恰当与否、为人处事的情商智商如何，从而决定是否与你交往和合作。我们应该学习和掌握这些基本的社会常识，并在实践中注意正确地加以运用，这样就能在社会实践中避免因违背常识性的低级错误而影响正常需要的满足。

社会常识作为做人处事的一种认知理念、价值观和行为规范体系，既有继承性，又有时代性，它反映整个社会文明进步的要求和现状。在当今中国，人们在掌握和践行中华优秀文化传统形成的社会常识的同时，更要努力学习掌握自觉践行在中国特色社会主义建设发展中形成的、代表先进生产力发展要求的、代表先进文化前进方向的、代表最广大人民根本利益的，具有鲜明时代特征的社会常识。首先要清楚了解和自觉践行执政党在社会主义初级阶段治国理政的基本路线。“中国共产党在社会主义初级阶段的基本路线是：领导和团结全国各族人民，以经济建设为中心，坚持四项基本原则，坚持改革开放，自力更生，艰苦创业，为把我国建设成为富强民主文明和谐美丽的社会主义现代化强国而奋斗。”（《十九大党章学习讲座》，党建读物出版社 2017 年版，第 101 页）党的基本路线规定了中国特色社会主义的兴国之要、立国之本、强国之路，明确了宏伟美好的奋斗目标。坚持党的基本路线不动摇，这是满足中国人民不断增长的美好生活需要的根本政治保障。这是每一个中国人以及在中国土地上生活工作创业的人们都应该清楚、践行、不得违背的最基本的社会政治常识。其次要坚持和努力践行并大力弘扬社会主义核心价值观。富强、民主、文明、和谐、自由、平等、公正、法治、爱国、敬业、诚信、友善，这二十四字的社会主义核心价值观规定了国家层面的价值目标、社会层面的价值取向、公民个人层面的价值准则，是每一个公民应该知道并践行的基本社会常识。在中国的土地上，任何人满足需要的任何实践和努力都不能违背这一基本社会常识。自觉遵守公民基本道德规范、社会公德、职业道德、家庭美德以及各种保障社会有序正常运行、维护国家形象尊严的行为规范，也是每一个人满足需要时应该清楚明白和践行的基本社会常识。在中国共产党领导下，以人民为中心，建设中国特色社会主义的中国社会，违背这些基本社会常识满足个人和小集团需要的行为都是错误的行为。

第八章 满足需要的至要佳境

所谓满足需要的至要佳境，就是指满足需要最重要的原则和理想的目标。具体地讲，满足需要的至要佳境就是在满足需要的实践中要把握好针对性、合理性、科学性“三要则”，达到明了必需之道、宜需之道、怡需之道“三境界”，努力实现并保持人类社会全面协调可持续发展的良好局面。

第一节　满足需要的“三要则”

所谓满足需要的“三要则”，就是满足需要必须坚持的三个重要原则、三大基本要求。

1. 增强满足需要的针对性

针对性是正确满足需要的前提，正如《增广贤文》所说：“渴时一滴如甘露，醉后添杯不如无。”雨中送伞、雪中送炭、渴时送水、病时送医、锦上添花等，就是针对某种缺乏正确满足需要的行为；隔靴搔痒、画蛇添足、杯水车薪、病急乱投医等行为，就是针对性不强、满足不了需要的行为，有的甚至是起反作用的行为。

增强满足需要的针对性，重点是正确认识需要、准确把握需要。人的需要是由“命需”和“我需”构成的，有自然性需要和社会性需要、生活性需要和发展性需要、物质性需要和精神性需要、群体性需要和个体性需要、普遍性需要和特殊性需要、现实性需要和潜在性需要、正当性需要和不正当需要、恒常性需要和或可性需要、工具性需要和文化性需要、同向性需要和异化性需要之分；人的需要具有层次结构、母子结构、网状结构、耗散结构的特性，具有主动性、驱动性、上升性、社会性、多样性、无限性、可调性、时序性、他依性、目的性等特点。只有了解需要的分类及其突出特点和重要性的等级，才能对具体的需要做出不同性质的科学判断，然后在此基础上分清轻重缓急，做出满足需要的正确决策。

其次，要学习掌握一些分析需要需求的科学方法。人们的需要非常复杂，千姿百态，只有采用科学有效的方法，才能准确把握需要。准确把握需要是增强针对性，科学合理有效满足需要的前提。把握需要是一门很深的学问，常用的方法有观察分析法、调查研究法、科学预测法、心理测试法、统计分析法、科学诊断法、需求分析法、定性定量分析法等。如：我国中医创造的望闻问切的诊断方法和西医依靠仪器设备的化验检测都是精准诊断疾病对症治病的科学方法。医生只有掌握并运用这些科学的方法，才能因人制宜、因地制宜、因时制宜地、针对性很强地满足病人求医问药治好病的需要。

再次，要分清轻重缓急，精选当前最应该满足的需要。精选当前最应该满足的需要，是提高满足需要针对性最重要的保证，否则，容易造成主次不分、针对性不强，影响满足需要的效果。精选需要的方法有很多，最实用的可根据需要的结构特征寻找，如可根据需要的母子结构，找出当前最主要的需要；可根据需要的层次结构，理清需要的层次关系；可根据需要的网状结构，理清正常需要的分布状况；可根据需要的耗散结构，把握人的需要形成的运动机制。

在我国的社会建设中，国家非常重视不同群体需要的满足，针对不同群体的需要，制定了不少惠民便民政策措施。针对残障人员、老年群体的需要，2012 年，国务院颁布了《无障碍环境建设条例》，住房和城乡建设部、国家质检总局联合发布了《无障碍设计规范》明确了依法开展无障碍环境建设是政府的责任和社会义务。《条例》的贯彻实施，使大量残疾人和老年人的特殊需要的满足得到了不断的改善和提高，更好地融入社会正常生活。再如各种提高办事效率、方便群众的政务改革，都是满足民生需要的针对性很强的改革措施。根据农村的实际情况，国家实施新农村建设战略工程，在基础建设方面体现了既坚持高标准，又实事求是地针对性很强提高满足需要的能力。党的十八大至十九大期间，农村村村通公路、通客车的目标已基本实现，现正在探索农村交通、邮政、快递、电商等多方面设施同步配套、互相搭载的建设新模式，构建覆盖县乡村三级物流网络。由于地理环境不一样，各地农村对这些现代设施的建设标准等级也应该有所不同，如果不从具体实际出发，一个标准建设，就会造成有的地方满足不了需要，有的地方又造成能力资源浪费。所以注意满足需要的针对性，是确保满足需要合理性的重要保证。兼有社会管理性质的公共服务也要注重实效和针对性，要做到老百姓需要什么，我们就做什么。

2. 增强满足需要的合理性

增强满足需要的合理性，重点是解决满足需要的可行性问题，要坚持系统思维、辩证思维、底线思维的科学方法，保证满足需要的路径正确、行为合理合法可行，且科学有效。了解需要产生及其满足的规律，对于确保满足需要的合理性非常重要。生命平衡的需要是需要产生的基本规律，创造发展是满足需要的基本规律。要保证满足需要的合理性，必须按客观规律办事，必须实事求是，必须符合法律制度规定，必须理清机理对症下药，否则就不具合理性。如从国家宏观层面来看满足需要的合理性，对人们的“命需”，刚性、保健性、恒常性的需要必须创造条件确保满足；其他特点的需要则可根据条件和轻重缓急积极地予以满足，或为人们自己满足这些需要提供有力的保障和支持；对或可性的不正当的异化的需要，则要正确地加以引导，有效地加以预防，坚决地予以纠正。

人的需要分类及其重要性定性分析及其满足对策参考表

需要类型	主要特点	现实重要性	组织通常对策
自然性需要（命需）	必然性、维命性、刚性、	必须	加强保护 提供保障
社会性需要	多样性、他依性、驱动性	重要	创造条件
生活性需要	恒常性、刚性、上升性	必须	提供保障
发展性需要	驱动性、上升性、无限性	重要	予以支持
物质性需要	刚性、驱动性、上升性	必须	提供保障
精神性需要	感受性、保健性、社会性	必须	共建文明
群体性需要	社会性、多样性	重要	创造条件
个体性需要	特殊性、偶然性、他依性	重要	予以帮助
普遍性需要	必然性、恒常性	重要	提供保障
特殊性需要	刚性、偶然性、他依性	必须	尽量满足
现实性需要	刚性、社会性、驱动性	必须	提供保障
潜在性需要	上升性、无限性、驱动性	重要	组织研讨
正当性需要	保健性、社会性、驱动性	重要	保护支持
非正当需要	贪婪性、腐败性	负效	预防打击
工具性需要	保健性、增能性、创造性	重要	支持发展
文化性需要	社会性、多样性、享受性	重要	正确引导
恒常性需要	必然性、刚性、稳定性	必须	提供保障
或可性需要	可调性、可有可无、标准可高可低	一般	正确引导
同向性需要	目的性、时序性、无限性	重要	保护支持
异化的需要	错误性、动机效果不一致	负效	预防纠正

3. 增强满足需要的科学性

增强满足需要的科学性，重点是按客观规律办事，关键是适度，只有因时因地因人把握好“度”，才能正确满足需要，保证满足需要的效果。随着社会经济的发展和科学技术的进步，人们对满足需要的科学性越来越重视。过去只有发达国家的个别大学设有的食品卫生与营养学专业，现在我们国家许多大学都设立了食品卫生与营养学专业，对保障我国的食品安全和指导人们正确饮食、科学摄取营养，提高健康指数，普及营养学知识，养成健康科学的生活方式发挥着越来越大的作用。科学已经渗透到人们生活的方方面面，人们科学满足需要的意识不断增强，生活质量也随之不断地改善提高。科学锻炼、科学饮食、科学安排、科学减肥等概念已不再是一种时髦的口号，而是许多人们满足不同需要的一种实实在在的行动。近些年社会上出现的营养调剂师、健康管理师，正是这种需要催生的新职业。生活需要的满足要讲科学，满足国家建设发展的需要也要讲科学。正如习近平指出的："发展是解决我国一切问题的基础和关键，发展必须是科学发展。"（习近平：《决胜全面建成小康社会 夺取新时代中国特色社会主义伟大胜利——在中国共产党第十九次全国代表大会上的报告》，人民出版社 2017 年版，第 21 页）科学的发展才是满足人民幸福需要的发展，才是可持续的发展。但在追求科学地满足需要的过程中，也存在着许多并不科学的问题，最突出的就是不注意适"度"，如一听说吃什么东西对身体有好处就猛吃那种东西，一听说走路锻炼对身体有益就不顾自身状况拼命加大运动量，结果超过了身体需要的"度"，不仅没有增进健康，反而对身体健康造成了损害。第二个问题就是迷信打着科学招牌的产品广告，跟风跑。不从自身需要的实际出发，乱买东西乱消费，结果不仅没能科学地满足需要，浪费了钱财，有的甚至还对身心造成了伤害。

第二节　满足需要的“三境界”

所谓满足需要的“三境界”，就是指满足需要有三个层次的基本要求和目标：第一个层次的要求和目标是确保必需，侧重物质需要的满足；第二个层次的要求和目标是讲究宜需，侧重合情合理、科学地满足需要；第三个层次的要求和目标是实现怡需，侧重建立良好的分工合作、互补共赢的满足需要的机制。怡需的特点是：一方需要的满足，同时也满足了所涉各方的某种需要，因此，相关各方都满意、都高兴；需要的满足不仅使人在物质上有很称心的满足感、成就感，而且在精神上也愉悦享受、很有价值感。满足需要“三境界”的认识，源自中国古典需要理论。中国古代的圣贤智者们认为，满足人的需要有必需之道、宜需之道、怡需之道。这种满足需要的“三境界”说，既表现出一种层次递进的结构，也是一种满足需要的基本要求，而且反映了具有自然和社会双重属性的人满足需要的规律。

1. 满足需要首先要讲必需之道

必须之道就是要明白人类生存发展的必需满足物是什么，应该怎样满足的道理、要学习掌握满足必需的方法和技能，要确保必需的满足。同时，也要明白超越必需的欲望应该有所节制，不能暴殄天物，不能奢侈浪费。人要生存，其“命需”，既适合生存的空气、阳光、水和食衣住行等最基本的需要必须有保证。人类在发展的过程中破坏生态环境，给空气、水资源造成污染就是不懂必需之道的表现。古代的圣贤们及许多贤明的统治者对“必需之道”都有清醒正确的认识和精准的把握：如“民以食为天，政以食为首”，就是对民生需要最核心的内容和治国理政最重要的职责最精准的把握。《易经证释》说：“凡物之所养所求者，必因其所关重要，而莫能自已，乃不得不需之也。如人之生，食饮所需，衣服所需，居住所需，生聚所需，德业所需，皆视其必要。”必需之道就是必须确保生存生活最基本的需要，确保最重要的需要。党的十九大提出的：“保障和改善民生要抓住人民最关心最直接最现实的利益问题，既尽力而为，又量力而行，一件事情接着一件事情办，一年接着一年干……完善公共服务体系，保障群众基本生活，不断满足人民日益增长的美好生活需要，不断促进社会公平正义，形成有效的社会治理、良好的社会秩序，使人民获得感、幸福感、安全感更加充实、更有保障、更可持续。”（习近平：《决胜全面建成小康社会 夺取新时代中国特色社会主义伟大胜利——在中国共产党第十九次全国代表大会上的报告》，人民出版社 2017 年版，第 45 页）“我们要建设的现代化是人与自然和谐共生的现代化，既要创造更多物质财富和精神财富以满足人民日益增长的美好生活需要，也要提供更多优质生态产品以满足人民日益增长的优质生态环境需要。”（习近平：《决胜全面建成小康社会 夺取新时代中国特色社会主义伟大胜利——在中国共产党第十九次全国代表大会上的报告》，人民出版社 2017 年版，第 50 页）这些讲的就是如何满足人民生活、发展的必需之道。把良好的生态环境上升为关系人类生存发展的必需之道，是习近平新时代中国特色社会主义思想的一个重大贡献。更具体的，如我国在脱贫攻坚中提出的基本要求和核心指标“两不愁三保障”（即：不愁吃、不愁穿，义务教育有保障、基本医疗有保障、住房安全有保障）就是保障贫困群众生活的必需之道。一个国家的执政者必须有效组织和帮助及保障全体国民满足最基本的生活需要，这是治国理政必须懂得和坚持的必需之道。正如习近平总书记所说："民生稳，人心就稳，社会就稳。"（引自习近平总书记 2020 年 3 月 10 日在武汉考察新冠肺炎疫情防控工作时的讲话）确保食、衣、住、行、劳、医、学、养等基本民生需要的满足就是人们生存发展和社会和谐稳定的必需之道。人们对于必需之道的正确认识和把握，社会对人们满足"必需"的确保，决定着人类社会健康和谐可持续发展的基本走向。

2. 满足需要要讲宜需之道

宜需之道要求人们在满足需要时要注意做到合情、合理、科学。就是要守法依法，依靠自己的聪明才智和实实在在的劳动创造满足自己的需要。在选择确定满足需要目标时，要审慎考虑，要看需要是否有益且合理、合规、合法，然后择善而从之。孔子强调：君子满足需要应该做到"惠而不费，劳而不怨，欲而不贪"，意思是说君子追求物质财富满足需要时，应该注意适宜适度，不浪费人力物力，付出劳动没有怨言，有追求而不贪腐。满足生活需要不能过度消费，不能奢侈浪费，要注意养成科学的生活方式。古人强调，满足需要要做到"不戾乎情，不乖于性，不忘于物，不逞于欲"，不害于身心，不累于家国。（《易经证释》）《弟子规》说："衣贵洁，不贵华，上循分，下称家。对饮食，勿拣择；食适可，勿过则。"穿衣是为了保暖遮羞，贵在整洁大方，而不在于华丽。穿衣要符合自己的身份和职业要求，与自己的家庭条件相适合。饮食是为了补充身体健康所需要的营养，不能挑食，也不能偏食，否则，会造成营养不良。吃东西要适可而止，不可过量，过量会损伤脾胃。《朱子格言》讲，君子为了身体健康和人身安全，在日常生活中应做到"不饮过量之酒，不贪意外之财”，这些都是满足需要时要注意做到的。要想获取保持身心健康、和顺快乐的生活，应该做到“六欲皆得其宜”。(《吕氏春秋．贵生》)(注：六欲：一般指眼的见欲，贪美色奇物；耳的听欲，贪美音赞言；鼻的香欲，贪芬芳香味；舌的味欲，贪美食口快；身的触欲，贪舒适享受；心灵的意欲，贪声色、名利、恩爱。）宜需之道对于个人身心健康来说，就是要养成健康的生活方式。

健康的生活方式大致包括五个方面。一是合理膳食。2016 年，卫生部发布的新版《中国居民膳食指南》中，集中近百名专家对我国居民营养和膳食问题所达成的核心意见和科学共识，为平衡膳食提出了权威性的指导意见。指南指出，提供全面、均衡营养的膳食是最大程度上保障人体营养需要和健康的基础，食物多样是平衡膳食模式的基本原则，食物多样，应以谷类为主。每天的膳食应包括谷薯类、蔬菜水果类、畜禽鱼蛋奶类、大豆坚果类等食物。指南建议平均每天至少摄入 12 种以上食物，每周 25 种以上。应当培养清淡饮食习惯，成人每天食盐不超过 6 克，每天烹调油 25~30 克。过多摄入糖可增加龋齿和超重发生的风险，推荐每天摄入糖不超过 50 克，最好控制在 25 克以下。水在生命活动中发挥着重要作用，应当足量饮水。建议成年人每天 7~8 杯（1500~1700 毫升），提倡饮用白开水或茶水，不喝或少喝含糖饮料。二是适量运动。适量运动（每天 30 分钟左右的有氧运动）不但有助于保持健康的体格，还能降低患高血压、2 型糖尿病、结肠癌、乳腺癌和骨质疏松等慢性疾病的风险。同时，适量运动有调节心理平衡、消除压力和改善睡眠的作用。运动过程中人体通过流汗排出体内的毒素，有增强免疫力的作用。三是戒烟限酒。吸烟有害健康，每一个吸烟的人都应戒烟，如戒不掉的话，则应控制少抽；饮酒不宜过量。适量的饮酒（如：一杯红酒）可以强身健体。儿童少年、孕妇、哺乳期女性不应饮酒。成人如饮酒，一天饮酒的酒精量男性不超过 25 克，女性不超过 15 克。四是心理平衡。能够客观地评价自己和他人，正确应对日常生活中的压力和挫折，不盲目攀比，有效率地学习和工作，奉行人生的价值不在索取而在奉献的价值观。五是文明生活。勤俭节约、珍惜食物、杜绝浪费是中华民族的美德，按需选购食物、按需备餐，提倡分餐不浪费。选择新鲜卫生的食物和适宜的烹调方式，保障饮食卫生。学会阅读食品标签，合理选择食品。有条件的要坚持回家吃饭，享受食物和亲情，创造和支持文明饮食新风的社会环境和条件，传承优秀饮食文化。杜绝黄赌毒。这些都是宜需之道。

适应生产力和社会的发展，变革改善生活方式也是宜需之道的必然要求。2016 年，北京服装学院举办的生活方式设计与科技国际论坛曾以“更幸福的生活方式”为主题，重点就远程医疗、饮食检测、智能环境、大数据、健康保健和睡眠科技等应用领域，同时对于可穿戴产品的设计、应用、产业链、盈利模式等如何适应满足人们需要的议题进行了深入探讨。2015 年，由中国人民大学主办，来自多所国内著名大学的一些国学研究的著名教授学者专家参加的“重建礼乐生活方式”学术研讨会，也是对促进中国社会更好地发展的宜需之道的探讨。当然，在全球化趋势加快的当今社会，探讨适宜人们现实的文化生活方式，不仅要继承本民族的优秀文化传统，而且要善于吸收世界上其他民族的文化精华。历史不可能再走回头路，文明不可能再有世外桃源。人们为了满足在地球村生活共同的需要，必然会形成一种体现先进性原则的融合世界各民族文化精华、不分中外东西的世界文化。我们的责任是让更多的中华优秀文化元素成为世界文化元素，为世界文化的建设作出我们的贡献，让体现中华文化的宜需之道为人们向往的美好生活增益添彩。

3. 满足需要的最高境界是怡需之道

怡需之道是讲满足需要应该做到合理性、科学性和人文精神完美结合，使人身心两益，使所涉各方都满意和天人两益。也就是我国著名社会学家费孝通先生所讲的人人为我、我为人人，达到“各美其美，美人之美，美美与共，天下大同”的境界。

首先，怡需之道强调个人满足需要应持健康快乐的心态和行为。古圣贤智者强调人满足需要要“节欲”“贵生”，认为这样才能长久保持身心健康，享受生活的快乐。这种能使人怡然得乐的满足需要的方式就是怡需之道。中国主流的古典需要理论并不认同苦行僧的禁欲主义，并不认为享受为不应该，欲为不好，而是强调满足需要要符合“天道”“地道”“人道”，要“节欲”，凡事不能走极端。《吕氏春秋》说：“耳不乐声、目不乐色、口不甘味，与死无择。古人得道者，生以寿长，声色滋味，能久乐之。奚故？论早定也。论早定则知早啬，知早啬则精不竭。”这段话告诉人们，生之可贵，就在于能享受声色滋味，但必须知道在满足需要欲望时“节欲”“早啬”，这样才能长久享受这种怡然快乐的生活。

其次，怡需之道要求满足需要应该坚持供需双方互利双赢、所涉各方都高兴的做法。从社会关系来考察，互利互惠满足需要的方式就是怡需之道。立己达人，兼善天下，这是做君子的怡需之道。体现怡需之道的需要是矛盾双方都有的需要，如商人与顾客供与求的需要、医生与患者治病与求医的需要、老师与学生教与学的需要、圣明的统治者与老百姓追求良政与安居乐业生活幸福的需要等，这种构成供需关系矛盾统一的需要的满足，是所涉各方都有的和追求的需要，这种需要的满足对所涉各方都有益。如我国实施了2000多年的食盐官（国）营专卖制度就体现了怡需之道。这一制度的实行，有效地禁止了私盐的泛滥和奸商牟取暴利的行为，避免了国家税收的流失，且保证了食盐的质量和价格的稳定，满足了人们正常的生活需要，维护了老百姓的利益，因此老百姓是满意的；食盐是人们生活的必需品，生产经营利润很高，所以历代政府都牢牢地把控着这一关系每个人每天基本生活需要的战略性生活资料的专营权，其收入成了历代政府的重要来源，因此，历代政府也是满意而且高兴的。作为提供需要满足物的主体方在提供商品和服务时追求并实现双方都满意的目标，实现双赢、共享，这就是怡需之道。再如我国华为公司坚持员工第一、客户至上的理念，把满足员工与顾客的价值实现与企业的发展与价值追求紧密结合，就是怡需之道在企业管理中的实践典范。遵循怡需之道满足需要，不仅不违反自然规律，不破坏社会秩序，不损害他人利益，而且有利于互利互惠双赢、促进社会和谐稳定，于己于人都有利。怡需之道是满足需要的最高境界。由中国发起并推动实施的“一带一路”倡议，就是一项参与建设各方都满意且受益的国际工程，体现了怡需之道。

第三节　基于全面协调可持续发展的满足需要

从人类社会整体和长远的生存发展来看，历史的经验告诉我们，人类社会各种需要的满足必须建立在人与自然和谐相处、社会文明建设全面协调可持续发展的基础之上。人有多方面的持续不断的各种需要，因此决定人类满足需要的社会文明建设发展也必须是全面协调可持续的。坚持做到全面性、整体性、协调性、均衡性、可持续性，推进社会和人的全面健康发展，不仅经济发展，而且各个方面都协调健康发展，各个方面的发展相互适应、相互促进，并可持续发展，这是人类整体满足各种需要的至要佳境。

全面协调可持续发展地满足需要是由人的需要特性决定的，人是有思想的社会动物，不仅有自然需要，还有社会需要；不仅有物质需要，还有精神需要；不仅有生存的需要，而且还有发展、享受的需要；不仅有共性的需要，还有大量个性的需要；人的幸福感不仅来自物质需要的满足感，而且来自精神需要的满足感以及社会价值的满足感；国家、社会的建设发展如果不全面不协调，人的需要、特别是人的全面发展的需要就不可能得到有效、称心的满足。不全面不协调的建设发展，可能对于满足一时一地的某种需要是有效有利的，但从长远整体看是不利的，久之，这种建设发展就可能出现异化，如不顾生态环境保护的建设发展；如忽视物质文明或忽视精神文明或一手硬一手软的建设发展都是不可持续的发展，最终不仅不能很好地满足人的需要，反而会损害人们生存发展的需要。物质文明建设不抓紧，就满足不了人们的物质需要；在抓物质文明建设的同时，忽视法制、文化、精神文明建设和思想政治教育，社会就会生乱、就会走向堕落，就满足不了人们安全、公平、正义、审美、生活得有尊严有意义等精神需要；忽视环境保护，就会损害人的“命需”，就会损害人们生存发展的根本利益；忽视国防建设，就满足不了国家安全的需要。人的社会性本质，决定了人的需要的全面性，人只有全面发展，才能更好地适应社会。只有全面协调的社会建设和发展才能促进人的全面发展。古人云，不谋万世者，不足谋一时；不谋全局者，不足谋一域。自古以来，国家的治理和建设发展的历史经验告诉我们，不能从人们长远利益需要的角度来考虑问题的执政者，是不能够筹划处理好一时的政务的；不能看透全局、不能统筹全局、不能从人们整体利益的需要来谋划建设发展的当政者，是不能处理好一个地方、一个国家的事务的。一个国家只有全面协调的建设发展，才能有效、有质量地满足人民的物质文化精神需要，才能满足社会可持续发展、国家长治久安的需要。

中国共产党历来重视全面协调推进社会主义建设和发展。早在1956年，毛泽东《论十大关系》的著名讲话，对社会主义革命和社会主义建设中要注意处理好的“十大关系”进行了深刻的论述，其核心要义就是要全面协调推进社会主义革命和建设，并认为只有这样，才能为国家的建设和发展调动和凝聚国内外一切有利的积极因素，才能预防和解决好建设和发展中的矛盾，才能保证建设和发展的质量和效率。改革开放以来，我们始终强调要“两个文明一起抓，两个成果一起要”，“一手抓物质文明建设，一手抓精神文明建设”，统筹兼顾。在不断深化认识的基础上，党的十六大后，党提出了“坚持以人为本，树立全面协调可持续的发展观，促进经济社会和人的全面发展”的科学发展观。特别是党的十八大以来，我们党不仅深化丰富了科学发展的思想，而且在实践中坚持以人民为中心，坚定不移地贯彻“创新、协调、绿色、开放、共享”的新发展理念，统筹推进“五位一体”总体布局，协调推进“四个全面”战略布局，统筹改革发展稳定、内政外交国防、治党治国治军各方面工作，统筹城乡发展、区域发展、经济社会发展、人与自然和谐发展、国内发展和对外开放，统筹各方面利益关系，使人民美好生活需要的获得感、幸福感、安全感不断提升。党的十九大对全面协调发展又提出新要求，明确提出了“中国特色社会主义进入新时代，我国社会主要矛盾已经转化为人民日益增长的美好生活需要和不平衡不充分的发展之间的矛盾”的科学判断。国家在继续推动发展的基础上，更加着力解决好发展不平衡不充分的问题，大力提升发展质量和效益，更好地满足人民在经济、政治、文化、社会、生态等方面日益增长的需要，更好推动人的全面发展、社会全面进步。

具有鲜明的时代性、伟大的实践性、独特的创造性、崇高的人民性、严密的科学性的习近平新时代中国特色社会主义思想为全面协调可持续地满足广大人民美好生活的需要明确了方向，提供了指南。习近平总书记在主持十八届中央政治局第一次集体学习时曾说：“中国特色社会主义道路，既坚持以经济建设为中心，又全面推进经济建设、政治建设、文化建设、社会建设、生态文明建设以及其他各方面建设；既坚持四项基本原则，又坚持改革开放；既不断解放和发展社会生产力，又逐步实现全体人民共同富裕、促进人的全面发展。”（《习近平谈治国理政》，外文出版社 2014 年版，第 9 页）在党的十九大报告中，他又强调指出：“发展是解决我国一切问题的基础和关键，发展必须是科学发展，必须坚定不移贯彻创新、协调、绿色、开放、共享的发展理念。”新时代中国特色社会主义的全面协调发展，为可持续地满足人民美好生活的需要开辟了更加健康、更有活力的新境界。

第九章 满足需要的基本法则

研究需要产生及其满足的规律和方法是为了更好地满足人的需要，是为了更加自觉主动地遵循规律，努力提升满足需要的本领和创造需要的能力。根据需要及其满足的规律和持续不断的社会实践，人们要想更好地、更有效地满足和创造自己的需要，必须遵守十项基本法则。

第一节　勤奋劳动法则

劳动，包括体力劳动和脑力劳动，是人类社会财富的唯一源泉。只有勤奋劳动创造，财富才能从无生有、从少生多。劳动创造是造化赋予人类最神奇、最伟大的一种生存能力。人类的劳动创造是自然界一切生灵中唯一独特的生存方式。正像墨子所说："人类'赖其力者生，不赖其力者不生'。"（墨子·《非命下》）所有生物都是靠本能获取天然物或人造物以满足自己的生存需要，而人则主要是靠自己的劳动创造满足自己的需要。是劳动创造使人从动物中分离出来，走上了文明之路，成了主宰地球和自己命运的主人。从宏观来讲，没有劳动创造就没有独立于天地之间的人类，就没有人类文明的精彩世界；从微观来讲，没有劳动创造，人们就不能满足自身的生存发展需要，就不能使自身的物质文化生活变得日益丰富多彩，就不能过上幸福美好的生活。人类的一切财富与文明都是来源于劳动与创造。马克思说："任何一个民族，如果停止劳动，不用说一年，就是几个星期，也要灭亡，这是每一个小孩都知道的。人人都同样知道，要想得到和各种不同的需要量相适应的产品量，就要付出各种不同的和一定数量的社会总劳动量。"（《马克思恩格斯选集》第四卷，人民出版社 1972 年版，第 368 页）一切希望过上好日子的人们和希望生活得有意义、有价值、有尊严的人们，都应该明白和牢记：满足自身的需要必须立足于勤勤恳恳、实实在在的劳动创造，勤奋劳动是满足自身需要的第一法则。

任何一个身心健全、具有劳动能力的人，都不应该有不劳而获的思想，更不应该不劳而获。从人性来分析，不劳而获的思想源于人性的弱点——懒和贪；用阶级斗争的观点来分析，则是源于剥削阶级的特权思想；用进化论的观点来分析，则是源于禽畜世界弱肉强食的生存法则。懒惰的人总是希望天上掉馅饼，总是把满足需要的希望寄托在别人身上，只知索取，不愿付出。现在社会上存在的许多“啃老族”和一些靠“傍大款”或出卖身体谋生或装可怜求人施舍或作局讹诈别人的人，都有一个共同的特点：懒。懒惰的人要维持生存，总是会不同程度地以出卖自己的尊严为代价，更谈不上生活得有意义有价值。懒惰是一种为人不齿的丑恶行为。不劳动不创造、只索取的生活，那是禽兽的生存方式。懒惰必然贫困！贪婪的人总是以不道德和违法罪恶的手段来满足自己的需要，或是不顾环境资源的承载能力，损害他人利益和整体长远利益，疯狂攫取物质财富，以满足自己的私欲；或是滥用特权、损人利己、损公肥私、违法乱纪、贪污受贿、偷盗抢劫，以丛林法则逆行于世。他们共同的特点就是：贪。过度贪婪不仅使自己正常的需要满足难以得到保证，严重的还会影响社会公民的正常需要。那些受到法律制裁、被限制人身自由的无耻贪官和偷盗抢劫之徒就是最好的例证。

中国特色社会主义为我们每一个人通过勤奋劳动满足自己美好生活的需要开辟了广阔而光明的道路，但要实现满足美好生活的需要，每一个有劳动能力的人都必须付出辛勤劳动和智慧创造，“天上不会掉馅饼”。人的任何物质文化生活需要的满足，都需要经过辛勤的劳动和智慧的创造。个人需要的满足和崇高价值的实现，民族、国家的希望和光明所在，人类的生存与发展，都离不开辛勤地劳动和不懈地奋斗。越是勤奋的人越能掌握自己命运和前途的主动权，人生就会越是幸运。再瑰丽的生活梦想，没有苦干实干，也只能是空想。不管经济怎样发展，社会怎样进步，观念怎样转变，劳动创造财富，劳动创造未来的铁律永远不会改变。不管是实现个人美好生活的梦想，还是实现国家富强、民族振兴、人民幸福的伟大中国梦，都需要我们每一个人的辛勤劳动、智慧创造、爱心奉献。在共产党的领导下，全国人民发愤图强，经过几十年的艰苦奋斗、改革创新，彻底改变了贫穷落后的面貌，已经成了世界第二大经济体，人民生活基本实现了小康。创造今天美好生活的，是亿万人民勤劳智慧的双手，是上上下下苦干实干的奋斗。没有亿万人民的胼手胝足、日耕夜作，就不会有今日中国的巨变。正是亿万劳动者不辞涓流、不拒细土，一瓶瓶水、一颗颗纽扣、一件件衬衣地生产，一块块砖瓦、一根根枕木、一条条公路地建设，才实现了中国的财富积累、实力增强，人民群众过上了前所未有的好日子。正是我国科研技术人员的艰苦奋斗、呕心沥血、无私奉献的智慧创造，才使中国在很短的时间内取得了原子弹爆炸、卫星上天、系列导弹列装、核潜艇服役、载人航天飞行、北斗导航、深海探测、高铁建设，以及造福世界的高产杂交水稻技术、青蒿素提取技术、中国天眼、中国工程机械等等一系列高科技成果，赢得了应有的国际地位，树立了应有的国家尊严，也为增进全人类福祉作出了贡献。

我们每一个人都应该牢固树立劳动伟大、劳动光荣的思想，尊重劳动创造，热爱劳动，乐于奉献，通过自己辛勤的劳动和智慧的创造并融入互利互惠的健康的社会机制来满足自己不断提升的物质文化需要，实现自己更加美好的梦想。“人世间的美好梦想，只有通过诚实劳动才能实现；发展中的各种难题，只有通过诚实劳动才能破解；生命里的一切辉煌，只有通过诚实劳动才能铸就。”“我们要全面建成小康社会，进而建成富强民主文明和谐的社会主义现代化国家，实现中华民族伟大复兴，必须依靠知识，必须依靠劳动，必须依靠广大青年。这是我们国家和民族的发展的力量所在，也是我们事业成功的力量所在。”“劳动没有高低贵贱之分，任何一份职业都很光荣。”（引自习近平总书记在2013年、2016年两次劳模座谈会上的讲话）“世界上最光荣的事是劳动，世界上最体面的人是劳动者。”（引自《雷锋日记》）劳动创造了人，劳动创造了历史，劳动创造了世界，劳动创造了人类今天的一切。劳动创造不仅能满足物质文化生活需要，而且益于保障人的尊严、健全人的身心、增益生活的意义、提升人生的价值。无论是体力劳动者，还是脑力劳动者，都应该成为热爱劳动的人，都应该靠诚实劳动、智慧创造来满足自己需要，同时为自己生活其中的社会进步作出应有贡献。“历史承认那些为共同目标劳动因而自己变得高尚的人是伟大人物；经验赞美那些为大多数人带来幸福的人是最幸福的人。”（《马克思恩格斯选集》第四十卷，人民出版社1982年版，第7页）

第二节 敏学修能法则

所谓敏学修能法则，就是注重学习，不断提高知识技能水平和自身综合素质满足需要的方法和原则。在生产生活的实践中，注意加强学习研究、经验总结、知识积累、文明递延，从而不断提高生产生活及适应社会生活的技能水平，不断提高认识事物规律、把握规律、运用规律、按规律办事的能力和水平，不断增强社会文明的和谐度及创造活力，是人类社会满足需要的基本法则。敏学修能法则是积健增能满足需要规律的本质要求和具体运用。

人没有生而知之，只有学而知之。要科学合理地满足需要需要学习，要提高满足需要的能力更需要学习，劳动创造、积健增能都必须建立在学习的基础之上。敏于学习、坚持学习是个体生存发展的需要，更是民族生存发展的需要，不善于学习、没有进取精神的个人和民族是不可能很好地满足其发展的需要的，是掌握不了满足自身需要的主动权的，是没有前途的。要增强满足需要的能力，要掌握满足需要的主动权，要克服本领不足、本领恐慌、本领落后的问题，就必须加强学习。要认识到学习是每一个人生存发展的需要，善良进取的人们应把学习作为一种追求、一种健康的生活方式。所谓学习，既要向书本学习，也要向实践学习；既要向内行学习，又要向专家学习，还要学习国外的有益经验；既要打好知识专业基础，又要培养不断获取新知识的兴趣和能力；既要善于学习，更要善于运用。毛泽东说："读书是学习，使用也是学习，而且是更重要的学习。"学习的目的全在于运用，只有运用才能服务于满足需要的实践。

要善于在满足需要的实践中学习，要在满足需要的实践中注意发现事物运动发展的规律，同时要注意总结各种满足需要实践活动的经验教训，从中发现并总结出满足需要的规律，从而不断提高科学合理满足需要的能力和水平。人类的一切知识都是来源于满足需要的实践，实践出真知。在实践中学习既要勇于探索，勇于创新，虚心向一切内行学习，又要不惧怕失败，不迷信权威，敢于坚持真理，善于把握规律。不要拒绝新生事物，因为许多新生事物本身就是人们生活新的需要。要保持对新生事物的敏感，善于接受和把握新生事物，要善于向新生事物学习，与时俱进地提高自己满足的能力。新的知识总是或多或少地影响和改变着人类的生活方式，人们要满足新的需要，必须加强学习，努力跟上时代前进的步伐。现在人类已经开始迈入移动智能生活的万物智联时代，由网络、数据、应用流程和服务三大体系构建的万物智联技术的普及运用，必将广泛而深刻地影响社会管理、工业制造、商业运作模式和人们的生活方式，我们应对社会发展的这一趋势保持敏感，注意学习新知识、新技能，不断提高自己适应这一趋势发展要求满足需要的能力。再好的千里良驹，也比不上汽车。算盘打得再好，也比不上计算机。时代的进步就像奔流不息的历史长河，如果你永远待在原地，就算没有退步，也已经被历史的长河抛在了后面。明清之际的思想家黄宗羲在总结古代圣贤修身创业的历史经验时说："学则智，不学则愚；学则治，不学则乱。自古圣贤，盛德大业，未有不由学而成者也。"只有在实践中不断学习，才能不断增强满足需要的新本领，掌握满足需要的主动权。

要善于向书本学习，书本是系统知识的重要载体，是人类进步的阶梯。当今世界是知识爆炸的时代，各种知识的书籍浩如烟海，因此向书本学习必须有选择。重点要学好自己选择的学科专业和所从事职业的专业知识，精通自己所学和所从事的专业，是满足工作、开创事业需要的优势。同时要注意多阅读一些历史、哲学等人文科学方面的书籍，这对于提高我们自身的发散思维、创造性思维、辩证思维、系统思维能力和积极正效适应社会的综合素质，更好地满足自己和社会的需要也是非常重要的。个人和组织满足需要的能级决定于个人和组织学习的能级。

敏学修能法则是遵循积健增能规律满足需要的本质要求，学习修能的目的就是为了积健增能。纵观人类漫长而复杂的成长发展历程，探索人的需要产生及其满足规律，我们不难看清，人类社会之所以能不断进步，其秘诀就在于人类在满足自身需要的实践中，其主流始终遵循了积健增能的规律。正是这样，才使人类从原始愚昧日益走向文明进步、从本能弱小日益走向自主强大、从多灾多难日益走向富裕健康。通过实践中的不断学习修炼积健增能满足自身的需要，是具有思想的人类独有的优势，也是个人健康成长、事业成功的重要法则。

坚持敏学修能法则积健增能，要求人们满足需要必须有益健康、有益成长、有益社会、有益人类。追求美好的生活，首先应明确自己真正的需要是什么，精选自己的需要满足物，养成健康的生活方式。那些自虐式的豪吃海喝、奢侈浪费、放纵感官享受、纸醉金迷的生活，是一种体现动物本能的生活，既有害个人的健康与成长，也有害社会的文明进步、和谐发展，应坚决摒弃。那些为了一己私利不惜破坏生态环境、违法乱纪缺德、巧取豪夺的行为，都是与人类满足需要积健增能法则相悖的行为。这些行为不仅损害了他人的需要，而且也损害了自己的需要，水和空气、土地污染了，生活在其中的人们无论高官显贵、富豪平民，无一例外的都是受害者，国家社会理所应当予以严厉处罚坚决禁止。

积健增能的规律和敏学修能的法则， 要求人们在满足自身需要时，要注重个人和家庭健康生活的投入，要重视一日三餐的营养搭配，保证食材的质量；加强体育锻炼，合理安排工作休息，做到有规律地生活；树立正确的人生观、价值观，加强道德修养，培养高尚情操，保持身心健康；保持学习新知识新技能的适当投入，注重学习，积学储宝，遵纪守法，热爱劳动创造，坚持勤劳致富，仁爱奉公，不断提高自身素质和竞争力。只要这些“贵生”的需要欲望不断得以满足，日积月累，就能积健为雄。若人人如此，个人快乐、家庭幸福、社会和谐的局面自然就会形成。国家组织在满足人民的需要时也要遵循积健增能规律，在社会经济利益分配上要处理平衡好各利益群体的关系，鼓励勤劳致富，鼓励支持创新创造；在为人民群众满足其衣食住行医学养等民生需要提供切实保障时，要把教育作为提高人民综合素质，增强创业创新能力的头等大事抓好，确保适度的教育投入，办好各层次的基础教育和职业技能教育，加强学习型社会、组织建设；在满足人民文化需要时，要突出抓好体现社会主义核心价值观的主旋律精品文化工程建设，多为人民群众提供有益的精神食粮，持之以恒地抓好文明创建，培育良好社会风气。在国家建设的投入上要重点突出有利于维护国家安全稳定、有利于增强发展后劲、有利于改善民生的关键领域。

人类社会发展的历史告诉我们，敏学修为、积健增能第一位的任务是发展社会生产力。只有人们认识自然、改造自然，生产创造物质财富的能力增强了，人们的物质文化需要才可能相应地满足和提高，人类社会才能不断向前发展。但发展生产力、发展社会经济不能单兵独进，更不能以牺牲人类其他生存条件为代价，必须坚持全面协调可持续的科学发展观，否则发展不仅不能给人们带来利益，相反会损害人们的利益。如有的地方给环境造成严重污染的所谓发展，不仅损害了当代人的利益，而且也损害了后代人的利益。这样的“发展”不是“积健”而是“积害”，不是“增能”而是“败家”。人类的许多悲剧都是因美好的愿望变成了异化的需要，然而历史的辩证法总是那样的不可战胜，人类那些真正的需要，总是会不断地纠正人们那些愚蠢的行为。非常可喜的是，在发展的实践中，社会对坚持积健增能原则重要性的认识已逐步形成共识。中国共产党十八大确立的经济建设、政治建设、文化建设、社会建设、生态文明建设五位一体的中国特色社会主义建设总体布局就是一个积健增能的总体布局。党的十九大又做出了坚持新发展理念，引领我国经济社会高质量发展的战略部署。习近平总书记在党的十九大报告中明确指出："发展是解决我国一切问题的基础和关键，发展必须是科学发展，必须坚定不移贯彻创新、协调、绿色、开放、共享的发展理念。"我们坚信按照这一积健增能的总体布局和新发展理念要求，抓好中国特色社会主义建设，中国的经济社会会发展得越来越好，中国将变得越来越强大，人民生活会越来越美好。

第三节　正道正能法则

满足需要必须走正道，充满正能量，这是人类社会文明发展的必然要求。所谓正道正能，就是人们满足需要的各项实践行动必须遵循客观规律，方案、措施、目标必须实事求是，必须文明、守法、诚信、自强、利他，必须与社会整体长远利益需要保持一致，必须与社会主流的核心价值观保持一致。简单地说， 正道正能的法则就是坚持正确的价值观指导、坚持科学的路径方法、坚持发挥与社会进步保持一致的正能量、文明守法满足需要的方法。

历史发展的规律和无数的事实告诉我们：坚持正道正能的法则满足需要，生活就会越来越美好，事业就会长盛不衰，人生价值就会在满足需要的实践中不断升值。靠邪门歪道满足需要既不可取，也不应该，更不安全、长久。现实中那些贪官污吏"朝为朝中官、夕为阶下囚"的下场；那些贿赂收买官员巧取豪夺违法缺德谋利的暴发户，最终总是逃不脱法律的制裁，落得个倾家荡产的结局。这些事例充分证明任何靠邪门歪道满足需要的人都是没有好结果的。还有，现实中那些利用别人的虚荣心、利用别人不懂行情专业的弱点、趁人之急之危，使用骗人欺人的“套路贷”等套路赚钱法；迎合一些人的低级趣味、放弃尊严屈从潜规则、傍大款找靠山等负能量赚钱法；不愿从事创造社会财富、服务社会和他人的实际工作，不顾自己的实际能力和需要，痴迷于买彩票、炒股票，寄希望于天上掉馅饼，一门心思撞大运赚取“偏财”的行为；利用人们的爱心，扩大甚至制造悲情，博取人们的同情心，以满足自己的某种需要的方法等，都是满足需要的邪门歪道。经商办企业谋取利益最大化，必须依法依规，要有社会责任担当，不能违法违规缺德，更不能发国难之财，赚天灾之利，夺贫弱之食。一个正常、健康发展的社会，对这些满足需要的邪门歪道都会嗤之以鼻、避之以远。人一定要坚持走正道，以正能量满足自己的需要。个人满足需要应该坚持正道正能的法则，治国理政、满足企业生存发展、国家建设发展的需要也必须坚持正道正能的法则。正道正能满足需要的法则，最基本的要求就是两条：一是满足需要要选择、坚持正确的路径和方法；二是满足需要要坚持科学理论的指导和正确的价值观，守正创新。

遵纪守法、文明诚信，是坚持正道正能满足需要的基本要求。人的需要是通过社会机制来满足的，讲规矩、讲文明是人类社会生活能够正常进行的前提和保证。社会生活需要秩序，秩序来自各种规范。在实际生活中，哪里有规范（即规则规矩），哪里才有秩序，人们的生活和工作才能顺利进行，人们正常需要的满足才有良好的社会保障；反之，哪里没有规则，哪里就没有秩序，那里的生活和工作就不能顺利进行，人们正常需要的满足就没有可靠的社会保障。现代社会中，规范人们行为的规范很多，只要是体现社会主导价值观、保障社会正常秩序的规范，我们都应该遵守。这些规范本身就是我们正常生活的需要，遵守这些规范也是我们正常生活的需要。现实生活中，人们应该遵守的行为规范包括道德、纪律、法律和日常生活中的各种行为规则，以及乡规民约和民俗习惯，等等。道德是靠人们的信念自觉、习俗和社会舆论的力量发挥作用来维持社会秩序的一种非强制的行为规范；纪律是社会团体为维护团体利益，保证工作正常进行而制定，要求其成员共同遵守的行为规范；法律是由国家制定或认可的，靠国家强制力保证实施的，对全体社会成员具有普遍约束力的行为规范，如对标准时间、计量标准工具、各种生产制造标准、质量标准等统一标准的规定；日常生活中的各种行为规则是由有关专家团队在充分听取各方意见的基础上，经过充分论证制定的保证公平竞争和正常秩序的行为规范，如各种竞赛规则、交通规则、操作规则等等；乡规民约是反映特定区域范围内绝大多数人们意志的一种自治的行为规范；民俗习惯是影响人们某些需要取向及其满足方式的一种无形的非正式的行为规范。如果说社会性、创造性是人的本质，那么规范生活必然就是人类文明的本质体现。没有规范就达不成社会，没有规范就集不成力量，也就形不成创造，是不断优化的规范生活才让人类变得如此强大。人类的自由已经早不是那种丛林世界弱肉强食野蛮的为所欲为的自由，而是一种在文明规则范围内活动的自由。

保障社会公共生活的安全有序、和谐文明，以及人们所追求的自由民主，都不能没有规则，不能不守规则。要满足游戏的需要，就必须遵守游戏规则；要满足开车出行的需要，就必须遵守交通规则；要满足物质利益的需要，就必须通过劳动和合法、合理、道德文明的方式获取，绝不能放纵贪欲，总想不劳而获；要满足精神享受的需要，就必须坚持健康有益无害的原则，遵纪守法，不得奢侈浪费伤风败俗，更不能放纵兽欲；要满足参加工作获取劳动报酬实现人生价值的需要，就必须遵守所在单位团体的各项规章制度；要满足自由尊严的需要，就必须知法懂法守法，做人讲诚信讲文明，做事不缺德不违法。制造销售商品要保质保量品优价实，决不能掺杂使假缺斤短两；经营公司企业接人待物要讲诚信，决不能违法缺德坑蒙拐骗。否则，不仅损害他人利益，而且最终必然也会损害自己的利益……这样的例子不胜枚举。无数事例证明，名利靠奋斗得来始能长永，财位使奸巧获取终是烟花。

诚信是人与人交往的基本要求，信用是社会主义市场经济的基石。讲诚信也是坚持正道正能满足需要的必然要求。党的十八大以来，国家强调要弘扬讲诚信的优秀文化传统，结合发展市场经济和社会现实信用状况的新需要，把社会信用体系和社会诚信文化建设放到非常重要的位置来抓，做了大量卓有成效的工作，取得了显著的成绩。2014 年，国务院颁发了《 社会信用体系建设规划纲要（2014—2020 年）》。《纲要》明确了社会信用体系建设的目标：以健全信用法律法规和标准体系、形成覆盖全社会的征信系统为基础，以推进政务诚信、商务诚信、社会诚信和司法诚信建设为主要内容，以推进诚信文化建设、建立守信激励和失信惩戒机制为重点，以推进行业信用建设、地方信用建设和信用服务市场发展为支撑，以提高全社会诚信意识和信用水平、改善经济社会运行环境为目的，以人为本，在全社会广泛形成守信光荣、失信可耻的浓厚氛围，使诚实守信成为全民的自觉行为规范。2016 年 3 月 4 日，习近平总书记在参加全国政协十二届四次会议民建工商联界委员联组会时要求："各类企业都要把守法诚信作为安身立命之本，依法经营、依法治企、依法维权。法律底线不能破，偷税漏税、走私贩私、制假贩假等违法的事情坚决不做，偷工减料、缺斤短两、质次价高的亏心事坚决不做。"2016年12月9日，习近平总书记在中共中央政治局第37次集体学习时，又针对社会营商环境诚信缺失的问题做出明确指示："对突出的诚信缺失问题，既要抓紧建立覆盖全社会的征信系统，又要完善守法诚信褒奖机制和违法失信惩戒机制，使人不敢失信、不能失信。对见利忘义、制假售假的违法行为，要加大执法力度，让败德违法者受到惩治，付出代价。"党的十八大召开后不久，中央文明委发布《关于推进诚信建设制度化的意见》，明确规定通过曝光失信当事人、限制严重失信者高消费行为等手段打击失信行为。这是我国第一份强调从制度层面推进国家诚信建设的中央文件。2016年5月，国务院发布《关于建立完善守信联合激励和失信联合惩戒制度加快推进社会诚信建设的指导意见》，建立健全了社会诚信奖惩制度；9月，颁发《关于加快推进失信被执行人信用监督、警示和惩戒机制建设的意见》，进一步完善了失信惩戒制度；12月，国务院颁发了《关于加强政务诚信建设的指导意见》，从制度层面强化了发挥政务诚信对其他社会主体诚信建设的重要表率和导向作用。据纪念改革开放40周年2018诚信中国发展论坛上一些代表发言材料显示，在全面深化改革的大背景下，在党中央、国务院高度重视信用建设的情况下，我国诚信建设已经取得了一些突破性的进展。全国各级法院建立了定期或不定期向社会公布失信被执行人、经营异常市场主体名录、严重违法失信企业的制度。

坚持正道正能满足需要最重要的是坚持用我们党的指导思想指导我们满足需要的实践。中国特色社会主义建设进入了新时代，我们必须自觉地坚持用习近平新时代中国特色社会主义思想指导满足需要的实践。党的十八大以来，以习近平同志为核心的党中央以巨大的政治勇气和使命担当，领导全党全国开展了声势浩大的反腐败斗争、严厉的正风肃纪，惩治了腐败分子，挽救了不少走上邪路的同志，使国家政治生态更加健康；大力度推进生态文明建设，改变忽视生态环境保护的发展状况，以铁手腕治理环境污染破坏，使中国走上绿色发展的正道；引导支持发展实体经济、引导支持企业发展主业；强调加强党政机关、军队、学校、企业、农村、社区党建思想政治工作、文明创建活动等。这些举措，都是坚持以正道正能法则满足各种需要的体现。在习近平新时代中国特色社会主义思想的指引下，坚持正道正能法则，守正创新满足国家建设发展、地方单位创业发展、个人成长生活创业发展享受需要，正在成为一种良好的社会文化环境。习近平新时代中国特色社会主义思想既为中国特色社会主义建设提供了科学指南，也为中国特色社会主义建设注入了强大的正能量。我们坚信，在习近平新时代中国特色社会主义思想的指引下，我国的发展一定会越来越健康，人民的生活一定会越来越美好。

第四节　注重平衡法则

平衡是宇宙万物运行的法则，系统平衡是需要产生的基本规律，我们生活中无处不存在平衡的需要。由此，人们自身的需要、国家和组织满足人民大众的需要，都需要坚持系统平衡法则。人的生命健康需要身体机能平衡，人类持续发展需要生态系统平衡，人类和谐幸福需要社会发展平衡。人的身体机能失去平衡就会生病，生态系统平衡失去平衡，人类就会遭殃，社会发展失去平衡，社会就会生乱。

俗话说，生命在于运动。所以，很多人都误认为运动得越多对身体健康越好，其实不然。无数事实证明，正确的锻炼方法和适量的运动有益增强人的体质，如果锻炼方法不当、运动量过大，就会造成身体机能失衡，反而有损人的健康。一个人要想健康长寿，至少需要注意四个方面的平衡：一是要与生存环境保持平衡。要积极适应人类生活的大环境，主动创造适宜生活的小环境。人与环境（包括生态环境和社会环境）失衡，便会导致人体免疫力下降，很容易生病，轻者影响生活质量，重者甚至影响生存。二是要注意营养平衡。要调和五味，不偏食。营养平衡，才能使人均衡发育生长。三是要注意动静平衡。养成良好的生活工作习惯，做到有张有弛，劳逸结合，动静平衡。四是要注意心理平衡。《黄帝内经》说，百病生于气也。怒则气上，喜则气缓，悲则气结，惊则气乱，劳则气耗……所以医病先要医心。俗话说，笑一笑十年少，愁一愁白了头。怨恨、愁闷、生气和忧郁容易使人生病。情绪是生命的调控闸门，一个人一旦精神崩溃，必致病魔侵身。医学就是研究人体生理平衡的科学，治病就是修复身体机能的平衡。

中医养生学、营养学是“治未病”的科学，其理论博大精深，但最基本的方法是根据阴阳平衡理论，通过望闻问切及现代仪器诊断，针对身体机能系统平衡存在的隐患，提出有针对性的养生防病方案，从而帮助人们从日常锻炼和饮食营养等方面有针对性地满足保持身体机能平衡健康的需要。平衡是艺术也是科学，要实现科学合理有效的平衡，必须有科学理论和专家的指导。如补药，经医生诊断为增益身体机能平衡所需，吃则有益，如乱吃则有可能损害身体机能平衡，相反不利健康。

找出系统平衡存在的问题，是满足系统平衡需要的关键。人的身体系统机能是否失衡，人们可以通过体检或看医生来诊断发现调养治疗，以满足健康平衡的需要。就像医学的发展一样，经过漫长的实践与经验积累和探索研究，人类已经逐步深入地建立和掌握了发现和调控各类系统平衡需要的知识体系和方法。汪叶斌在《天道自衡论》中认为，人类现有的知识体系中的各种具体科学都是研究客观世界某个领域、某个层面上平衡的科学，中国古代诸子百家的学问内容虽有不同，但都从不同角度表达和运用了平衡规律。宗教的功能是有利于人的心理平衡，政治就是协调不同群体的利益平衡。在观察和调查研究的基础上，用人类已有的科学知识和方法去诊断和调控系统平衡的需要，这是满足系统平衡需要最基本的方法。如用日常或定期检测的统计数据来及时发现预防治理生态环境失衡的问题，用基尼系数来分析社会成员收入财富差距，防止贫富差距过大、社会发展失衡的问题，都是非常有效的方法。所有寻找系统平衡需要的方法都有一个共同点，就是寻找平衡点。所谓平衡点，就是建立并保持系统与系统之间平衡关系的连接参数。不准确掌握平衡点就不能正确发现系统平衡的需要，更谈不上建立和维持系统的平衡。基尼系数 0.3 到 0.4 就是社会成员收入分配公平程度的基本点。国际社会通常把 0.4 作为收入分配的警戒线，一般发达国家的基尼指数在 0.24 到 0.36 之间，美国偏高，为 0.4，中国大陆和香港的基尼系数都接近 0.5。现阶段我国社会存在许多不和谐不稳定因素都与贫富差距过大有关系。为了消除这些不和谐不稳定的因素，党中央在“两个一百年”“中国梦”

的目标体系中提出了在人民生活指标上，要总体实现基本公共服务均等化、缩小收入分配差距和社会和谐稳定。党的十八大以来确定的中国特色社会主义建设的“五位一体”总体布局、“四个全面”战略布局，以及“创新、协调、绿色、开放、共享”的新发展理念都是统揽全局的系统性的战略思维，这些全面系统的战略布局和战术举措，将高质高效地推进我国决胜全面建成小康社会的伟大进程、确保“两个一百年”目标和实现中华民族伟大复兴“中国梦”的实现。

按照系统平衡法则满足与人类生存发展幸福关联的各类系统建设的需要，是一项非常复杂的工程。从社会学角度的分类来看，人类需要建立和维持三个层次的大平衡：一是人类社会发展与生态环境保护的平衡，二是国与国、人与人与之间的平衡，三是人自己内心的平衡。人类文明建设的不断深化和进步，都将继续并永远地围绕满足这些系统的平衡需要而展开。生态系统的平衡、社会发展的平衡、国际关系的平衡、物质文明建设与精神文明建设的平衡、民族国家利益与人类整体利益的平衡、眼前利益与长远利益的平衡、个人利益与公共利益的平衡等， 凡是涉及一个地区一个国家乃至全人类整体利益大系统的平衡，是各国各级政府和联合国等国际治理组织的主要社会管理职责，是世界各类经济组织、社会团体以及每个社会成员的义务和责任。我国秉持“与世界共享机遇、互利共赢” 理念，推动经济全球化朝着更加开放、包容、普惠、平衡、共赢方向发展，体现了一个负责任大国的胸怀和担当。

第五节　优选简约法则

为了使自己生活得更加自由快乐幸福，需要在优选的基础上按照简约的标准满足自己的需要，这就是满足需要的优选简约原则。这一原则有两层意思，首先是优选，其次是简约。所谓“优选”有两个含义，一是泛指择优而取的方法，二是专指应用数学领域的优选法。优选法是一种以数学原理为指导，合理安排试验，以尽可能少的试验次数尽快找到生产和科学实验中最优方案的科学方法。这里的优选取其泛指的含义。随着社会的发展，人的需要欲望越来越多，越来越复杂，需要满足物也是越来越多，越来越诱人，如果不加优选，人就很容易失去生活的正确方向，尽管你的需要合法合规，你的生活也会因太庞杂、太“丰富”、太“富裕”而过得很累。正像周国平在《生命的品质》一书的序言中写到的：人来到世上，首先是一个生命。生命，原本是单纯的。可是，人却活得越来越复杂了。许多时候，我们不是作为生命在活，而是作为欲望、野心、身份、称谓在活，不是为了生命在活，而是为了财富、权利、地位、名声在活。这些社会堆积物遮蔽了生命，我们把它们看得比生命更重要，为之耗费一生的精力，不去听也听不见生命本身的声音了。他在《论简单生活》一文中告诫人们：“在五光十色的现代世界中，活得简单才能活得自由。”对于一个满足于过简单生活的人，生命的疆域是更加宽阔的。历代圣贤智者们也告诉我们：只有通过优选简约我们自己的需要，我们才能活得更加轻松自由，才不会浪费时间、精力、生命、资源，一生才能集中精力做好几件更有价值意义的事情。

第一，要优选简约需要目标。《道德经》中说：“五色令人目盲；

五音令人耳聋；五味令人口爽；驰骋田猎，令人发狂；难得之货，令人行妨”。世界上诱惑人的东西很多，如果过度追求、沉湎其中，对人的身心健康是有害的。即使是美好的东西也不能什么都想享受、都想得到。我们一定要向古代圣贤学习，学会正确取舍，集中精力追求那些体现人生真善美的真正的需要。简约不等于简单随便。千姿百态的现实社会给人们的需要目标指向无数，为人们满足自身的需要提供了自由选择的广阔空间。如果不优选简约需要目标，就有可能在无数的需要欲望中迷失方向，在许多需要永远无法满足的失望中过日子。人生不过百来年，人的精力是有限的，人一辈子能学会几样能自食其力养家糊口安身立命的本事、能干成一件或几件事像样的事情，就是很不错的人生。因此，我们在考虑自己和儿女们的人生需要时，应有限目标。

人生每个阶段都面临着许多需要目标的决策。那些能在关键阶段抓住关键需要的人，人生成功的概率比较大。如在成长阶段，孩子们最大的需要是学习。学习也需要优选简约目标，小学中学阶段是孩子成长的重要阶段，重点应是培育健全的人格和良好的学习习惯，打好文化科学知识基础；中学毕业，孩子开始步入成人阶段，继续深造的学习是为日后进入社会工作做好知识准备和专业训练，因此，上大学也好上职业技术学校好，一定要从实际出发，根据自己的兴趣爱好、性格特长选好继续学习深造的专业。选择专业时，不能不顾自身实际盲目地攀高、不能不顾自身兴趣特长盲目地赶时髦跟风跑。现在许多家长为了不让孩子输在起跑线上，不顾孩子兴趣和性格特点，盲目地让孩子参加各种并不需要的培训班培优班，搞得孩子压力很大，一点玩儿的时间都没有，这不仅浪费了金钱，也并不利于孩子的健康成长。无数的事实证明，培养孩子的特长有一到两项就足够了，其实凡是能安身立命的特长光靠培养是不行的，特长是靠兴趣坚持的结果，如果强迫的培训没有转化成兴趣，不仅白花了钱，也会给孩子其他方面的学习造成影响。“望子成龙”必须找准“成龙”最大的需要是什么。一个人的精力是有限的，任何人都不能包打天下；一个人的学识是有限的，世界上没有全能的智者；一个人的能力是有限的，任何人不可能万事不求人。

在就业创业阶段，优选简约目标尤其重要。职业定位首先要考虑现实的制约和社会国家的需要，因为职业是一种社会活动，必须遵守法律道德规范，不能干的事坚决不要干；职业是一种社会分工，社会不需要、国家不需要、市场没需求的事不要干。其次要根据自己的兴趣爱好、知识结构、能力特长、性格特点选择自己职业方向和创业目标，如果错误攀比、盲目跟风、贪多贪大，职业和事业一定难令自己满意，甚至比较失败。即使有成功的特例，也会是许多偶然因素造成的结果。术业有专攻，社会有分工。优选简约职业生涯目标，是人生成功与精彩的重要保证。乔布斯在谈及他成功的秘诀时说，专注和简单一直是他的秘诀之一。简单可能比复杂更难做到，你必须努力理清思路，从而使其变得简单。但最终这是值得的，因为一旦你做到了，便可以创造奇迹。

第二，要优选简约物质需求。在基本的生存发展需要得到保障后，人们积累物质财富的欲望并不会因此而减弱，相反会因能力的增强而强化，许多没有树立正确人生观价值观的人还很容易走上拜物主义穷奢极欲违法乱纪的歧途。老子说：“甚爱必大费，多藏必厚亡。故知足不辱，知止不殆，可以长久。”过度的需要欲望必然造成巨大的耗费，过多地储藏必然造成巨大的损失。所以知道满足就不会受到屈辱，知道适可而止就不会有危险，这样，我们平平安安的生活才能保持长久。俗话说，良田万顷，日食三餐；广厦千间，夜眠八尺。一饱之需，何必八珍九鼎？七尺之躯，安用千门万户？其实，人真正的物质需要是很少的。现实社会中，我们许多人都拥有许多与生活好坏不相干的物质需求与物品。如现在不少人家里储藏了很多的旧物品，平时一点也用不上；有不少人看到便宜的东西就买，结果买回来也用不上，就闲搁在那儿，最后不得不当垃圾处理掉……这些司空见惯的现象就是一种隐形的浪费。家里的旧物品应定期清理，留下最有价值的，其余的可送有需要的人或处理掉。买东西应买自己确有需要的精品，不要求多，要求好求精。从大的方面来说，优选简约物质需求有利于节约资源和人类可持续发展，从小的方面来说，有利于减轻生活负担、减少烦恼、减少浪费，提高生活质量。

第三，要优选简约社会活动。现代社会是一个盛行商业人际关系学的社会，这种关系学是以利益为纽带，以获取更多的人脉资源谋利为目的。正常的人际关系应建立在以平等博爱、友善互助、文明诚信、伦理秩序为原则的情感基础之上。所以，现实社会中人们参加的许多社会活动都是被那些有谋利目的的人所精心设计的商业活动。如许多人都遇到过或将会面临的被人邀请参加的各种产品推销会、各种名目繁多的研讨会、各种利益诉求不同的联谊会和酒会、各种花样翻新的节庆活动、各种潜规则裹挟的人情往来等社会活动，有许多就是没有必要参加的，有的更是不应该参加的，白白浪费时间和精力。因此，必须优选简约社会活动，与工作相关的社会活动有规定的按要求参加，没硬性规定的择需要择优参加，没必要、不应该参加的社会活动坚决不参加，以避免浪费时间精力。基于血缘伦理的亲情关系是超越商业利益关系的自己无法改变的最基本的社会人际关系，应十分珍惜，精心经营。拥有良好的亲情和一个充满爱的世界，这是人生幸福的基本要件，也是建设文明和谐社会的基本要求。

第四，要优选简约文化娱乐活动。要处理好工作、休息与文化娱乐的关系，不能沉湎于文化娱乐活动之中，影响工作和身体健康，参加文化娱乐活动要适中有益有度。电视节目要有选择地看，上网要节制，亲人朋友微信联系应定时，不健康的娱乐活动不参加、不健康的信息不浏览，始终保持一种向善向上健康的精神生活。

现在，世界上有些人在提倡和追求一种叫“极简主义” 的生活方式。“极简主义”生活方式的核心要义是放弃无效的物品，精减需要的物品，减少生活中无益的事情，从而腾出时间精力来做好更有益的事情。优选简约原则与“极简主义”有区别，但更多的是共同点。区别在其实现目标的途径上：优选简约原则强调的是通过优选简约更好地满足需要，“极简主义”则是尽量减少需要。共同点在其目标指向上， 优选简约原则和“极简主义”都强调人们在满足自身需要时，应通过优选简约需要，最大限度专注于主要需要目标的追求，以获得最大的效益；放弃不能带来效用的物品，控制徒增烦恼的精神活动，简单生活，以获得最大的精神自由。

坚持优选简约原则一定要学会必要的拒绝放弃，那种患得患失吞了怕是骨头、吐了怕是肉的人永远也摆脱不了物欲的束缚，也难以最大限度地获得精神上的自由。乔布斯告诫那些既不想在社交上过多浪费时间，又怕因此得罪朋友的人：时间有限，所以不要为别人而活。不要被教条所限，不要活在别人的观念里。不要让别人的意见左右自己内心的声音。

最重要的是，勇敢地去追随自己的心灵和直觉才知道自己的真实想法，其他一切都是次要。学会必要的拒绝，你会变得更自主、更自由。

第六节 心物双滋法则

“物”是指物质需要，“心”是指精神需要。所谓心物双滋法则，是讲满足人的需要，必须坚持物质需要和精神需要协调满足，不能偏废。与动物相比，人不仅有物质需要，而且有精神需要。人的健康，不仅是躯体健康，还包括心理健康，社会适应良好和道德健康，即身心健康。心物双滋法则认为，要保证人的健康，既需要有良好的物质“食粮”，也需要有良好的精神“食粮”。 良好的物质“食粮”保证人们身体的健康和社会生活水平的提高， 良好的精神“食粮”保证人们心志的健康和社会运行的健康。

心物双滋法则要求人们在追求个人利益需要时，既要注重提高自己的知识水平和技能，也要注重修身养性，培养健康的心理素质和良好的行为操守；既要有满足自己利益需要的功用目标，也要有符合社会主流价值观的有益社会的价值目标；把德业双优作为人生追求的理想目标。在培养孩子方面，既要保证基本物质需要的满足，又要注意培养孩子良好的品行和健康的心态，教育孩子“系好人生第一粒扣子”。要把劳动教育、树立正确的劳动观作为提升孩子综合素质和满足其生存发展需要能力的重要功课，切实抓好。家长不能溺爱孩子；在少儿阶段要鼓励指导孩子参加衣食住行等日常生活的劳动实践，孩子成年后，应培养其独立生活的能力，不能让其养成好逸恶劳、贪图享受、依赖父母的坏习惯，不能让其养成饭来张口、衣来伸手、内务不整、庭院不扫、不爱惜财物、不尊重他人劳动、四体不勤、五谷不分的纨绔之习。家庭优越的条件容易消磨孩子的斗志，如果教育不严不当，必然造成孩子的平庸，甚至学坏。学校教育既要抓好知识技能教育，又要抓好做人的教育，要坚持德智体美劳全面发展的办学方针，把立德树人贯彻学校教育的全过程，努力把学生培养成合格的公民、高素质的劳动者和国家建设发展的栋梁之材。孝敬父母长辈既要从经济生活上关心照顾，保证其有良好的物质生活，又要从心理上关心体贴，经常问寒问暖，离开父母在外工作的应保持经常的电话视频联系，有条件的应该带上爱人、带上孩子常回家看看，保证其有良好的精神文化生活。心物双滋，才能使孩子健康成长，才能使老人健康生活，才有可能使我们真正成为一个身心健康的社会公民。

心物双滋法则要求国家在抓社会建设时，既要重视物质文明建设，也要重视精神文明建设；即要重视人民群众的物质需要，也要重视人民群众的精神需要。如在脱贫攻坚战中，就要既有解决眼前困难经济上的帮扶，又要有授人以渔的技术援助培训上的帮扶，更要教育激励被帮扶人员自立自强。统治集团既要履行好社会管理的职责，也要履行好引导教育社会成员向善向上向美的教化职责。向善向上向美的教化是人类文明建设发展的雨露阳光。良好的社会风气，不可能自发地形成，必须要有科学的理论指导，必须通过有组织有仪规的教育引导培育养成，这样才能使之真正成为一种健康的精神文化生活环境。没有组织、没有现场、没有形成共同价值观、没有仪式感的活动，形不成人文环境。利用网络进行思想政治教育是适应现代社会发展的一种为人们喜闻乐见的好形式，但不能完全代替现场的有仪式感的集体的面对面的教育，因为只有现场集体的面对面的教育，才能更好地形成一种互相感染的情感气场，增强教育的效果。坚持继承创新、及时总结进行思想政治教育的新经验新方法，不断提高思想政治教育的水平、实效，对于贯彻心物双滋法则满足促进人的全面发展的需要具有十分重要的意义。中国共产党一贯坚持的物质文明精神文明两手抓、两手硬的社会主义建设方针，就是心物双滋法则在国家管理和建设上的体现。

第七节　创造价值法则

从物质需要的角度讲，人的需要的满足 95% 以上都是通过社会劳动交换来实现的。劳动交换本质上是一种劳动量价值的等价交换。你的劳动只有创造了使用价值，才能满足自己的需要，你只有为别人创造了价值，才能通过等价交换价值形态的劳动实现自己的需要。因此，满足自己的需要必须坚持创造价值的法则。只有创造出别人需要、市场需要、国家需要、人类需要的价值，个人的需要才能得到满足，个人需要社会认可的价值才能实现。老师的价值是能传授给学生知识，医生的价值是能给病人看好病，律师的价值是能依法维护委托人的合法权益……习近平总书记在谈到科技成果怎样满足社会需要实现自身价值时说："实施创新驱动发展战略是一个系统工程。科技成果只有同国家需要、人民要求、市场需求相结合，完成从科学研究、实验开发、推广应用的三级跳，才能真正实现创新价值、实现创新驱动发展。"（《习近平谈治国理政》，外文出版社 2014 年版，第 124 页）

在市场经济的条件下，挣钱是人们满足需要的基本方法途径，要想挣到钱、想挣大钱，就必须为客户、为市场、为社会创造价值，个人是这样，工商企业更是这样。工商企业要想取得保持良好的经济社会效益，首先必须努力开发出市场接受的新产品和服务，为客户、为市场、为社会创造新的价值；其次要在确保质量的前提下，努力降低成本，从而以更低的价格向市场提供产品和服务，使服务对象的价值增值，只有这样，企业才能健康发展，事业长青。方法不同、职业不同、行业不同，创造价值的要求也不同，但根本的一点就是提供的劳动产品服务能给服务对象带来效益。

文化艺术产品满足人的精神文化需要也要遵循创造价值法则。文化艺术产品除了商品属性，还有显著的社会属性，肩负着社会精神文明建设的重要职责，所以其价值主要应体现在满足社会成员健康的精神需要上，其经济效益必须服从服务于社会效益。文化艺术工作者和文化企事业单位要以代表社会前进方向的社会主流价值观为指导，在中国，就是要以社会主义核心价值观为指导，把讴歌人类社会和现实生活中的真善美作为创作的主旋律，同时也要承担起继承发扬好优秀民族文化艺术传统、用形象生动具体的文学艺术作品表达人类生存的终极意义、传递人类对未来美好的憧憬和责任。用健康向善向上向美的作品愉悦人的精神生活，引领人的精神追求，丰富人的精神世界，陶冶人的道德情操，提高人的精神境界。始终沿着坚持与时代同步伐、以人民为中心、以精品奉献人民、用明德引领风尚的正确方向前进。那些不顾社会责任、投机取巧、见利忘义的文化艺术商人和企业，只能生存于社会的阴暗角落，迟早会被社会唾弃。只有那些有价值追求与责任担当的文化艺术家和企业才会得到社会的尊重，自身的现实的需要和人生的价值才能得以很好地实现。个人的追求如果不能与社会主流核心价值观保持一致、不符合社会整体利益与社会文明发展的需要，就没有价值可言。

第八节 利群济世法则

利群济世法则有两层含义：一是作为个体的人们追求人生的价值和意义，应该以为他人和社会做出有益的实际贡献为目标；二是作为国家公共事务管理者的各级政府，制定各项民生政策、实施各项民生工程建设时，应该以最大限度满足全体社会公民的需要、有利于社会和人类可持续发展为目标。欲望和需要的满足就是人们所追求的利益。强调利群济世并不是不讲个人个体利益，而是要求人们在追求满足个人个体利益时，要兼顾整体和长远利益，把追求个人个体利益纳入社会整体和长远的发展目标和运行秩序的轨道，使之互相促进、共同发展。个人个体利益与整体利益有矛盾的一面，也有统一的一面：个人个体利益表现为局部性、眼前性，整体利益表现为全局性、长远性；个人个体利益是整体利益的个性体现，整体利益是个人个体利益的基础保证。追求合理的个人利益不是个人主义，个人主义是一种个人利益至上、以自我为中心地看待世界、看待社会和人际关系的世界观。个人主义的价值取向，违背了人社会性的本质，是不可取的，也是行不通的。

人们应坚持集体主义的原则，处理好个人个体利益与整体利益的关系。人满足需要与动物满足需要的本质区别在于有目的的劳动和社会性。马克思说："人是最名副其实的社会动物，不仅是一种合群的动物，而且是只有在社会中才能独立的动物。"（《马克思恩格斯选集》第二卷，人民出版社 1972 年版，第 87 页）人 “只有在集体中，个人才能获得全面发展其才能的手段，也就是说，只有在集体中才可能有个人自由。”（《马克思恩格斯选集》第一卷，人民出版社 1972 年版，第 82 页）人类脱离了社会就会失去自己满足自己需要的能力，就不可满足自己的需要，即使生存下来也只能是人形动物。

在现阶段，整体利益有集体利益、国家利益、全人类利益等多层次的区分。在个人个体利益与整体利益发生矛盾时，个人个体利益应服从整体利益，自觉调整满足需要的方向和强度。卢梭在《社会契约论》中指出，为了维护各自生来具有的自由和平等，确保自身生存的利益，人们必须理智地对待社会生活中的互相约束，当社会发展需要人们共同协作，以全部共同的力量来保障共同的人身和财富时，每个人及其自身的一切权利都应该全部转让给整个集体。这也是人类之所以能在地球生存的重要原因，也是一个家庭、一个民族、一个国家健康发展、走向富裕幸福和强大的重要原因。如防汛，国家为了大江大河大湖全局的安全度汛，在十分危急的情况下，有时需要炸堤分洪，处在沿线分洪区的人民必须服从安排，积极配合搞好转移搬迁，当然这也是保证自己人生安全的需要。人的社会性，决定个人个体的利益总是寓于不同层次的整体利益之中，整体利益代表了个人个体的根本利益和长远利益。因此，人们在满足个人需要时，不能损害集体的利益；在满足集体需要时，不能损害国家利益；在满足国家需要时，不能损害全人类的利益；在满足当代人需要时，不能损害后代人利益。当各层次利益发生矛盾时，应自觉服从高一层次的利益，各层次利益主体都应自觉维护全人类的整体利益。另一方面，高一层次的利益主体也要充分尊重和维护个人个体的正当利益，发挥个人个体的主观能动作用。这样，社会才能形成良性互动，实现“人人为我，我为人人”的和谐发展局面。追求整体利益层次的提高，是人类文明进步的一个重要标志，也是当今人类文明更加进步的迫切要求和重要保证。由于科学技术的飞速发展，特别是交通信息技术的发展，世界间联系越来越紧密，人们任何需要的满足都或多或少、或直接或间接地与人类的整体利益状况关联着。但是，现有全球治理机制能力与由科学技术进步带来的全球化的加快和深入的矛盾却在日益加重，当今世界正处于百年未有之大发展、大变革、大调整、大变局时期，霸权主义抬头、单边主义泛起、契约精神弱化，极端个人主义、极端自由主义、恐怖主义横行，价值观混乱，宗教文化冲突不断，全球性政治、经济、安全、民生、环保、公共卫生、人权等问题也越来越多，这些问题越来越影响和制约着全世界人民的生活福祉和人类社会的可持续发展，已经成为全世界人民必须共同面对、共同努力加以解决的问题。

中国在集中精力搞好自己的改革发展的同时，秉持构建人类命运共同体和利世济群的崇高理念，积极履行国际义务，承担国际责任，积极参与推动全球治理体系朝着更加公正合理方向发展，为维护世界和平与发展发挥着积极作用。2013 年，由习近平主席提出、中国倡议发起的共建“一带一路”顺应了全球治理体系变革的内在要求，彰显了同舟共济、权责共担的命运共同体意识，为完善全球治理体系变革提供了新思路新方案。自中国提出这一伟大倡议以来，全球 100 多个国家和国际组织纷纷响应，积极支持并参与建设。几年的实践表明，“一带一路”既根植于历史，又面向未来，不仅有利于推动沿线国家的经济合作，建立共商共建共享共赢的命运共同体，而且也为推进经济全球化健康发展、完善全球发展和治理模式开辟了重要途径，成了国际社会各方共同打造的一个开放包容的合作平台、突破障碍困境满足发展需要的重要的全球公共产品。

第九节　创新思维法则

从拓宽满足需要视野、提升满足需要效率和质量的实践来看，满足需要应坚持创新思维法则。所谓创新思维，是指以新颖独创的方法解决问题的思维过程，通过这种思维突破常规思维的界限，以超常规甚至反常规的方法、视角去思考问题，提出与众不同的解决方案，从而产生新颖的、独到的、能满足人的某种需求和需要的思维成果。创新是，创新思维指导下的实践，是利用现有的知识和物质，在特定的环境中本着理想化需要或为满足某种社会需求而改进或创造新的事物、方法、元素、路径、环境，并能获得一定有益效果的行为。创新实践有三大基本特征：一是更新；二是创造新的东西；三是改变。

创新思维的方法有很多，如逻辑推理法、系统思维法、发散思维法、逆向思维法、联想思维法、化简思维法、大数原则等等。有人还创造出了更加简明易懂易于操作的创新思维法，如实用性很强的“和田创新十二法”，又叫“和田创新法则”。和田十二法是我国学者许立言、张福奎在20世纪80年代初为指导上海市闸北区和田路小学开展小发明、小创造活动，在奥斯本稽核问题表的基础上，借用其基本原理，同时也吸取和田路小学创新活动中老师们总结的一些经验心得，加以创造而提出的一种思维技法。这种创新技法围绕满足人的具体需求展开，非常通俗易懂，简便易行，非常实用。“和田创新十二法”的具体方法是：

加一加：加高、加厚、加多、组合等。

减一减：减轻、减少、省略等。

扩一扩：放大、扩大、提高功效等。

变一变：变形状、颜色、气味、音响、次序等。

改一改：改缺点、改不便、改不足之处。

缩一缩：压缩、缩小、微型化。

联一联：原因和结果有何联系，把某些东西联系起来。

学一学：模仿形状、结构、方法，学习先进。

代一代：用别的材料代替，用别的方法代替。

搬一搬：移动位置、移作他用。

反一反：能否颠倒一下。

定一定：定个界限、标准，能提高工作效率。

如果你在满足需要的实践中碰到具体困难时，如果现有可得的物品、商品、工具的功能不能满足你的需要时，可以按照这十二个方法的顺序进行核对和思考。从这个意义上说，“和田创新十二法”也是一种打开人们创造思路、从而获得创造性设想的“思路提示法”。

使用“和田十二法”解决生活工作生产中的难题，满足人们新的需求和需要，效果非常好，如加一加：过去，中小学生的学习用具都是买单件，很不方便，粗心的学生经常缺这少那；后来，有人运用加一加的方法，创新生产了集笔、削笔刀、橡皮擦、量具为一盒的学生学习用具盒，满足了学生一次就能买全学习用具的需要。还有各种出差用的洗漱用具盒、家庭常用工具盒，以及瓶装汤药加个量杯等，都是加一加创新思维法在生活中的运用。许多新的高科技产品也是加一加的成果，如普通机械加工设备加上自动控制系统，就成了数控设备；手机加上一个新的功能，又成了一个新的品牌等。我们学习这些创新方法的目的，是为了开拓满足需要的思路、增强满足需要的能力。创新思维是满足需要的重要法则，个人是这样，国家社会也是这样。

创新是一个民族的灵魂，是一个国家兴旺发达的不竭动力。创新思维、创新发展对于实现“两个一百年”的宏伟目标；实现中华民族的伟大复兴至关重要。就推动生产力的发展来说，创新最重要的是科技创新。科技创新已越来越成为当今社会生产力的解放和发展的重要基础和标志。“创新是引领发展的第一动力，是建设现代化经济体系的战略支撑。”（注：引自党的十九大报告）党的十八大以来，我国“创新型国家建设成果丰硕，天宫、蛟龙、天眼、悟空、墨子、大飞机等重大科技成果相继问世。”（注：引自党的十九大报告）我国已步入创新发展的快车道。党的十九大对加快建设创新型国家进一步进行了全面而重点突出的部署，提出了更高的要求。报告明确提出七项目标任务要求：一、要瞄准世界科技前沿，强化基础研究，实现前瞻性基础研究、引领性原创成果大突破。二、要加强应用基础研究，拓展、实施国家重大科技项目，突出重点，大力支持关键共性技术、前沿引领技术、现代工程技术、颠覆性技术创新。三、科技创新要围绕国家建设发展的需要发力，要为建设科技强国、质量强国、航天强国、网络强国、交通强国、数字中国、智慧社会建设提供有力支撑。四、要加强国家创新体系建设，强化战略科技力量。五、要深化科技体制改革，建立以企业为主体、市场为导向、产学研深度融合的技术创新体系，加强对中小企业创新的支持，促进科技成果转化。六、倡导创新文化，强化知识产权创造、保护、运用，努力形成全社会重视创新、鼓励创新、支持创新、尊重创新的良好社会氛围。七、培养造就一大批有国际水平的战略科技人才、科技领军人才、青年科技人才和高水平的创新团队。随着这些要求目标的落实和实现，满足我们国家建设发展和人民日益增长的美好生活需要的主动权，将牢牢地掌握在我们自己手里。

创新思维是人才的最显著的特征，人才是创新的基础和动力。人才有多重要？美国称钱学森一个人就能顶五个师！没有他以及和他一样一批从海外留学归来的优秀科学家和我们自己培养的一批优秀人才，我国以“两弹一星”为代表的国防尖端武器系统就不可能在短时间内研发出来。满足国家建设发展的需要，不仅创新型科技人才重要，创新型领导型人才也同样重要。以毛泽东为主要代表的老一代无产阶级革命家、中国共产党人为了国家的独立、民族的解放、人民的幸福，前赴后继、英勇奋斗、开拓创新，领导中国人民结束了近代中国积贫积弱、灾难深重的历史，带领中国人民历经艰难选择了崭新的社会主义道路，成立了人民当家做主的中华人民共和国，让中国人民从此站起来了。以邓小平为主要代表的中国共产党人，总结中华人民共和国成立以来正反两方面的经验，解放思想，实事求是，创新开拓，改革开放，创立了中国特色社会主义理论，领导中国走上了逐步富起来的中国特色社会主义道路。十八大以来，中国特色社会主义进入发展新阶段，以习近平为主要代表的中国共产党人，顺应时代发展，坚持继承创新，从理论和实践结合上系统回答了新时代坚持和发展什么样的中国特色社会主义、怎样坚持和发展中国特色社会主义这个重大时代课题，创立了满足时代发展需要的习近平新时代中国特色社会主义思想。在习近平新时代中国特色社会主义思想的指导下，我国社会的建设发展正围绕解决人民日益增长的美好生活需要和不平衡不充分的发展之间的社会主要矛盾展开，坚定不移地贯彻创新、协调、绿色、开放、共享的发展理念，沿着质量效益型、更加科学、可持续的发展道路前进。

满足需要的最高境界是创造新的需要。创造新的需要，首先在于善于发现潜在的需要。司马迁在《史记·淮南衡山列传》中说："聪者听于无声，明者见于未形。"潜在性需要的发现和满足者，往往都是那些善于学习、善于思考、善于发现、善于实践、善于总结，且具有超常胸襟眼光和智慧毅力的政治、科技和商业奇才。马克思、恩格斯在资本主义发展时期发现了科学社会主义，建立了无阶级革命的科学理论，为无产阶级争取整体利益需要的满足指明了正确的方向。在人们结绳记事的上古时期，仓颉创造了汉字，从此满足了人类学习文字记事的需要；蔡伦在民间初创的基础上，满足了人类生产、使用纸张的需要，在人们用松明、蜡烛、豆油、桐油燃灯草照明的时代，爱迪生满足了人类电灯照明的需要；福特在人们骑马的时代，满足了人们出行坐车的新需要……人类文明发展进程中不断产生的新需要都是人类自己创造的，都是人类那些智慧的头脑和坚毅的生命创造的。

在前进的征途上，在满足需要的实践中，我们还会遇到各种困难和问题，只要我们坚持创新思维，坚持创新驱动发展，具有坚韧不拔意志，就没有克服不了的困难，就没有解决不了的问题，就没有过了的"火焰山"，就没有满足不了的需要！

第十节 效法天地法则

效法天地之行是人类社会文明发展的源起和基本依据。《吕氏春秋·情欲》篇里说：与天地也同，万物之形虽异，其情一体也。故古之治身与天下者，必法天地也。”（《吕氏春秋·情欲》）为什么要法天地呢？因为“天无私覆也，地无私载也，日月无私烛也，四时无私行也，行其德而万物得遂长焉。”（《吕氏春秋·去私》）孔子在《周易·系辞下》中说：“古者包牺氏之王天下也，仰则观象于天，俯则观法于地，观鸟兽之文与地之宜，近取诸身，远取诸物，于是始作八卦，以通神明之德，以类万物之情。”由此可见，伏羲所创的八卦就是上古先民满足生存发展需要和中华文明初始发展效法天地法则的原始实践的规律性总结。《尚书·尧典》还清楚地记载了尧帝安排人“历象日月星辰，敬授民时”，发明了几千年来至今仍影响造福世界人民的中华历法。中国的古圣贤们强调做人做事、治国理政、人们满足需要的一切实践活动，都应该“道法自然”，即都应该法天地而行，遵循自然社会规律。“其功顺天者天助之，其功逆天者天违之。天之所助，虽小必大；天之所违，虽成必败。”（《管子·形势》）西方哲人叔本华说，人应该按照自然所启示的经验来生活。

在人类发展的历史长河中，人类效法天地运行的规律，探索积累各种方法，建立健全各种行为规则，进行劳动生产创造、建立维护社会秩序、进行社会人事管理；效法天地自强不息的精神和大公无私的德行，进行社会精神文明建设，不断地推动着人类的文明进步向前发展，不断地创造着提升人类生活质量的新的需要和开拓着满足需要的新途径。这是人类文明发展总的趋势，顺应这种趋势，人类文明就健康和谐快速地向前发展；违背这种趋势，人类文明的发展就会受到挫折，就会停滞不前甚至倒退。任何违天逆行的行为都不可能长久，必然消逝在历史滚滚向前势不可挡的洪流之中。任何组织和领导者满足自己和他人的需要都应该遵循效法天地法则。

我国传统文化的集大成者《周易》就是教人效法天地做人做事、满足自己和他人需要的经典。正像我国魏晋玄学奠基人王弼在《周易注疏》的序言中所说："夫易者，象也；爻者，效也。圣人有以仰观俯察，象天地而育群品；云行雨施，效四时以生万物。若用之以顺，则两仪序而百物和；若行之以逆，则六位倾而五行乱。故王者动必则天地之道，不使一物失其性；行必协阴阳之宜，不使一物受其害。"（《周易》，北京燕山出版社 2011 年版，第 1 页）《礼记·乡饮酒义》里说："经之以天地，纪之以日月，参之以三光，政教之本也。"这是说统治者、当领导的要学易法天而为而治，要效法天地德行严格按规律办事、公正无私处事待人，以满足被统治者和被领导者的需要。公器不可私用。把柄执"公权"者，必须法天而行，做到"阳光布德泽"，使"万物生光辉"。任何组织和领导者、企业家等公职人员和社会公众人物只有效法天地德行履行好自己的职责，才能满足社会健康发展的需要，才能做到事业长青，才能实现被人民需要的价值。

《周易》说："天地之大德曰生"，意思是说，天地的弘大德泽在于使万物生生不息，天地间最伟大的道德是对生命的爱护。对应人事，《周易》把天德概括为"四德"，即"元亨利贞"，并行法天之教，欲使圣人君子效法。《文言》解释"四德"："元者善之长也，亨者嘉之会也，利者义之和也，贞者事之干也。君子体仁足以长人，嘉会足以合礼，利物足以和义，贞固足以干事”。（《周易》，北京燕山出版社 2011 年版，第 11 页）强调君子应该法天之元德，行仁德，泛爱施生；应该法天之亨德，乐成万物之美，使万物嘉美集合；应该法天之利德，利益万物，使物各得其宜其所；应该法天之贞德，坚毅贞正，令物得成，干一件事成一件事。只有这样法天地而为，才能保证满足自己和他人需要的努力顺乎天意，沿着正确的方向前进，取得理想的效果。

任何个人满足自己和他人的需要也应该效法天地德行。效法天地法则满足个人需要简单地说就是四个字：自强、厚德。这是天地始生万物之至道。其核心要义是人立身于世，自身要努力向上，奋斗不息，待人处事要宽厚仁慈利他。《周易》说："天行健，君子以自强不息；地势坤，君子以厚德载物。"天行健、地势坤这是天地的自然之象，也是天地德行精神之要。人们满足自己的需要，成就自己的事业，实现自身的价值，应该效法天地自强不息、厚德载物的德行精神。

自强的核心就是自己坚持不懈地努力向上，刚毅坚卓、发奋图强，不断提升需要的层次和满足需要的能力。作为民族、国家，自强的关键是要依靠自身的力量，不断解放生产力，发展生产力，不断推进经济社会和人的全面发展。历史的经验告诉我们：如果一个国家不能自强，把满足自身的需要寄托于别的国家，那只能仰人鼻息，甚至任人欺侮。作为个人来说，任何有劳动能力的人都必须依靠自己的力量满足自己的需要，不能靠父辈的荫庇生活，不能靠别人的施舍生活，也不能寄希望天上掉馅饼、痴迷于博彩炒股，一门心思梦想靠发偏财满足需要，不能"啃老""傍大款"满足需要，更不能自甘堕落、自毁人生、丧失人格、出卖尊严满足需要。自强才能把握满足自身需要的主动权。

厚德的核心是利他，具体地讲就是为人处事要有博大胸怀、待人真诚善良正直、处事公平公正守法；讲孝道仁爱、能帮贫济困；讲文明礼貌，讲社会责任；能容人，但是非分明，能忍让，但又敢于坚持正义；能慎独、慎微、慎初、善始善终，修身严谨。厚德表现在商品交换上最基本的表现就是货真价实、斗满秤足、童叟无欺、信守契约承诺。不讲厚德，就会损害别人的利益，自己的需要的满足必然也会受到损害，那些因制假售假受到法律制裁的公司企业及其老板最后倾家荡产甚至身陷囹圄的下场就是最好的例证。因为人的需要满足是一种社会互动的行为，依靠的是以体现社会主导价值取向的各种社会契约维系的互动机制。缺德的人别人是不愿意跟他打交道的，一个不能遵循社会主流价值取向参与社会互动的人，其需要是不能正常得以满足的。厚德既是我们正常快乐参与社会生活的需要，也是我们成就事业、满足各种需要的重要保证。

法天地德行而为、自强厚德是我们每一个人提高综合素质的根本要求。一个人只有不断提高自身综合素质，才能提高自身的竞争力，才能更好地把握满足自身需要的主动权。根据现实的具体的实践要求，我们可以把自强厚德的要求提得更具体些。如前些年我国某航天企业提出并践行的“三强身”竞争哲学，就是法天地自强厚德之德行的具体要求。“三强身”即：以德强身、以学强身、以技强身。企业坚持用“三强身”竞争哲学指导企业改革发展、职工队伍建设实践，为工厂的健康持续发展、竞争力的增强，为职工队伍的健康成长、综合素质的提高发挥了积极的作用，注入了长效的正能量。

第十章 把握发展趋势 满足需要

随着科学技术的飞速发展、信息智能技术的广泛应用、生物材料等工程技术的突破、交通工具的日益改善，经济全球化的日益深入发展，影响人类需要的因素正在发生全新的变化，当前，人类正处于百年未有的大变局之中，人类的需要无论在具体内容和结构层次上，还是在满足途径方式方法上都在发生一些深刻的变化。科学技术的飞速进步与飞速地普及运用，使人类满足需要的能力越来越强，推动人类文明均衡发展的力度越来越大，人类文明均衡发展的步伐越来越快。深入研究这些变化，准确把握人的需要的发展趋势，对于我们未雨绸缪、与时俱进地把握满足需要的主动权意义重大。

第一节 公共需要呈现出日益扩大的趋势

随着科学技术的飞速发展、经济全球化的加快，世界日益融为一体，全球公共需要的内容和范围已呈现出日益扩大的趋势。所谓公共需要，就是指满足社会共同利益的需要。确定公共需要有三个条件：一是符合公众共同利益，二是私人不能满足（或私人不愿提供）的需要，三是应该由国家或遵循国际法组建的国际组织提供或垄断。公共需要有以下特点：一是反映一定社会范围内人们共同的利益需要。这种需要的内容和范围，随着生产力的发展而不断发展不断扩大。社会愈发展，生产力愈发展，社会分工越细化，人们的共同利益和需要越多，联系越紧密。如保障全球通信互联网安全的法制建设，全球生态环境保护的法制建设，以有利节约资源、使用交流方便、保障安全为目标的全球度量衡标准统一的需要等。二是具有整体性，不能分割。这种需要不是个别需要的总和，而是共同利益需要。诸如一个国家的法制建设、社会公共秩序的维护、重大水旱灾害的防治、生态环境的保护、流行性疾病的防控、各类服务全体国民的公共设施建设、教育医疗、基础科学研究、国防建设等，都属公共需要。就全球来说，全球经贸体系的建立、全球生态环境的保护，包括宇宙空间即外层空间的保护与和平利用、全球公共卫生及传染病防控机制的建立、全球治理体系的建设等，也属于全世界人民的公共需要。三是不以人们的地位和收入为分界线。公共需要与个人需要不同，个人需要是以地位和收入为界限的，不同收入水平有不同需要，而公共需要则不分富人和穷人。例如，在国防安全、环境卫生、流行性疾病防控、交通秩序管理、防洪水利等方面，富人和穷人的公共需要是完全平等的。四是具有现实性。公共需要是一种现实需要，是社会总需求的一部分。这种需要如果不能满足，就会影响人们的生存生活质量，影响社会的健康发展、人类的文明进步。纵观人类社会的发展历史，随着适应生产力发展的生产关系的不断调整、生产方式的不断进步，人们为满足生存发展的需要所结成的社会关系必然不断扩大，且联系越来越紧密。因此，人类社会的公共需要总是呈项目不断增多、范围不断扩大的趋势。这是由人类生存发展的整体需要决定的。

随着科学技术特别是信息智能技术、全球交通的发展，经济全球化、生活需要的满足、国际化的深入发展，公共性需要的满足呈现出以下发展趋势：一是人类命运共同体的日益形成决定满足国际社会公共需要的迫切性增强，主要表现为：维护全球正常秩序的法制建设需要加强，以联合国为主体框架的全球治理体系建设和改革需要加强；反对霸权主义、恐怖主义，维护世界和平的由联合国主导的国际合作机制及其权威性需要加强；统一生产制造贸易等领域的世界标准化工作需要加强；便利各民族人民交流来往的融合各民族优秀文化的世界共识、共同、共有、共享的文化建设需要加强；需要加强的方面就是满足需要的发展趋势。二是自然环境的整体性特性决定保护良好的生态环境日益成为全世界人民迫切的公共需要，公共卫生安全的全球性应对机制需要加强。“工业化进程创造了前所未有的物质财富，也产生了难以弥补的生态创伤。杀鸡取卵、竭泽而渔的发展方式走到了尽头。顺应自然、保护生态绿色发展，成了人类社会的公共需要。面对生态环境挑战（包括重大流行性疾病的防控），人类是一荣俱荣、一损俱损的命运共同体，没有哪个国家能独善其身。唯有携手合作，我们才能有效应对气候变化、海洋污染、生物保护等全球性环境问题，实现联合国 2030 年可持续发展目标。”（引自习近平主席在 2019 年中国北京园艺博览会开幕式上的讲话）良好生态环境是最公平的公共产品，是最普惠的民生福祉。全世界各个国家都有责任通过教育和法制强化全民环境保护意识。现在，许多国家都把环保纳入社会管理和质量管理的内容，纳入产品的质量标准，把满足人们良好生态环境的需要作为治国理政的硬任务和第一职责。

随着生产力的高速发展，人类社会生活和文明发展的整体性日益增强，人类社会的公共需要的内容范围已呈现出日益扩大的趋势。特别是“一网天下”的卫星通信技术、网络信息技术、人工智能技术、交通技术的飞速发展，已经把人类世界连为一体，推动人类文明均衡发展的力量日益增强，世界时空距离越来越小，人们活动交往范围越来越广，知识传播越来越快，人类文明均衡发展的趋势日益强劲，地球上再也没有完全与世隔绝封闭的人类文明。近年来，国际经济力量对比发生了深刻变化，随着经济全球化深入发展，新兴市场化国家和发展中国家对全球经济增长贡献率已超过 80%。过去一直处于绝对优势地位的超级大国——美国明显感受到了由于文明均衡发展速度的加快而带来的利益均衡分配趋势的压力，公然不顾平等自由竞争、公平正义的国际准则，喊出了透着强权政治意识、霸凌他人的“美国优先”的口号，并对促进保障国际贸易正常进行的公共需要的平台——WTO 国际贸易组织横加干涉，遭到了国际社会的反对。世界潮流浩浩荡荡，顺之者昌，逆之者亡。经济全球化、贸易国际化是人类社会发展不可阻挡的公共需要，任何力量都改变不了这一趋势。

特别是随着科学技术的发展，人类社会生存发展所依赖的自然环境资源的整体性和不可分割性日益增强，太空资源以及各种暗物质资源利用的开发与管理，都会催生许多全球性的公共需要，建立适应这种需要的全球性的公共管理平台。“正如理查德·丹泽（Richard Danzig）在2018年指出的那样：21世纪的技术不仅在分布上是全球性的，而且在后果上也是全球性的。病原体、人工智能系统、计算机病毒以及被意外释放的辐射，也许将成为所有人都要面临的问题。我们必须采用商定的报告系统、共享控制、共同的应急计划、规范和条约作为缓解众多共同风险的手段。”（转引自中华好学者网，世界著名国际政治学者、美国哈佛大学肯尼迪政府学院教授约瑟夫·奈（Joseph S Nye）《美国权力需要一种新战略》）2020年年初，新冠肺炎疫情在全球突袭而至，在抗击疫情的过程中，全世界人民都亲身体会到了建立一个有效应对全球性公共卫生突发事件的公共管理平台的极端重要性。世界卫生组织在应对全球性公共卫生突发事件中发挥着越来越重要的、不可替代的作用。山川异域，风月同天。地球村民，风雨同舟，生存发展，休戚与共。顺应人类社会发展趋势，建设人类命运共同体已成为全世界大多数国家和人民的共识和追求，共同的利益、共同的责任、共同的价值取向、共同的需要，推动着人类社会生活方式的不断趋同，催生着越来越多的公共需要。

谁能抓住这一趋势，顺应时势满足人类社会不断出现的公共需要，特别是人们翘首以盼的当前迫切的公共需要，谁就能引领世界潮流。不顾公共需要，只顾满足自身需要的人和国家，不管现在多么富有、多么强大，最终都必然会被奔涌向前的、没有任何力量可以阻挡的、社会整体发展需要的时代潮流所抛弃。

第二节 个性化满足需要不断增强的趋势

随着生产力的发展，特别是网络信息、人工智能技术的发展和广泛应用，以及经济全球化的日益深入，人们对于需要满足物的个性化需求越来越多，社会工商企业对于满足人们个性化需要的能力也越来越强。推动满足个性化需要能力日益增强的根本动力是科学技术的发展，其直接因素则是经济生活的全球化，生产制造、社会管理的标准化和智能化。

经济全球化为满足人们个性化的需要开辟了广阔的空间。现在许多国家人们的需要满足物特别是吃穿用的日常需要满足物，可以通过互联网在全球市场采购选购，人们可以根据自己个性化的喜好来购买需要满足物。如我们国家的百姓家庭的需要满足物个性化就非常明显：汽车、手机有国产品牌的，也有外国品牌的；吃的大米有中国产的各种优质米，也有东南亚国家的香米；喝的牛奶有中国的优质奶制品，也有澳大利亚、新西兰等国进口的奶制品；吃的水果更是遍及五大洲，想吃哪国产的水果基本上都能在国内市场买到。

标准化、智能化为满足人们的个性化需要提供日益强大的技术支持和保障。人的需要满足离不开生产服务的分工合作，离不开商品的市场交易。合作也好、交易也好，必须有共同遵循的规则标准。统一标准是经济生活全球化的必然要求，也是人们满足个性化需要的重要依据。统一各种物质计量和人的行为标准，是人们交换劳动和进行社会活动的前提；是集中人类智能发展生产力，提高人类满足自身需要能力的基础。组织生产、贸易往来，包括人们衣食住行等需要的满足都离不开标准。生活方式、生产方式、人伦价值取向等的趋同是人类社会发展不以任何人的意志为转移的大势。人类文明程度越高，生存环境社会化越广，统一标准、按标准办事的要求就越高。随着经济全球化进程的加快和深化，国际标准化组织制定了一系列国际标准，各个国家越来越重视标准化管理，都在陆续向这些标准靠拢。统一标准有利于合作交流，有利于降低成本节约资源，有利于提高产品质量，有利于提高满足需要的能力，有利于满足个性化需要的量值把握。全球化人类命运共同体的建设要求生产制造、社会管理有统一的规范标准，这是必然的趋势。准确把握这一趋势，着眼世界大局，切实抓好各种标准化建设，有利于我们提高满足需要的能力建设，更好地把握满足自身需要的主动权。

万物智联、智能制造技术的发展，为人们满足个性化需要提供了技术平台。未来，个性定制、个性化服务、个性化创意将成为人们特别是有一定经济实力的人们满足需要的重要方式。智能制造技术的日益成熟将改变制造业的生产方式，个性定制将成为主要的生产方式。据报道，湖南三一重工通过智能化改造，使原来只能批量生产单一品种的生产线，现在变成了每条生产线可同时混装 30 多种机械设备的生产线，在一个厂房内每小时就可下线一台泵车，这样使满足用户的个性需求由过去的不及时变成了及时，由过去的用户不太满意变成了满意。三一重工自主研发的“黑匣子”催生智能化产品，即使已经售出，但已售设备的任何操作数据都可传回云端，本部可根据传回的数据及时提供个性化的售后服务。当今时代，科学技术飞速进步，实现个性化服务的技术层出不穷，3D 打印制造可直接利用数据模型文件制作实体，以满足个性化产品定制。迎合消费者的工商企业已经开始在个性化上倾注心思以满足消费者需求的竞争。互联网生活为人们满足个性化需要提供了广阔的空间，网购已成为人们购买需要满足物的重要方式，远程监控、远程教育、远程医疗、交通导航等网络电子信息技术的应用都已进入人们的日常生活，还有一些独立的个性定制的网站和DIY产品公司为消费者提供个性定制产品和服务。人们可通过简单易操作的在线DIY工具，加入个性化产品电子商务定制中，建立功能多元化、使用简单化、生产互动化的线上个性化产品定制平台，享受到更多类别的个性产品消费，成为自我消费的主人。随时随地定制独一无二的个性创意类产品，包括画册、相册、台历、挂历、海报及更多商品都已经可以在线预定。科学技术越发展，人们满足个性化需要的愿望越强烈，实现的路径越广阔。

第三节　更加重视质量、审美、人文关怀的趋势

随着科学技术、经济社会的发展和人类对自身需要认识的不断深化，人们满足物质文化需要将会越来越追求质量和审美，更加注重保养健康的身体和培养健康的人格，更加重视生活的质量和生命的价值。绿色发展、绿色消费将会成为人们自觉遵循追求的生产方式和生活方式，参加健康有益的文化体育活动、养生保健、旅游休闲、在生态住宅配套的家庭庭园种菜种花将成为人们正常生活的重要内容。

在满足人的功能性需要方面，特别在医疗保健方面，将会逐步改变目前在很大程度上是把人当成一台运动着的机械系统——“机器人”来满足人的功能性需要的状况，转变为运用不断进步的科学技术手段满足人的功能性需要的同时，也注重科学地、系统地调动和运用人体自身功能性的自然能量和心理力量来满足人自身的需要。既非常重视科学技术

的发展应用，又不迷信科学技术的万能，在满足需要的过程中，人们将把科学技术的运用与人文学养紧密结合起来，真正把人当成是有血有肉有思想的万灵之物来对待。实践已经告诉我们：管理不能把人当成机器人管，治病也不能机械地把人当成哪个部件坏了就换哪个部件的机器人修。人是有思想和感情的，人的思想和感情对人的健康和情绪有着直接和很大的影响。因此，在满足人的需要、特别是满足功能性需要时，应非常重视人文关怀，满足人的心理需要和人的尊严。不能因新科学技术的推广运用而影响部分人特别是老年群体满足衣食住行等基本需要的权利和生活的尊严。满足人的需要，一定要把人当人。这是人类文明发展的崇高价值。

人类满足需要总的趋势是越来越科学、越来越理性、越来越文明、越来越自主、越来越人性化。人类社会发展总的趋势是：越来越美好。

第四节　智能化满足需要不断增强的趋势

所谓智能化满足需要，是指正在日益发展的通过人工智能高效获取和创造各种需要满足物的一种方法模式。人工智能的迅速发展正在深刻改变人类社会生活、改变世界。2017 年，我国政府颁发的《新一代人工智能发展规划》指出： 经过 60 多年的演进，特别是在移动互联网、大数据、超级计算、传感网、脑科学等新理论新技术以及经济社会发展强烈需求的共同驱动下，人工智能加速发展，呈现出深度学习、跨界融合、人机协同、群智开放、自主操控等新特征。大数据驱动知识学习、跨媒体协同处理、人机协同增强智能、群体集成智能、自主智能系统成为人工智能的发展重点，受脑科学研究成果启发的类脑智能蓄势待发，芯片化硬件化平台化趋势更加明显，人工智能发展进入新阶段。当前，新一代人工智能相关学科发展、理论建模、技术创新、软硬件升级等整体推进，正在引发链式突破，推动经济社会各领域从数字化、网络化向智能化加速跃升。

智能化是现代人类文明发展的趋势，正在深刻改变人类的生产生活方式和思维模式，实现社会生产力的整体跃升，正在深刻改变着人类文明的进程，推进人类文明的均衡发展。所谓智能化，是指人们在满足某种需要时，在网络、大数据、物联网和人工智能等技术的支持下，所具有的能动地满足人的各种需求的属性。比如无人驾驶汽车，就是一种智能化满足需要的方式，它将传感器物联网、移动互联网、大数据分析等技术融为一体，从而能动地满足人的出行需求。它之所以是能动的，是因为它不像传统的汽车一样需要被动的人为操作驾驶。人工智能技术的发展是实现满足需要智能化的关键，因此，各国都在争相发展人工智能技术。美国对数字化制造和智能制造非常重视，自 20 世纪八九十年代开始，先后实施了“先进制造技术” “国家先进制造战略”，“国家制造创新网络”等等计划，到 2016 年年底，已建立了十多个制造创新研究机构。2013 年 4 月，德国推出了在全球产生重大影响的“工业 4.0”智能制造业发展战略。“工业 4.0”指出， 以智能制造为主导的第四次工业革命，将通过充分利用通信技术和网络空间虚拟系统——赛博物理系统相结合的手段，使制造业向智能化转变。“工业 4.0”第一次提出了智能工厂、智能生产、智能物流的概念和如何实现的技术构思。欧盟和日本等也都制定了智能制造的发展战略。2015 年，我国制定和发布了

《中国制造2025》；2016年，发布了《中国制造2025五大工程实施指南》；2017年，我国颁发了《新一代人工智能发展规划》。（刘强，丁德宇：《智能制造之路》，机械工业出版社2017年版，第5~6页）

人工智能作为新一轮产业变革的核心驱动力，正在广泛地、深度地释放历次科技革命和产业变革积蓄的巨大能量，并创造人类生存发展新的需要的强大引擎，重构生产、分配、交换、消费等经济活动各环节，形成从宏观到微观各领域的智能化新需求，催生新技术、新产品、新产业、新业态、新模式，引发经济结构重大变革，不断改变人们满足各种需要的方式、方法、途径。正像2019年在重庆召开的中国国际智能产业博览会的大会主题一样——“智能化：为经济赋能，为生活添彩”。

随着信息网络技术与行业技术、人工智能技术的深度融合，智能化已广泛深入人们的日常生活中，人们正在日益广泛地享受着智能化带来的便利、高效、精准、公正、无障碍满足自身需要的生活。在密如蛛网、错综复杂的城乡公路交通网络中驾驶车辆，精确无误的电子导航系统可以提供精确导航服务，让不熟悉道路的驾驶员顺利到达目的地。美国、日本、德国、中国等20多个先进工业化信息化国家已经研制出的通过车载传感系统感知道路环境，自动规划行车路线并控制车辆到达预定目标的无人驾驶智能汽车将会为人们的出行提供更加精准、省心、便利、高效、舒心、安全的服务。坐在家里，一部手机可以逛遍天下网店，可以完成家庭用水、用电、用天然气、使用互联网，以及物业管理费等费用的交付，可以非常方便地订票、叫车，采买自己所需要的任何商品，完成所有交易流程；手机银行可以适时处理银行和理财业务。还有网上远程教育、远程医疗服务，不再受地域的局限，使一些落后的地区可以享受到先进的教育资源和高水平的医疗资源。智能化住宅公寓办公楼、智能化居民住宅小区、智能化城市、智能化社会的快速发展，将使社会管理变得更加井然有序，人们满足生活、工作、文化娱乐休闲活动等日常需要将会变得更加便捷、轻松、舒心。智能化手机等移动通信设备和不动产智能化住宅将是智能化满足人们日常活动生活甚至工作需要必备的基本设备和核心载体。不断进步的智能化满足人的各种需要的方式方法已成为一种必然的趋势，我们只有不断地学习，才能适应这样一种趋势。

第五节　生态化满足需要不断增强的趋势

人类满足需要方式的不断进步，推动着人类物质文明和精神文明的不断进步和发展。人类自从有了自主能动满足自身需要的意识和行动，便开始了文明的进程。经过了漫长的渔猎文明时代，人们依靠集体渔猎的方式满足并发展着生存发展的需要；大约在一万年以前，人类开始进入农业文明时代，开始依靠不断进步的农业生产方式满足和发展着自身的生存发展需要；200 年前，人类进入现代工业文明时代。工业文明极大地提高了人类获取和创造需要满足物的劳动生产力，使人类的需要满足物有了极大的丰富。随着信息技术的高速发展，20 世纪七八十年代开始，工业文明的发展如虎添翼，人类开始进入智能化满足需要的时代。同时，人们在为享受着工业革命带来的丰富的需要满足物而欢欣鼓舞的同时，也开始尝到了工业革命所造成的严重环境问题这一苦果。因此，寻找一种既发展经济又保护资源环境的人与自然协调发展的产业模式就成为当务之急，于是，生态产业应运而生。现实中创建的生态产业是包含工业、农业、居民区等的生态环境和生存状况的一个有机系统。生态产业的诞生与发展为人类实现生态化满足需要的愿望开辟了广阔的空间和光明的前景，必将使人类迈入一个新的社会形态，从而形成一种新的文明——生态文明。

生态化满足需要的趋势首先表现在人们对传统工业进行生态化改造的追求。工业革命以来，社会生产从自然界取得的物质中，被利用的仅3%～4%，而其余则以有毒物质和废物的形式被重新抛回自然界。工业国家每人每年要消耗大约30吨物质，其中仅有1%～1.5%变为消费品，而剩下的则成为对整个自然界极其有害的废物。即工业革命创造的巨大社会财富，是以牺牲自然资源和环境质量为代价的。因此，现实问题的严峻性和解决问题的紧迫性，要求人们对传统工业必须进行生态化的改造，形成生态工业的模式。20世纪80年代末，国际上生态工业的研究迅速发展起来。一种根据生态学与生态经济学原理，应用现代科学技术建立和发展起来的一种多层次、多结构、多功能、变工业排泄物为原料、实现循环生产、集约经营管理的综合工业生产体系——生态工业应运而生。

生态工业与传统工业相比具有以下四个特点：一是工业生产及其资源开发利用由单纯追求经济利益，向追求经济与生态相统一的生态经济目标转变；工业生产经营由外部经济的生产经营方式，向内部经济性与外部经济性相统一的生产经营方式转变。二是生态工业在工艺设计上十分重视废物垃圾资源化、废物产品化、废热废气能源化，形成多层次闭路循环、无废物无污染的工业体系。三是生态工业要求把生态环境保护纳入工业的生产经营决策、产品标准等要素之中，根据生态经济学原理，规划、组织、管理工业区的生产和生活，将现代工业的生产和管理转到严格按照生态经济规律办事的轨道上来。四是生态工业是建立在信息技术、人工智能技术高速发展和广泛应用之上的一种低投入、低消耗、高质量和高效益的生态经济协调发展的工业模式。世界上许多国家早已开始生态工业园项目的规划或建设，其中多数在美国，此外法国、日本、加拿大等也较多：亚洲的印度尼西亚、菲律宾、泰国、印度等国，也正在开展规划建设生态工业园的项目。（参引自百度网“生态产业”词条）我国非常重视生态工业的发展，2017年，由环保部、科技部、商务部共同行文发布了《国家生态工业示范园区管理办法》和《关于做好部分批准建设国家生态工业示范园区后续管理工作的通知》，并公布了国家生态工业示范园区名单，从而拉开了生态工业园区建设的序幕，形成了发展生态工业的良好趋势。

生态化满足需要的趋势，突出表现在人们对建设发展生态农业的迫切需求和高度重视。农，天下之大本，是人类发展的第一产业和根本基础。在人的需要层次中，生理需要（即“命需”）是第一层，只有在满足自身生理需要的前提下，人才会有更多的需要产生。农业为人们提供一日三餐等恒常性的物质需要，其发展的健康与否关系着人类生存发展“命需”的满足。在工业革命中形成的现代农业是一种以农业技术工业化即耕作机械化、电气化、水利化和化学化为主要手段，以高投入、高成本、高污染和生产专业化与集约化为基本特征的农业生产方式。实践证明，现代农业虽然在提高农作物产量、消除一些贫困地区人们中存在的饥饿现象、提高农业经济效益等方面发挥了积极作用，但由于大量使用农药、化肥造成了严重环境污染、土地板结，过度集约化经营减少了物种多样性，从而削弱了农业的自然调节，且降低了农产品的安全性与营养性，其弊端日益凸显，是一种不可持续发展的生产方式。为了改变这种状况，自20世纪70年代，西方工业化国家开始了发展生态农业的探索，西方主流的生态农业主张顺应自然、保护自然、低投入，不用化肥农药，减少机械使用，不再追求农产品的数量和经济收入，排斥现代科技的应用，极力强调生态环境安全、稳定，农业生产系统良性循环，从而确保农业的可持续发展，确保农产品的品质安全，满足人们获取遵循自然生态规律生产的农产品的需要。

我国非常重视生态农业的发展，并从中国的国情和农业的持续与协调发展出发，科学地吸收扬弃和优化现代农业强调农产品数量、效益、规模，以及注重应用科学技术和现代化管理技术的基本做法和经验成果，同时吸收西方生态农业在保护农业自然资源和环境，减少污染，降低化学能使用等方面的优点，形成了中国农业发展自身的特点。一是坚持追求生态效益与经济效益的统一。坚持在提高生态效益的基础上提高经济效益，既注重生态的可持续性，又注重提高农业生产力及产量和效益。国家大力支持绿色有机农业的发展，从2020年开始加强了绿色农业发展项目补贴制度，并明确了三个重点支持：重点支持有机肥替代化肥行动，重点支持畜禽粪污资源化处理，重点支持耕地质量保护与提升。二是坚持现代科学与中国农业的传统经验相结合。发展生态农业不排斥现代技术，并将废弃物处理技术、无土栽培技术、害虫综合防治技术等与中国传统农业重视有机肥投入和其他适用技术相结合，着力构建多样性的生态农业技术体系。三是坚持自然调控与人工调控相结合。坚持并不断改进优化大棚蔬菜，温室育秧、育苗、无土栽培等技术的应用。四是坚持综合性与区域性相结合。坚持按照生态农业顺应自然和生物多样性的规律，不一味地违背追求农作物规模种植，允许受自然条件制约的小农经济存在，根据地区特点因地制宜，统筹规划农、林、牧、渔、加工、贸易等领域的发展。五是坚持抓好农田水利基本建设，加强农用耕地特别是基本农田的红线控制保护及其用途与质量保护管理，确保粮食和种子安全。我国生态农业的发展正在探索中克难前行，呈现出良好趋势。

生态化满足需要的趋势，表现在人们越来越重视加强生态城市及人居生态化环境的建设发展，并日益成为自觉的追求。工业化促进了城市的规模化快速发展，同时也滋生了许多城市病，环境受到严重污染、废气废水排放超标，不少城市空气中的可吸入颗粒物、二氧化碳、二氧化硫、二氧化氮、甲烷等有毒有害物质含量长期超标，空气污染严重，地下水也已经污染不能饮用，严重影响了居民的身体健康和基本生活需要的满足。为了解决这一问题，20 世纪 70 年代，联合国教科文组织发起的“人与生物圈(MAB)”计划首次提出了“生态城市”的概念。这一重要概念的出现，立刻受到了全球的广泛关注，普遍认为这是未来城市发展的方向，同时，许多国家开始了建设生态城市的探索。

人们理想中的生态城市是一个经济高度发达、社会繁荣昌盛、人民安居乐业、生态良性循环四者保持高度和谐，城市环境及人居环境绿色、清洁、优美、舒适、安全，失业率低、社会保障体系完善，高新技术占主导地位，技术与自然达到充分融合，最大限度地发挥人的创造力和生产力，注重文明传承、文化延续，能让城市留下历史记忆，能让人们记住乡愁，有利于提高城市文明程度、高品质满足人们各种需要的稳定、协调、持续发展的和整体生态化的人工复合生态系统。生活在生态城市的人们拥有自觉的生态意识和环境价值观，享有保障人人平等、自由地接受教育、享有人权和免受暴力的社会环境。生态城市采用可持续发展的生产、消费、交通和住居发展模式，实现清洁生产、绿色生产生活和文明消费，推广生态产业和生态工程技术。对于经济增长，不仅重视数量的增长，更追求品质的提高，提高资源的再生和综合利用水平。经济社会的发展以保护自然为基础，与环境的承载能力相协调。加强自然环境保护，合理利用一切自然资源和保护生命支持系统，开发建设活动始终保持在环境的承载能力之内。

进入 21 世纪，随着可持续发展战略的推行、生态文明理念的传播，我国各地推进生态城市建设的积极性高涨，生态城市建设方兴未艾。自 1996 年以来，我国发布了一系列建设生态城市的建设方案，带动了我国生态城市的发展进程。近些年来，我国开展的环境治理攻坚战、城市生态工程建设、城市生态再造、宜居城市建设、包括美丽乡村建设等重大举措，以及生态住宅，城市绿化、景观菜园、庭院菜园、阳台小菜圃的出现，都反映出了人们追求生态化满足需要的强劲趋势。

生态化满足需要是人类满足需要的高级形态。良好的自然生态是人类走向未来的依托，加强生态环境的保护、修复、优化是生态化满足需要的必然要求。生态环境保护的艰难性，决定了生态化满足需要这一形态的完善与成熟将是一个不断发展的漫长的历史过程。但人类追求生活质量不断提高的需要决定，这将是不以任何人的意志而改变的必然趋势。这里需要指出的是，生态化满足需要并不排斥科学技术的应用和发展，人类为了不断优化和增强自然生态满足需要的功能效率效益，必然会不断发展科学技术，同时也会按照生态化的需要不断改造和优化科学技术，强化科技伦理建设。良好的自然生态要靠良好的社会生态来保证。秉持共商共建共享理念，建设平等自由文明富裕和平幸福的人类命运共同体，是人类向往的满足需要的良好社会生态。随着世界文明均衡发展的速度加快，建设人类命运共同体，日益成为全世界人民的共同信仰和追求。总之，当今世界，人类已拉开了以生态化生产、生活方式满足需要的序幕，人类进入生态化满足需要的时代已呈现出明显而强劲的趋势。

附录

中国古典需要理论探微

吴碧君

中国古典中关于人的需要和怎样满足需要的论述观点很多，许多观点不仅已成为中国社会健康发展的导航明灯，而且也为人类社会的文明进步、健康发展发挥着积极的影响，精心梳理一下，便可构成一个博大精深的理论体系。为了继承弘扬中华民族不断探索总结合理满足需要的优秀文化传统，增益满足需要的实践。这里重点围绕怎样满足需要的论述撷英取材，试从十三个方面对这一理论体系做一探讨介绍。

一、满足需要是人生存的必须

这一观点早在我国上古时期开始形成的《易经》中就有了。《序卦传》说："物稚不可不养也，故受之以需。需者，饮食之道也。"意思是说任何幼小稚嫩的生命都需要养育，不然就无法生存、不能长大；需要是人生存应该有、必须有的条件，就像人活着要有饮食营养一样。《易经》的《需卦》等有关解释人的需要与怎样满足人的需要的卦辞，可以说是人类最早专题研究人的需要的哲学思考。

中国的古圣贤智者们对这一观点有许多朴素而深刻的认识。《尚书·舜典》记载，舜帝继位时，在文祖庙召集四方诸侯共商国家大事，并告诫大家："食哉惟时！柔远能迩，惇德允元。"他说：各位要明白和牢记啊：一日三餐能吃饱这是人民生活的根本需要。安抚远方的臣民，爱护周边的臣民，并顺从他们的意志和需要去处理政务，德行宽厚，我们才能取信于人啦！孔子说："饮食男女，人之大欲存焉。"意思也是说，"饮食男女"是人的生命存续自然的客观需要，是人类生存发展最基本的需要。没有饮食需要的满足，人类现实的生命就不可能延续，没有夫妻生活需要的满足，人类代际生命就不可能延续。(《礼记》)《荀子·非相篇》中说："饥而欲食，寒而欲暖，劳而欲息，好利而恶害，是人之所生而有也，是无待而然者也，是禹桀之所同也。"《易经证释》说："人物之生，所需之最近者，莫过其生活所用也。如饮食衣具居室之类，其至切者，饮食也。盖比人之初生，他无所嗜，唯乳拜。物生亦然。以所需关其生命也。""民若失其所需，则安能生哉。故需者，求也。""不生者不需。已死者不需。生而未死，乃诚相需。"中国许多民间古谚语对人的基本需要说得更明白，如"人是铁，饭是钢，一顿不吃饿得慌""农夫不种田，饿死帝王军"等等。墨子说："民有三患，饥者不得食，寒者不得衣，劳者不得息。"意思是说老百姓有三种忧患，即三种最重要的需要得不到满足：饥饿的人得不到吃的，寒冷的人得不到衣服，劳动的人得不到休息。

古圣贤们认为统治阶级的统治只有满足民众生存的需要，才能得到民众的拥护。通常情况下，老百姓的需要得不到满足都与统治者的恶政有关。《管子·侈靡》中说："饮食者也，侈乐者也，民之所愿也。足其所欲，赡其所愿，则能用之耳。今使衣皮而冠角，食野草，饮野水，孰能用之？"饮食无忧，富裕享受，这是民众自然的需要与欲望，统治者只有满足民众的欲求和愿望，才能得到他们的拥护，才能领导他们。老子在《道德经·第七十五章》说：“民之饥，以其上食税之多，是以饥。民之难治。以其上之有为，是以难治。民之轻死，以其上求生之厚，是以轻死。夫唯无以生为者，是贤于贵生。”意思是说，老百姓之所以忍饥挨饿，那是因为统治者征缴的赋税太多的缘故。社会财富的总量就那么多，统治阶级捞得太多，百姓就会有饥荒之灾。百姓之所以难于治理，是因为统治者颁布了太多包藏私欲的繁苛政令，违背天道，百姓之所以不顾生死地抗争，是由于统治阶级横征暴敛，只顾满足自己穷奢极欲醉生梦死的生活，根本不管老百姓的死活。统治者只有不以满足自己私欲为唯一目标，为老百姓的生存着想，才是“贵生”而贤明的人。只有老百姓能好好生活，统治者才能好好生活，社会才能和谐稳定。

有生命就有需要，没有生命就没有需要。世上人人都有需要，人人都是为满足自身的需要在奔波，正像司马迁所说：“天下熙熙，皆为利来，天下攘攘，皆为利往。”（司马迁《史记·货殖》）离开对人的需要的关注和满足，人类的一切社会活动都毫无根据和理由。

二、满足需要的“五元物”“三元力”

人的需要满足物从何而来？满足人的需要的“元力”是什么呢？所谓“元力”，即根本的力量，原初的力量。从古至今，人们都在思考这一问题，最早人们认为满足人的需要的“元力”是神仙上帝，人满足自身需要完全是被动的；随着人类文明的进步、生产力的发展，又有不少人认为人的需要完全是依靠自己的劳动创造满足的，人是大自然的主宰。

其实这两种认识都是片面的。中国的古圣贤们早在三千多年前，就对满足需要的根本力量作了认识逐步深入的回答。

一是“天生五材 ”满足需要论：“天生五材 ”是人类满足需要的五种不可或缺的物质。古人在长期的社会实践体会和观察中发现， 木、火、土、金、水这五种物质是人们生活缺一不可的五种原材料，于是便产生了“五材”满足需要的认识。《左传》说：“天生五材，民并用之，废一不可。”意思是说，自然界为人类满足需要提供了五种原材料即五种物质，人们满足日常生活生产需要应全部加以应用，缺少一样都是不行的。《尚书》也说：“水火者，百姓之所饮食也；金木者，百姓之所兴作也；土者，万物之所资生也，是为人用。”意思是说， 水火是人们饮食烹饪所必需的；金木是人们劳动、兴建制作所依赖的；土是万物生长所倚赖的，所以，这些都为人们满足生产生活需要所利用。进而，古人便认为， “天有五行，水火金木土，分时化育，以成万物”，自然界万物都是由这五种基本物质构成的，这五种物质有相生相克的关系：金生水，水生木，木生火，火生土，土生金；金克木，木克土，土克水，水克火，火克金。这种相生相克的关系生成了世间万物。基于这种认识，形成了历史上影响深远的中国五行学说体系。在木、火、土、金、水是构成物质世界的五要素认识的基础上，对应人类社会活动和人的精神世界抽象成五种属性，形成了影响至今的五行哲学理论。通过历代圣贤的不断探索和总结，这一理论得到了不断深化和完善，成了中华传统文化的重要理论基础。

基于农耕社会生产实践的认识，《管子 · 水地》篇里说：“地者，万物之本原，诸生之根菀也……水者，地之血气，如筋脉之通流者也。”

由此可见，管子的“万物地本原论”是经验总结的理性认识，也是对“天生五材”满足需要论的独到阐释与丰富，体现了唯物主义的精神。

五行学说不仅回答了人的需要满足物的基本材料是大自然提供的，木、火、土、金、水是构成需要满足物的五元素，而且揭示了自然世界和人类社会是紧密联系的整体，其运动和发展变化具有阴阳互补、物极必反、相生相克的规律，进而对于指导人们正确有效地满足需要也产生了积极作用，并在现实社会中仍然发挥着积极而广远的影响。

二是“三才者，天地人”满足需要论：“天生五材”满足需要论清楚地告诉我们，人的需要满足物是大自然提供的，大自然是满足人的需要的“元力”，没有这种“元力”的存在，就谈不上满足人的需要，因为人也是大自然的产物。董仲舒在《春秋繁露·重政第十三》中说：“元犹原也，其义以随天地终始也。”“故元者为万物之本，而人之元在焉。”意思是说元是万物的根本，而人的元也在那里。在很长的历史阶段，古人并没有认识到人也是满足自身需要的“元力”。自然界提供给人类的需要满足物除了空气阳光外，其他的都没有自动送到人的身边供人们充分享用，都需要人们通过劳动去获取；除了水、鱼虾、野菜野果等可以通过劳动获取直接满足生存之需的物质外，大自然对其他需要满足物都只提供了基本的原料和条件，人类只有通过劳动实践文明积累来认识自然，把握自然规律，并遵循自然法则，才能生产加工创造出来加以利用。《列子·天瑞篇》中说：“天地无全功，圣人无全能，万物无全用，故天职生覆，地职形载，圣职教化，物职所宜。”“天有所短，地有所长，圣有所否，物有所通。”天地间没有谁是全能的，每种才力都有自己的长处和短处，所以人需要而且应该取长补短，综合利用自然界提供的各种“才力要素”能动地满足自己的需要。古圣贤们很早就发现了并认识到人可以通过有意识地能动地劳动创造获取需要满足物，所以人也就成了满足自己需要的“元力”，如果没有人这一满足自身需要的“元力”，人也只能与动物为伍，本能地获取需要满足物。人因为有思想，所以能无限地扩展自己满足自己需要的能力，能遵循自然规律创造出符合自己意愿的各种功能不同的需要满足物。《礼记·礼运》中说：“人者，天之心也，五行之端也。”“天生之，地养之，人成之。”王弼《周易注疏》中也说，人可以“仰观俯察，象天地而育群品；云行雨施，效四时以生万物。”人能“法天之用”，“应物成务”。在自然界中，天地人三者是相应互济的。老子“三生万物”的神言，也是“天地人三元力”思想的重要来源。《老子·第四十二章》说：“道生一，一生二，二生三，三生万物。万物负阴而抱阳，充气以为和。”这里的一二三，在《老子·第四十二章》说得很明白：“故道大，天大，地大，人亦大。域中有四大，而人居其一焉。人法地，地法天，天法道，道法自然。”道在物质世界形成以前就已经存在，世界万物都源于它。《老子·第二十五章》说，道“先天地生，”“独立而不改，周行而不始，可以为天下母。”据此，笔者理解：所谓道生一，即道生成了宇宙空间的天，一生二，即天体中生成了能使万物生长的地球，二生三，即地球上生成了万物的灵长——人，三生万物，即人成就了人类各种各样千姿百态的需要满足物。天地人三者主辅相应、阴阳协和、化育生衍、紧密联系、互相依存、互相作用、和谐相处，使万物得以生长繁荣，这是自然之道，即不以人的意志为转移的自然法则。所谓“三才者，天地人；三光者，日月星，”就是这些认识不断深化的理论总结。人满足需要必须依靠宇宙间“三才元力”即“三元力”：天、地、人。

天，是指万物赖以生存的空间，空气阳光雨露，地理气候物候规律分布，四季昼夜寒暑规律轮回变化。地，是指万物籍以生长的山川大地以及各种物产资用。《尚书·泰誓上》说：“惟天地万物父母，惟人万物之灵。”《庄子·达生》也说：“天地者，万物之父母也。”在长期的实践中，古人观察体会认识到人的恒常需要满足物空气阳光和水以及许多生活生产资料都是天地即大自然提供给人类的，人可以通过劳动创造满足自身需要，但一刻也不能忘了人永远是天地所生万物的一成员，人一刻也不能脱离自然环境而生存，人只有顺应天地以化育万物，才能满足自己的需要，达到“神于天，圣于地”的理想境界。

《易经·说卦》说：“是以立天之道，曰阴曰阳；立地之道，曰柔曰刚；立人之道，曰仁曰义；兼三才而两之，故《易》六画而成卦。”天之道在于“始万物”；地之道在于“生万物”。人之道在于“成万物”。天地人三者虽各有其道，但又是相互对应、相互联系的。这不仅是一种同与应的关系，而且是一种内在的生成关系和实现原则。天地之道是生成原则，人之道是实现原则，满足人的需要二者缺一不可。即离不开天地创造的物质生成条件，也离不开人实现自身需要的努力。

正是从研究满足人的需要的“元力”出发，形成了“天生五材”满足需要论”和“三才者，天地人”满足需要论，这些理论的形成和不断补充完善，成了中华传统文化核心的哲学基石，奠定了中华民族“天人合一”的世界观。

三、满足需要要自强不息，“强本节用”，“食为政首”

《易经》说 “天行健，自强不息”。 其意在勉力告诫人们应该法天而行并依靠自身不懈的努力来满足自己的需要，国家应法天而行并依靠上下一心不懈地努力来使自己变得强大。 墨子说：“强必治，不强必乱；强必宁，不强必危；强必贵，不强必贱；强必荣，不强必辱；强必富，不强必贫；强必饱，不强必饥。”（《墨子》）天体之行，昼夜不息，周而复始，无时亏退，健行久续；人类要在世界上繁衍生息，不断满足日益增长的物质精神文化需要，应效法天行之健，自强勉力，奋斗不息，这样才能成就“元亨利贞” “四德”之功，满足“元亨利贞” “四德”之需。“元，始也。亨，通也。利，和也。贞，正也。……纯阳之性，自然能使阳气始生万物而得元始亨通，能使物性和谐，各有其利，又能使物坚固贞正得终。”（引自王弼著《周易注疏·上经》人类只有效法天健之德来满足自己的需要，其需要满足物才能够取之不尽，用之不竭。《易经》说： “劳谦君子，有终吉。”天道酬勤，上天会保佑奖赏那些勤勤恳恳诚实劳动智慧创造的人们，这些人们不仅能用自己的劳动和创造来很好地满足自己的需要，而且还会不断增强自己满足需要的能力，好运会始终伴随着他们。人满足需要离不开别人的帮助和劳动物的交换，但人不能依靠别人的施舍恩惠来满足自己的需要，而应该通过自己的努力来满足自己的需要。人应该做到“不施不惠，而物自足。”（《列子·黄帝》）

我国古代社会以农为本，秦汉以后还形成了“农本商末”的传统观念，古圣贤智者们反复强调：不断提高生产力水平发展农业并注意节约开支才是满足需要的根本，才不会导致贫穷。《汉书·文帝记》里说："农，天下之大本，民所恃以生也。"中国是一个半内陆国家，良好的大陆气候为农业的发展及满足人们恒常的基本需要提供了非常好的条件。地理条件的特殊性和人的最基本需要的刚性和恒常性所决定和驱动，中国遵循自然生存法则，创造了高度发达的并延续了3000多年的农耕文明。中国历代的统治者和思想家们都非常重视农业的发展，认为农业发展得好，国家就富，人们衣食无忧，社会就稳定。认为人们过度热中于工商业会影响农业的发展，影响人们基本生活需要的满足和社会的稳定。荀子说："工商众则国贫"；"省商贾之数，罕兴力役，无夺农时，如是则国富矣"；并强调"强本节用，则天不能贫。"意思是说，大家都热衷于工商业，国家就会贫困；不要只顾发展赚钱快的工商业，不要随便抽调农业劳动力干其他的事，只有发展农业生产，才是富国的根本；加强农业基础，并力行节约，"善藏其余"，老天就不会使你贫困。这里需要指出的是：不重视工商发展的传统具有明显的历史局限性，对社会的发展产生了一定的消极影响。但对于农业生产满足人们生活需要的基础性作用和恒常性物质保障的认识永远不会过时，人的生活需要决定，农业永远是国民经济的基础。

"国以民为本，民以食为天"（陈寿《三国志》）《尚书·洪范》中说"洪范八政，食为政首"。（"八政：一曰食，二曰货，三曰祀，四曰司空，五曰司徒，六曰司寇，七曰宾，八曰师。"）古圣贤智者们非常重视粮食的生产和保障。《管子·枢言》中说："得之必生，失之必死者，何也？唯无得之，尧舜禹汤文武孝已，斯待发成，天下必待以生，故先王重之。一日不食，比岁歉。三日不食，比岁饥。五日不食，比岁荒。七日不食，无国土。十日不食，无畴类尽死矣。”管子这段话，非常明确地指出，统治者治国理政的成功、战争的胜利、国家的安全、人们生活的需要，得之必生，失之必死的东西，唯有粮食。一天断了粮食，等于过歉年；三天断了粮食，等于过饥年；五天断了粮食，等于过荒年；七天断了粮食，国土就保不住了；十天断了粮食，同类皆无，全部都将死掉。墨子也强调满足人们粮食的需要是国家政局稳定巩固的法宝，《墨子·七患》中说："食者，国之宝也，兵者，国之爪也，城者，所以自守也。此三者国之具也。”墨子认为“食者、兵者、城者”是维护国家安全的三大利器，满足民生的需要特别是粮食的需要是第一位的。《汉书·王莽传》中说：“民以食为命，以货为资，是以八政以食为首。”任何时期治国理政都必须坚持“食为政首”，把发展农业生产满足人们粮食的需要，当成天大的事来抓。吃是人类生存发展最基本的也是最大的需要。

讲究生财之道，确保恒常需要的满足，也是古典需要理论的重要内容。《大学》说：“生财有大道，生之者众，食之者寡，为之者疾．用之才舒，则财恒足矣。”意思是说，满足需要要大力发展生产，进行生产的人多，纯消费的人少，人们做事很努力，消费注意计划、节约，财富就会保持经常充足，正常的需要满足就不会发生困难。

四、人与动物满足需要有本质的不同

动物的需要靠自然本能满足，而人则主要是靠劳动创造来满足自己的需要。《墨子·非乐上》中说 “今人固与禽兽麋鹿贞虫异者也。今之禽兽麋鹿贞虫，因其羽毛，以为衣裘；因其蹄蚤；以为绔屦；因其水草，以为饮食。唯使雄不耕稼树艺，雌亦不纺织烹饪，衣食之财，固已具矣。今人与此异也，赖其力者生，不赖其力者不生。”

人的力量主要来源于思想创造的工具，人与动物最大的区别，在于人能创造使用工具来满足自己的需要，动物则不能。荀子进而认为人与人之间能力大小的区别，也在于是否善于使用工具和假借外力。荀子说：“假舆马者，非利足也，而致千里； 假舟楫者，非能也，而绝江河。君子生非异也，善假于物也。”

再者，动物不能超越血缘群体增强满足需要的团队能力，而人可以通过合理分配利益和互利贸易组成不同族群的无限大的联合体和市场满足自己的需要。《荀子·富国》说，人，力不如牛，走不如马，而牛马为人所用，这是因为“人能群，彼不能行也。”人之所以能群，是因为人会通过协商合理分配利益。《荀子·富国》中说 “无分者，人之大害也；有分者，天下之本利也；而人君者，所以管分之枢要也。”动物永远只能本能地满足自己和其后代哺乳的需要，而人却能做到分工合作，智力互补、能力互补、成果互享、文明递延。“一人之身，而百工所为备。”(《孟子·藤文公上》)“百技所成，所以养一人也。”(《荀子·富国》)人类社会是一个“人人为我，我为人人”的社会，而动物世界则永远是一个只能靠自身本能被动生存的世界。

其四，最根本的是人与动物的本质属性不同，决定了人与动物满足需要的方式不同。古人认为，人是万物的灵长，人与生俱来就有“四颗善良”的种子，而动物没有。《孟子·公孙丑章句上》中说：“恻隐之心人皆有之，羞恶之心人皆有之，恭敬之心人皆有之，是非之心人皆有之。”“恻隐之心仁之端也，羞恶之心义之端也，辞让之心礼之端也，是非之心智之端也。”“无恻隐之心非人也，无羞恶之心非人也，无辞让之心非人也，无是非之心非人也。”人是可教育的，是自己可以塑造自己的，而动物是不可教育的（当然有的动物经过人的训练可以具有简单的智力和模仿能力），是不能自己塑造自己的。《礼记·曲礼上》说：圣人以礼教人，“使人以有礼，知自别于禽兽。”圣人通过制定各种行为规范和道德教化，使人们知道了礼，并用礼把自己同禽兽区别开来。人通过教育正充“四端”之德，全养人性之善，自觉遵循社会道德规范来满足自己的需要和欲望。

五、满足人的需要必须遵循自然法则

古代经典里关于人类满足需要必须遵循自然规律的论述有很多，主要集中在以下两个方面。

一是人类获取需要满足物必须遵循自然规律，注重生态环境保护。如：种庄稼要不违农时；打猎捕鱼要保护母幼；春季不得进山采伐树木；不能杀鸡取卵；不能拔苗助长等等规定和论述，在古典文献里都有清楚的记载。《吕氏春秋》就记载了我国上古王朝对生态环境的保护的一些规定，如正月“天气下降，地气上升，天地和同，草木繁动，”天子“命祀山林泽，牺牲无用牝，禁止伐木，无覆巢，无杀孩虫，胎夭飞鸟，无无卵，……”二月要“安萌芽，”“无竭川泽，无漉陂地，无焚山林，”“无作大事，以妨农耕。”三月“时雨将降，下水上腾，”要“修利堤防，导达沟渎，开通道路，无有障塞；田猎毕弋，罘罗网，兽之药，无出九门；”“命野虞，无伐桑柘，鸣鸠拂其羽，戴任降于桑。”（《吕氏春秋》·孟春记·仲春记·季春记）春季捕杀飞禽走兽的罗网、药物不准带出城门，不准砍伐桑树和柘树，以免破坏斑鸠和戴任鸟正常活动的环境。诸如以上这样的规定在《吕氏春秋》十二记中还有不少明确的记载。这些规定很具体、系统，说明古人早已经认识到，人类生存发展离不开自然环境，必须和自然环境和平相处，获取需要满足物必须按自然规律办事。孟子说得非常清楚：人类只有遵循自然规律才能保证物质需要的满足，“不违农时，谷不可胜食也；数罟不入 池，鱼鳖不可胜食也；斧斤以时入山林，材木不可胜用也。“（《孟子·梁惠王上》）就是说，只要不违背农时，粮食就会丰收；密孔的渔网不入池塘，那鱼鳖水产就吃不完；砍伐林木有定时，木材便用之不尽；遵从天时、用好地利，那财富就能增长，人们的各种需要就能得到满足。

二是人类满足自身身心健康需要时必须遵循生理心理机制运行的自然规律。强调只有见欲、听欲、闻欲、味欲、触欲、意欲“六欲皆得其宜，”（《吕氏春秋》·贵生）才能“全生，”才能保持身心健康，生活快乐。“六欲分（半）得其宜，”就会“亏生，”（《吕氏春秋》·贵生）人的生命就会受到亏损，身心健康就会受到影响，就会病痛忧愁缠绕，难以充分享受到生活的快乐。“六欲莫得其宜，皆获其所甚恶者，……迫生也。”（《吕氏春秋》·贵生）“迫生，”是指因人所欲望和追求的东西与自己真正的需要和社会的公共利益需要背道而驰或适得其反而造成的一种心态变异、离经叛道、妻离子散、众叛亲离、自作孽致贫病交加、苟且偷生、失去自由尊严、无人同情、遭人唾弃，生活痛苦的生存状态。冯友兰先生极而言之说：“‘迫生，’尚不如死，盖死不过‘无有所以知’而已，而‘迫生’则为‘活受罪，’诚不如死也。”（冯友兰《中国哲学史》上第118页）

《荀子·天论》中说：“天行有常，不为尧存，不为桀亡。应之以治则吉，应之以乱则凶。”自然界有自己运行的规律，这种规律不以人的意志为转移。遵循规律办事，事情就可以办好，满足需要就顺利。不按规律办事，事情就会办糟，人的需要就不可能得到满足，甚至可能带来灾祸。人不是本能被动地完全靠自然的恩赐而生存，也不可能本能被动地认识把握自然规律，而是主动地探索认识把握自然规律，按照人的需要积极地参助配合自然的治化，以满足自身的需要。荀子说：“天有其时，地有其财，人有其治，夫是之谓能参。舍其所以参，而愿其所参，则惑矣。”（《荀子·天论》）天有四时的变化，地有蕴藏的财富，人有掌握天时、使用地利的办法，所以人能够参与配合自然的化育，从而满足自身的需要。如果放弃了人的努力，期望自然的恩赐来满足人的需要，那就太糊涂太愚蠢了。

同时，荀子还提出满足人的需要还必须顺应人的天性，即天生的生理和心理需要。荀子按照其宇宙“天职”“天功”说，把人看成是一个小宇宙，这个小宇宙也有自己运行的规律，人满足自身需要必须遵循这些规律。《荀子·天论》中说，人“天职既立，天功既成，形具而神生，好恶喜怒哀乐藏焉，夫是之谓天情。耳目鼻口形，能各有接而不相能也，夫是之谓天官。心居中虚，以治五官，夫是之谓天君。财非其类以养其类，夫是之谓天养。顺其类者谓之福，逆其类者谓之祸，夫是之谓天政。暗其天君，乱其天官，弃其天养，逆其天政，背其天情，以丧天功，夫是之谓大凶。圣人清其天君，正其天官，备其天养，顺其天政，养其天情，以全其天功，如是，则知其所不为矣，则天地官而万物役矣。其行曲治，其养曲适，其生不伤，夫是之谓知天。”

这段话告诉我们，人的生命一诞生，就具有自然的“天职”“天功”，人的身体就是一个小宇宙，具有满足自身需要的天赋功能，人应该正确运用好这些功能。懂得什么是可以做的，什么是不可以做的，时刻使自己保持清醒而良好的心境，正确地使用五官的职能，充分而合理地利用自然的供养，遵循人类生活发展需要的法则，正常表达自己的情感，人类的自然功能天性和需要就能得到保全和满足。这样才能天地都能为人所利用，万物都能为人所役使，人的各种需要才能得到合理有效地满足。行事有条理，养生讲适当，人类生活便不会受到伤害。

六、人满足需要必须遵守社会法则

从《易经》需卦的卦辞和许多对采取不正当手段满足一己之需的不良行为进行批判的言论看，古人对人的需要的社会性早就有了比较清楚的认识。《需卦·卦辞》说：人应该善于通过社会来满足自己的需要，“需，有孚，光亨；贞吉，利涉大川。”当人有所需要时，只要心怀诚意，积极努力，就能得到社会各方的支持帮助，使需要顺利地得到满足，并前景光明、运势亨通；为人友善真诚、处事公平中正，就能历险克难，大有作为，大获成功，吉祥如意。《易经证释》说：“天下共生成需，无一物之常所。”只有人们分工合作生产品种繁多的物品才能满足人多样的需要，人不可能只靠一种物品来满足自己的需要。荀子说：“离居不相待则穷”，人不能脱离群体社会生活。为了人们交往便利，节约资源，行为有相同的遵循，社会管理有统一的标准，顺应社会发展的需要，秦始皇统一六国后，实行了“书同文、车同轨、行同伦”的政策，为人们在更大范围满足自己的诸多需要提供了可能和方便。

很自然的逻辑，人依靠社会满足自己的需要，就必须遵守人类社会运行的规律，即守人道。人道的形成要靠人伦纲常秩序的建立与维持和人文道德的教化与弘扬。没有秩序，不成社会；没有教化，不成人文。孟子说：“离娄之明，公输子之巧，不以规矩，不成方圆。”“人之有道也，饱食、暖衣、逸居而无教，则近于禽兽。”（《孟子·滕文公上》）这就是说：人有区别其他动物的生活方式即人道，人应该遵守人道，一个人虽然很富有，但是如果没有教养就会跟禽兽差不多。孟子强调：人在对待别人的需要和满足自己的需要时，应该有恻隐之心、羞恶之心、辞让之心、是非之心，否则就不能称之为人。人的需要之所以“需之为需，本于中和，情不离性，欲不徇物，人以礼为守，以敬为行，贞固自持，利用不过。故为人道正。”这才是满足需要的正确做法和行为。在社会交往中，人道最核心的体现是公平正义、诚实守信。孔子说：“人而无信，不知其可也。大车无輗，小车无軏，其何以行之哉。”（《孔子·论语·为政第二》）一个人不讲信用，是根本不行的，就像大车、小车没有轴和横梁一样，它怎么走呢？与人交往交易应讲公平公正、做到诚实守信、“一诺千金”“一言九鼎”“一言既出，驷马难追。”

建立规范有序运行的社会，既要靠道德教化，也要依靠国家强制力保证执行的法律制度。中国社会很早就形成了礼法结合的国家管理模式，礼法结合建立和维护正常的、规范的社会秩序，规范人们满足各种需要的行为，为人们各种需要的满足创造了必要的社会条件。虽然“以礼治国”和“以法治国”孰优孰劣的争论持续了2000多年，但在实践中都是结合而行的，只是具有主辅之分罢了。中国古代的“礼”是一套维护封建宗法等级社会为核心涉及社会生活各个方面的道德规范和规章制度，是社会教化和管理的基本遵循。最早“法”自然也是“礼”的组成部分。礼是治国理政的根本，荀子说，“人无礼则不生，事无礼则不成，国无礼则不宁。”（《荀子·修身》）“今人之性恶，必将待圣王之治，礼义之化，然后皆出于治，合于善也。”（《荀子·性恶》）孔子在现实中发现：“以约失之者鲜矣。”（《论语·里仁第二》）就是说用礼约束自己的人，犯错误的人少　。管子则强调：“君国之重器，莫重于令。”治国理政必须“唯令是视，”“令重而下恐。”“法制不议，则民不相私……法施于国则成俗，其余不强而治矣。”（《管子·法禁》）管子认为法令是治理国家最重要的工具，一切应唯法令是从，法律有威严，臣下民众在满足自身的需要时就不敢违法乱来、不敢相互营私。国家实行法治，使法律制度成为民众自觉遵守的行为规范就会成为风俗，那么其他事情不用太费力就可以治理国家了。这种礼法结合的国家治理模式构成了中国古代人民的生活方式和人文环境，生活在这种人文环境中的人们，满足各种需要都不能脱离这种环境，必须遵礼守法。

人们满足各种需要必须有一个良好的社会环境，社会安定是人民群众最大的需要，这也是千古不易的社会法则。商鞅说：“利天下之民者莫大于治，”（《商君书·开塞》）对天下民众有利的事，没有比社会安定更大的了。社会不安定，人民就无法从事正常的生产和商贸活动，人们物质文化需要就难以保证。所以历代比较亲民和有作为的统治者都把建设社会安定的国家和维护国家的社会安定作为治国理政的首要职责。管子认为维护社会安定、追求国家长治久安最重要的是既要坚持主导社会的价值观体系，又要坚持依法治国并保持法制的相对稳定，做到“国有常经，人知始终。”（《管子·问》）统治者治世应“以法制行之，如天地之无私也。”（《管子·任法》）国家主导的价值观深入人心、法制稳定，人们在满足自身需要时，就会形成始终保持与社会法制一致的行为规范的习惯。统治者治国理政应该像天地一样公正无私，这样才能实现国泰民安，保持国家的安定发展，人民群众满足各种需要有个良好的社会环境。

七、满足人的需要有三个层次

古圣贤智者们认为人的需要按其轻重缓急功能作用区分，可划分为三个层次：一是必需之道，二是宜需之道，三是怡需之道。

必需之道是讲需要的刚性。人要生存，食衣住行等等基本需要必须有保证。孔子在《礼记》里讲：“饮食男女，人之大欲存焉。”意思是说饮食和男女性爱是人类最基本的自然需要，这种需要是刚性的。明朝伟大的医药学家李时珍在《本草纲目》中说：“盖水为万化之源，土为万物之母，饮资于水，食资于土，饮食者人之命脉也。”李时珍把水土看成是人类生存的命脉，其认识是何等的透彻和富有远见。喝饮清洁的水是人类须臾不能或缺的需要，必须予以确保。《易经证释》说：“凡物之所养所求者，必因其所关重要，而莫能自已，乃不得不需之也。如人之生，食饮所需，衣服所需，居住所需，生聚所需，德业所需，皆视其必要。”必需之道就是必须确保最基本的需要，确保最重要的需要。

必需之道要求在满足需要时一定要分清主次、先后，确保最重要的需要得以满足。管子说：“统治者在治国理政时，一定要‘审所先所后，’‘慎所先所后’。”只有这样才能做到有效治理。并用历史的经验论证说：“先民与地则得矣，先贵与骄则失矣。”“国有宝、有器、有用：城郭、险阻、蓄藏，宝也；圣智，器也；珠玉，末用也。先王重其宝器而轻其末用，故能为天下”。（《管子 · 枢言》）意思说治国理政必须以满足老百姓的需要和有利于发展生产为先，如果先考虑富人和享受就不得当。先代圣王看重宝与器而看轻用，能分清主次先后，所以能治理天下。个人要有效地满足需要也必须要分清主次先后。

宜需之道，是讲需要的合理性科学性。在选择确定需要目标时，要审慎考虑，要看是否有益且合理合规合法，然后择善而从之。凡事不能过度走极端，“敖不可长，欲不可从，志不可满，乐不可极。”（《礼记·曲礼上》）古人强调，满足需要要做到“不戾乎情，不乖于性，不忘于物，不逞于欲，”不害于身心，不累于家国。（《易经证释》）阴阳平衡，五行相生相克的理论和方法，也是满足需要的宜需之道。《弟子规》说：“衣贵洁，不贵华，上循分，下称家。对饮食，勿拣择；食适可，勿过则。”穿衣是为了保暖遮羞，贵在整洁大方，而不在于华丽。穿衣要符合自己的身份和职业要求，与自己的家庭条件相适合。饮食是为了补充身体健康所需要的营养，不能挑食，也不能偏食，否则，会造成营养不良。吃东西要适可而止，不可过量，过量会损伤脾胃。《朱子格言》讲：君子为了身体健康和人身安全在日常生活中应做到“不饮过量之酒，不贪意外之财。”这些都是满足需要时要注意做到的。要想获取保持身心健康、

和顺快乐的生活，应该做到“六欲皆得其宜。”（《吕氏春秋·贵身》）

处于贵富的人们更应该注意讲究宜需要之道，要防止贵富之后最容易犯的“三种病”：身懒、口贪、行淫。《吕氏春秋》引述杨朱的观点说：“贵富而不知道，适足以为患，不如贫贱。贫贱之致物也难，虽欲过之，奚由？出则以车，入则以辇，务以自佚，命之曰‘招蹶之机’。肥肉厚酒，务以自强，命之曰‘烂肠之食’。靡曼皓齿，郑卫之音，务以自乐，命之曰‘伐性之斧’。三患者，贵富之所致也。故古之人有不肯贵富者矣，由重生故也；非夸以名也，为其实也。则此论之不可不察也。”意思是说：富贵之人满足需要的条件太好而不懂得养生之道，反而会成为祸患，与其这样，还不如贫贱。贫贱之人满足正常的需要都很难，即使想要过度地沉湎于物质享受之中，也没有条件做到，也就不会犯这种“贵富病”。出门乘车，进门坐辇，务求安逸舒适，这种车辇应该叫作“损坏腿脚的器械”。吃肥肉，喝好酒，超越需要逞强于豪吃海喝，这种酒肉应该叫作“腐烂肠胃的食物”。迷恋女色，陶醉于淫靡之音，极尽感官享受，这种美色、音乐应该叫作“砍伐生命的利斧”。这三种祸患都是富贵所招致的。因此古代有的人不愿追求富贵，这是由于重视生命的缘故，并不是轻视富贵以沽名钓誉。杨朱讲的这些观点和道理对于处于富贵的人们来说不可不明察。

怡需之道是讲身心两益、所涉各方都满意和天人两益的需要。古圣贤智者强调人满足需要要 “节欲” “贵生”，认为这样才能长久保持身心健康，享受生活的快乐。这种能使人怡然得乐的满足需要的方式就是怡需之道。中国主流的古典需要理论并不认同苦行僧的“禁欲”主义，并不认为享受为不应该，欲为不好，而是强调满足需要要符合“天道”

“地道”　“人道”，要“节欲”，凡事不能走极端。《吕氏春秋》说：“耳不乐声、目不乐色、口不甘味，与死无择。古人得道者，生以寿长，声色滋味，能久乐之。奚故？论早定也。论早定则知早啬，知早啬则精不灭。”（《吕氏春秋·情欲》）这段话告诉人们，生之可贵，就在于能享受声色滋味，但必须知道在满足需要欲望时，要“节欲”　“早啬”，才能长久享受这种怡然快乐的生活。

从社会关系来考察，互利互惠满足需要的方式就是怡需之道。墨子强调，满足需要要“上利于天，中利于鬼，下利于人”。（《墨子·天志上》）三利无所不利，可谓怡需之道。怡需之道的需要是矛盾双方都有的需要，如商人与顾客的需要、医生与患者的需要、老师与学生的需要、圣明的统治者与老百姓的需要，等等。这种构成供需关系矛盾统一的需要的满足，是所涉各方都有的和追求的需要，这种需要的满足对所涉各方都有益。提供需要满足物的主体方在提供商品和服务时追求并实现双方都满意的目标，这就是怡需之道。遵循怡需之道满足需要，不仅不违反自然规律，不破坏社会秩序，不损害他人利益，而且有利于互利互惠双赢，于己于人都有利。满足需要的最高境界是怡需之道。

八、民生利益至上的国家需要观

“民为贵，社稷次之，君为轻，”“民为邦本，本固邦宁”，“治国以常，而利民为本”，“国以民为本，民以食为天”，“凡治国之道，必先富民”的民本主义国家需要观，是中国古典需要理论的一大亮点，为规范引导评价统治者的作为、推动社会文明进步发挥了积极作用。孔子说："政之急者，莫大乎使民富且寿也。"（《孔子家语·贤君》）他认为统治者治国理政最紧要和最重大的职责是让老百姓生活得富裕健康快乐。墨子说："上古时，建国设都，置官理事，非高其爵，厚其禄，富其佚而错也，将以为万民兴利除害，富贫众寡，安危治乱也。"《管子·枢言》说："爱之、利之、益之、安之，四者道之出。帝王用之而天下治矣。帝王者，审所先所后，先民与地，则得矣。先贵与骄，则失矣。"统治者治理天下，须有爱民之心、利民之举、惠民之策、安民之政，只有把满足人民的需要和管理好生产提供需要满足物的土地放在首位，才能赢得民心基础，才能有所作为。管子强调："政之所兴，在顺民心；政之所废，在逆民心。"（《管子·牧民》）柳宗元说："盖吏者，民之役，非以役民也。"（柳宗元《送薛存义序》）也就是说国家和官吏都是适应人们的需要产生的，其职责理所当然就是为人们的需要服务，官吏是老百姓的公仆。《吕氏春秋·慎势》篇里说："天下之民，穷矣苦矣。民之穷苦弥甚，王者之（王）弥易。凡王也者，穷苦之救也"。意思是说天子王侯的职责就是解救天下的穷苦老百姓。《易经》说："益，利有攸往。"汉代经学集大成者郑玄解释说："人君以益下为德，故谓之益也。"经学家虞翻说："人君'贵下贱，大得民。'"（《周易》，北京燕山出版社 2011 年版，第 296 页）孔子更是把"重庶民"列为治国"九经"之一加以强调。孔子说："凡天下国家有九经，曰：修身也，尊贤也，亲亲也，敬大臣也，体群臣也，重庶民也，来百工也，柔远人也，怀诸侯也。"他告诫统治者"为政在于得人"，统治者爱重普通老百姓，就能赢得民心支持，得到广大民众的拥护。

统治者应该怎样满足人们所需呢？应该像炎黄二帝一样"教民稼

穑”“树艺五谷”、建造舟船、缫丝制衣、建立文明、教化修德、保境安民，身体力行，尽努力去帮助人们满足各种需要。更重要的是要为满足人们的需要公正无私地履行好治国理政的职责。管子曾告诫当政者说：“君出令，正其国而无其欲，一其爱而无独与是，王施而无私，则海内来宾矣”。（《管子・宙合》）意思是说：统治者颁发各项政令应是为匡正国家而不是为满足私欲，统治者与民同忧同乐，公正无私实施德政，老百姓的各种需要能得到满足，那样就会四海归服。司马光说：“有孚，光亨，贞吉，人君所以待天下之道也。”九五居中履正，以待天下之需，才能“天之所佑，人之所助，” 才能“足以尽天下之治也。”（《周易》，北京燕山出版社 2011 年版，第 394 页）就是说满足人民群众的需要要阳光普照、公平公正、依规依法，国家才能长治久安。统治者应“民之所好好之，民之所恶恶之。”（曾参《大学・第十一章》）“施仁政于民，省刑罚，薄税敛。”（《孟子・梁惠王上》）统治者的生活不能比普通百姓的生活悬殊太大，孟子说：“庖有肥肉，厩有肥马，民有饥色，野有饿莩，此率兽而食人也。”（《孟子・梁惠王上》）笔者在翻阅《尚书》时发现这一思想，上古的先贤也有了比较明确的认识。《尚书・商书・高宗肜日》记载商王祖庚在祭祀先王时，其贤臣祖已告诫他说：“王司敬民，罔非天胤，典祀无丰于昵。”意思是说：统治者要恭敬地对待臣民，因为你们都是天的后嗣。王在祭祀的时候，自己先王父庙中的祭品不能过于丰盛。统治者与臣民物质生活的差距拉得太大，上天就会收拾你，老百姓就会滋生不满起来反对你、推翻你。汉朝刘安在《人间训》中说：“仁君明王，其取下有节，自养有度，则得承受于天地，而不离饥寒之患矣。”古代的被人传颂的仁君明王都是有节制地向下征税，按照有度的原则制定标准来开支自己的生活费用，这样把天地给予的财富加以合理地使用，饥饿、寒冷的祸患就侵害不到老百姓了。统治者应坚持“足国之道，节用裕民。”（《荀子·富国》）北宋大思想家张载世代传颂的“横渠四句”更是强调统治者要清廉自律，勤政为民，要有“为天地立心、为生民立命、为往圣继绝学、为万世开太平”的理想境界。

统治者掌握着公共社会资源利益的支配权，对社会成员需要的满足影响极大，必须法天地公正无私行事。（《吕氏春秋·情欲》）篇里说：“人与天地也同，万物之形虽异，其情一体也。故古之治身与天下者，必法天地也。”为什么要法天地呢？因为“天无私覆也，地无私载也，日月无私烛也，四时无私行也，行其德而万物得遂长焉。”（《吕氏春秋·去私》）统治者处事要公平公正，不能有任何私心，“天下非一人之天下也，天下之天下也。阴阳之和，不长一类，甘露时雨，不私一物，万民之主，不阿一人。”（《吕氏春秋·贵公》）设立各级机关官职不是为了统治者的私利，而是为了更好地帮助老百姓满足生存发展的需要，《吕氏春秋·本生》里说：“立官者以全生也。”

九、贫富有度的社会治理需要观

“贫富有度”的思想是中国历史上反对贫富悬殊以缓和社会矛盾的重要社会治理思想，历史影响深远。春秋末，孔子提出“有国有家者，不患寡而患不均，不患贫而患不安，”和“均无贫，和无寡，安无倾”的观点，（《论语·季氏》）认为明智的统治者最怕的就是因利益分配不公不均而影响社会的稳定和政权的巩固，利益分配公平悬殊不大，社会就能稳定、政权就能巩固。与孔子同时代的齐国名相晏子曾在回答齐景公关于古之盛君的行为特点时明确提出了“均贫富”的概念，他说：古之盛君“其取材也，权有无，均贫富，不以养嗜欲。”（《晏子春秋·内篇问上》）意指统治者对穷人和富人的赋税征课要考虑到合理负担问题，要抑制那些贪婪的欲望。《易经·彖辞》说：“天道下济而光明，地道卑而上行。天道亏盈而益谦，地道变盈而流谦。”（《周易》，北京燕山出版社 2011 年版，第 53 页）意思是说，天道下济光明，地道和生万物这是自然规律。天的规律是亏损盈满者，补益不足者；地的规律是使物变盈满补充虚空。据此，老子认为“损有余而补不足”这是自然规律，社会财富就应该按照这一原则平衡分配，使人与物都能得到充分利用。商鞅认为“治国之举，贵令贫者富富者贫，”主张以国家的赏罚来缩小贫富差距。管仲在《管子·国蓄》篇里说：“法令之不行，万民之不治，贫富之不齐也。”主张通过经济措施特别是以价格政策为工具来做到“贫富有度”。汉以后的思想家们主要从反对土地兼并的角度深刻剖析了造成贫富悬殊的原因，造成的社会危害，并提出了限田、均田的主张，北魏还制定实行了对农民计口、对官吏按级分配土地的制度，这一制度一直延续至唐朝中叶。唐辞赋家徐寅作《均田赋》高度赞扬了当时均田制在满足广大人民的基本需要和维护社会稳定方面的积极作用：人民“获资生之大利兮，免豪佑之倍征。”“将损多而益寡兮，齐民之归一。”“索空图之于实效兮，庶几太平之助兮。”

历史总是在曲折中前进的。中国历史上曾数次发生旨在推翻当时昏庸腐败政权的农民起义。历次农民起义的领袖都把“均贫富”作为动员人民起来革命的纲领。南宋钟相、杨幺宣称：“法分贵贱贫富，非善法也。我如行法，当等贵贱，均贫富。”（《三朝北盟会编》卷一三七）明末李自成的起义军打的是“均田免赋”的口号。太平天国洪秀全在《天朝田亩制度》中更是提出“有田同耕，有饭同食，有衣同穿，有钱同用，无处不均匀，无人不饱暖”的理想。农民起义领袖们“均贫富”的思想与中国古典“贫富有度”的思想有相同的历史背景，但其思想认识的实质上是有差别的，许多农民起义领袖提出“均贫富”的口号主要是一种为达到起义成功的目的所采取的政治策略。“贫富有度”的思想是指要在社会治理中通过政策措施平衡好各利益群体的社会利益关系，制约无止境的贪欲，防止因贫富悬殊太大造成下层人民生活困苦，继而造成社会动乱，影响社会发展，以保持社会和谐稳定。古典“均贫富”的思想，不是平均主义和绝对平均主义。从社会发展规律来看，在现实的社会治理中搞平均主义特别是绝对平均主义是绝对做不到的，于社会发展也是有害的。不少起义领袖在胜利成功之后，在执政时都走向了起义时所提口号的反面。

十、满足个人需要要守礼法讲道德

荀子说：“人生而有欲，欲而不得，则不能无求，求而无度量分界，则不能不争，争则乱，乱则穷。先王恶其乱也，故制礼仪以分之，以养人之欲，给人之求，使欲必不穷于物，物必不屈于欲望。两者相持而长，是礼之所起也。”（《荀子·礼论篇》）荀子告诉我们：人的欲望是无止境的，如果没有规范就必然发生争斗，争斗不止就会导致国家和人民穷困。古代的圣王憎恨这种混乱的局面，所以“立义治律，分均天财”，制定了各种法规制度道德等等行为规范来引导和规范人们适度合理地满足其欲望需要。从而，使人们不会放纵欲望去无休止地争夺财物，财物也不会因人们的欲望而耗尽，以保证人们的需要和财物之间的长久协调。这就是中国古代的“礼”即人类社会各种行为规范的源起。为了保证社会有序运行的需要，“礼”针对如何处理好社会人际伦理关系、血缘伦理关系、职业伦理关系等等人伦关系，提出了一系列原则，形成了一系列行为规范。历史地看问题，这些原则和规范在实践中不断修正完善，从整体上有力地保证和促进了社会的文明进步，有的现在仍然具有很强的生命力。如“礼”提倡的整个社会奉行的尊老、敬长、尊师、敬贤、爱幼、自谦和在朝序爵、在野序齿、在宗序辈、在公尊贤的社会人伦文明原则规范。这些原则和规范不仅满足了当时建立社会正常运行的秩序需要，而且对于现在我们处理社会人伦关系也仍然是适用的。

满足需要要讲规矩，孟子说：“不以规矩，不能成方圆，不以六律，不能正五音。”国家要严明法令，建立和维护好社会秩序，为人们满足各种需要提供良好的法制保证，管子说：“君国之重器，莫重于令。”“唯令是视。”（《管子·重令》）“不法法，则事毋常；法不法，则令不行。”（《管子·法法》）“布政有均，民足于产，则国家丰矣。”（《管子·君臣》）管子强调：法令是治理国家最重要的工具，一切都要唯法令是从。不依法立法、制定颁布法律，处理国事就没有常规，有了法律不严格执法，政令就不能施行。没有一个稳定的统一的法制环境，就会对人们各种需要的满足造成伤害。国有常法并依法行政保持公平，民众有稳定产业就能够自足，国家也就丰足了。

满足人们的需要应分清是非，荀子说：“是非不乱，则国家治。”（《荀子·王制篇》）满足自己的需要，要坚持正道，要推己及人，将心比心。孔子说："富与贵，是人之所欲也，不以其道得之，不处也；贫与贱，是人之所恶也，不以其道所得之，不去之。""不义而富与贵，于我如浮云。""己所不欲，勿施于人。""己欲立而立人，己欲达而达人。"如果你追求的东西"以其害于身心，累于家国，则不能名之需也。"（《易经证释》）

满足个人需要不能弱肉强食、尔虞我诈，要"兼相爱，交相利"，"利人乎即为，不利人乎则止。"（《墨子》）官宦富豪、贤人君子"处富贵地，要矜怜贫贱的痛痒"（《增广贤文》），不能以强执弱，以富侮贫，以贵傲贱，以诈欺愚，以众劫寡，要见难相帮，见义勇为，要"能以公义胜私欲，"（《荀子》）要"兴天下之利，除天下之害"。（《墨子》）为人处事要"和为贵"，"二人同心，其利断金，"（《易经·系辞上》）"家和万事兴，""天时不如地利，地利不如人和，"这些古典箴言都是告诉我们，团结和谐是社会文明发展、人民幸福的重要保证。在家庭生活、社会交往中，大家注意并做到和睦诚信相处、团结互助，才能生活得心情舒畅，才能把事情干好，个人的物质精神需要才能得到比较好的满足。

满足需要要注意节约节欲，遇到大的困难要互相帮助。要"见素抱朴，少私寡欲，（《老子》）"不能暴殄天物，浪费财物，坐吃山空，要丰年想着歉年，居安思危，积谷防饥，勤俭持家，精打细算，"不贪意外之财，不饮过量之酒，"这样才能细水长流，安顺无忧，历难无险。遇到天灾人祸以及满足基本需要个人能力不及的基本建设，要"守望相助，""亲帮亲，邻帮邻，""一方有难，八方支援"，和衷共济，共渡难关。正人君子满足需要还应有高风大怀，"先天下之忧而忧，后天下之乐而乐；"

要始终坚持高尚人格，“富贵不能淫，贫贱不能移，威武不能屈。”

十一、满足需要不能“灭天理而穷人欲”

所谓“天理”即自然规律，所谓“人欲”即人的欲望。古圣贤智者们认为，人追求需要的满足应该遵循规律，要有度，不能放纵欲望。荀子说：“人之情，食欲有刍豢，衣欲有文绣，行欲有舆马，又欲有夫余财蓄积之富也；然而穷年累世不知不足，是人之行也。”（《荀子·荣辱》）人“天性有欲，心为之制节。”（《荀子·正名》）《易传》曰：“君子役物，小人役于物。”如果不能正确调控节制自己的欲望，人就会成为只顾自己利益和享受的贪婪不肖之徒。圣人制礼乐，就是为了调节导正人的欲望。《礼记·乐记》中说：“人化物也者，灭天理而穷人欲者也。于是有悖逆诈伪之心，有淫 作乱之事。是故强者胁弱，众者暴寡，知者诈愚，勇者苦怯，疾病不养，老幼孤独不得其所，此大乱之道也。是故先王之制礼乐，人为之节。”

社会如果不能正确引导和规范人的行为，社会就会生乱；人如果不能正确调控节制自己的欲望，就会影响人的心智和身体健康，甚至惹祸招灾，“自作孽，不可活。”（《孟子·公孙丑章句上》）庄子曾说：“其嗜欲深者，其天机浅。”（《庄子·大宗师》）《老子》说：“祸莫大于不知足，咎莫大于欲得。”刘向说：“嗜欲者，逐祸之马也。”一个人的欲望越大，越是追逐自己的欲望，暗藏的祸患也就越大。所以古圣贤智者们提出了“节欲”“导欲”“禁欲”“正欲”“修节止欲”的主张。孔子提出人满足需要要符合人道，要处理好义与利的关系，并提出了人生有三戒的观点："少之时，血气未定，戒之在色；及其壮也，血气方刚，戒之在斗；及其老也，血气既衰，戒之在得。"（《孔子·论语》）孔子和孟子都提出满足需要要把"义"放在第一位置，不能把物质利益看得太重。孔子说：君子要"见得思义。"（《孔子·论语》）"养心莫善于寡欲。"（《孟子·尽心下》）我国南宋时期的大理学家朱熹更是主张满足需要要"去人欲，存天理。"他说："圣人千言万语只是教人存天理，灭人欲。"（《朱子语类》卷四）当然他这里讲的人欲主要是指超出人的基本需要的贪欲，他在解释何谓天理人欲时说得很清楚："饮食者，天理也；要求美味，人欲也。"（《朱子语类》卷十三）

古圣贤智者们认为人的欲望正不正，决定于人"闻道"即接受道德教化的状况。《吕氏春秋·为欲》里说："性与非性，不可不熟。不闻道者，何以去非性哉？无以去非性，则未尝正矣。欲不正，以治身则夭，以治国则亡。故古之圣王，审顺其天而以行欲，则民无不令矣，功无不立也。"古圣贤智者们的这些观点和论述确是金玉之言。人们满足需要的欲望必须有度有节有导有控，必须有社会人应该具有的理性指导。只有这样，才不会偏离正道，犯错甚至犯罪。

古圣贤们认为循天理满足需要关键是要处理好义与利的关系，主张利义兼顾，以义为先。孔子曰："君子喻于义，小人喻于利。"（《孔子·论语》）孟子说："生，亦我所欲也；义，亦我所欲也。二者不可兼得，舍生取义者也。"（《孟子·告子上》）在不同的境遇下，士人君子在满足自己的需要时，处理义与利的关系有不同的要求。孟子说："尊德乐义，则可以嚣嚣矣。故士穷不失义，达不离道。穷不失义，故士得已焉；达不离道，故民不失望焉。古之人，得志，泽加于民；不得志，修身见于世。穷则独善其身，达则兼济天下。”（《孟子·尽心上》）意思是说，崇尚品德，坚守正义，是士人君子满足需要自律快乐的行为。所以，士人君子穷困时不会放弃正义，显达时不会背离仁道。穷困时不放弃正义，因此士人能保住自己的操守；显达时不背离仁道，因此民众不会对你失望。古代的圣贤，得志时，则能施予民众恩惠；不得志时，则能修养自身立身于世。我们应该向古人学习，穷困的时候要坚守善良高尚信念、努力做好自己，显达时要兼顾天下人共达于善，要有更好成就自己事业的同时，为社会进步贡献力量的责任意识，并努力作出自己的贡献。

十二、满足需要应该遵循三大基本法则

中国古典里关于如何满足需要提出了许多合理和科学的方法。主要有三种，笔者概括为三大法则。

一是平衡法则。首先是个人满足需要要坚持平衡法则：老子说：“万物负阴而抱阳，冲气以为和。”《易经》曰：“一阴一阳谓之道，继之者善也，成之者性也。”“天地之道，恒久而不已也。”意思是说事物是由一阴一阳的矛盾体构成的，一阴一阳的平衡和谐运动是事物存在与发展永恒的规律。人满足需要也必须遵循平衡的法则。《易经》和《吕氏春秋》都提出了“物极必反”的观点。战国时期齐国的政治家思想家淳于髡说得更通俗：“酒极则乱，乐极则悲，万事尽然，言不可及，极之而衰。”（《滑稽列传·淳于髡》）

其次是掌握社会资源分配权的统治者在分配需要满足物时要坚持平衡法则。《易经》说：“天道亏盈而益谦，地道变盈而流谦，鬼神害盈

而福谦，人道恶盈而好谦，”所以，统治者要法天而治，运用权柄平衡好利益分配，满足人的基本需要要“称物平施”，要注意调富济贫，防止贫富过分悬殊。老子说平衡是满足人的需要的天之道，人性有“贪”的弱点，强者富人总是以巧取豪夺弱者穷人的利益来满足自己的贪心，只有悟道的人，才懂得平衡法。他说：“天之道，损有余而补不足。人之道，则不然，损不足以奉有余。孰能有余以奉天下，唯有道者。”(《老子·第七十七章》)统治者应效虞舜：“立义治律，万物皆作；分均天财，万物熙熙。”（《逸周书·太子晋解第六十四》）即统治者要像三皇五帝之一的有虞氏——舜一样，治国理政光明无私，立标准，定律令，使百业兴旺，均分自然财富，使百姓安宁，万物欣然和谐。社会自然财富占有不均，是造成贫富悬殊和产生社会矛盾的重要原因。平衡社会自然财富的分配，让所有的人满足自己的需要都能有一定的物质基础，这是天赋人权，是统治者治国理政的重要职责，是社会稳定发展的重要基石。

孔子的中庸之道体现在人的需要满足物的分配上，其内核也就是平衡。《论语·季氏》记载了这样一个历史事件，孔子在批评鲁国“三桓”之一的季氏为政不均准备讨伐附庸国颛臾时说：“丘也闻有国有家者，不患寡而患不均，不患贫而患不安。盖均无贫，和无寡，安无倾。”孔子认为，作为位高权重的诸侯大夫不担心百姓财用不足，而担心分配不均衡；不担心人口稀少，而担心上下不能相安。并认为“均”是“安”的基础，“不均”是“不安”的根源。只有做到社会财富“均”分即公正分配，就不会产生贫富对立，也就没有所谓贫穷，这样人们就会相处和睦，生活安稳，国家人口就会增加，社会就会安定，国家政局就没有倾覆的危险。孔子还强调：“君子不尽利以遗民。”《礼记·坊记》

意思是说君子不能把利益都取尽了，应该遗留一些给老百姓。早在2500多年前，孔子等圣哲就认识到了社会动乱的根本原因是社会财富占有分配不均不公导致贫富差距的出现或扩大，并由此引发阶级矛盾所造成的。当然，孔子是站在统治阶级的立场来谈防止由于贫富差距过大的，维护的是统治阶级的利益，但客观来看，社会稳定上下和谐的生活环境无疑对全民都是有利的。

西汉伟大的思想家董仲舒非常赞同孔子社会财富的分配“不患贫而患不均”的观点，并针对当时社会贫富悬殊矛盾重重、绝大多数人们生活非常困难的现状，提出了统治者应制定制度来“调均”平衡解决好两极分化的问题。他在《春秋繁露 · 度制》篇里说：“故有所积重，则有所空虚矣。大富则骄，大贫则忧。忧则为盗，骄则为暴。此众人之情也。圣人则于众人之情，见乱之所从生，故其制人道而差上下也，使富者足以示贵而不至于骄，贫者足以养生而不至于忧，以此为度而调均之。是以财不匮而上下相安，故易治也。今世弃其度制，而各从其欲，欲无所穷，而俗得自恣，其势无极。大人病不足于上，而小民羸瘠于下，则富者愈贪利益而不肯为义，贫者日犯禁而不可得止，是世之所以难治也。”董仲舒认为贫富悬殊是社会祸乱的根源，统治者应该制定制度，区分上下等级，使富贵的人足以显示自己的高贵而不至于骄横，贫困的人足够生存而不至于忧愁，用这一办法和尺度去调剂人们的财富。（从这一办法来看，主要是要注意平衡，但不是绝对的平均主义，其平衡点是贫困的人足够生存而不至于忧愁。）这样财富就不会匮乏，上下就会相安无事，就容易把国家治理好。并认为当时社会那么乱就是没有坚持约束富人的制度，致使富人们放纵永远无法满足的欲望，有的富人更加贪得无厌攫取财富而不肯行善，政府官员为财富不足而忧虑，有的因此贪污受贿，使处于下位的老百姓贫弱不堪，贫穷的人为了维持生活天天触犯禁令而遏制不了，这就是社会难以治理的原因。

为了平衡各利益群体的关系，古圣贤们还提出了“食禄者不得与下民争利，受大者不得取小”的具体措施。(《史记·循吏列传》)要求当官吃国家俸禄的人不得和老百姓去争夺利益，已经得到大的利益的人不能再夺取小的利益。董仲舒说：“天不重与，有角不得有上齿，故已有大者，不得有小者，天数也。故明圣者象天所为为制度，使诸有大奉禄，亦皆不得兼小利，与民争利业，乃天理也。”(《春秋繁露·度制》)“受禄之家，食禄而已，不与民争业，然后利可均布，而民可家足。此亦上天之理，而亦太古之道。”(《汉书·董仲舒传》)为官食国家奉禄者，得了大利益者，就不能再靠人民赋予的权力去攫取钱财，与民争利，这是上天人类利益平衡法则的要求，也是古代统治阶级实现政治清明的大道。

二是胜理法则。(《吕氏春秋·适音》)讲：“人之情，欲寿而恶夭，欲安而恶危，欲荣而恶辱，欲逸而恶劳。四欲得，四恶除，则心适矣。四欲之得也，在于胜理。胜理以治身则生全以，生全则寿长矣。胜理以治国则法立，法立则天下服矣。故适心之务在于胜理。”意思是说人只有按照事物本来的道理即规律来办事，才能满足自己的需要和欲望。胜理法则要求人类满足自身需要、追求自身欲望理想要符合自然法则和社会发展规律，违背自然法则和社会发展规律往往事与愿违，适得其反。期望作物丰收，不能“拔苗助长”。期望财源广进，不能“坑蒙拐骗”。想吃鸡蛋，不能“杀鸡取卵”。求医问药，不能“病急乱求人”。口干不能“饮鸩止渴”。“顺天者存，逆天者亡”。

三是贵生法则。《吕氏春秋·情欲》开篇就讲：“天生人而使有贪，贪有欲，欲有情，情有节，圣人修节以止欲，故不过行其情也。”这里的“情”是指自然的合理合法有度的需要和欲望的一种正常理想状态，并指出具有这种“情”的人，是因为坚持了“贵生”的原则。“由贵生动则得其情矣，不由贵生动则失其情矣。此二者，生死存亡之本也。”“圣人深虑天下，莫贵于生。夫耳目鼻口，生之役也。耳虽欲声，目虽欲色，鼻虽欲芬芳，口虽欲滋味，害于生则止。在四官者不欲，利于生者则弗为。由此观之，耳目鼻口，不得擅行，必有所制。譬之若官职，不得擅行，必有所制。此贵生之术也。”（引自《吕氏春秋·贵生》）“耳不乐声，目不乐色，口不甘味，与死无择。古人得道者，生以寿长，声色滋味，能久乐之。奚故？论早定也。论早定则知早啬，知早啬则精不灭。”（《吕氏春秋·情欲》）“凡人生也，天出其精，地出其形，合此以为人。和乃生，不和不生。”（《管子·内业》）以上重点指出的要节欲、制欲、注意疾病的预防、不沉湎于感观享乐、避免极端，保持生命的一种和谐状态这些都是“贵生”的原则和方法。总之：“圣人之于声色滋味也，利于性则取之，害于性则舍之，此全性之道也。”（《吕氏春秋·本生》）这里的“性”是指人的身心健康。意思是说人对于声色滋味等等需要欲望，有利于身心健康的就去获取满足，有害于身心健康的欲望就要调整舍弃，这才是修身养性、保持身心健康的正确方法和基本原则。

贵生法则告诉我们，人们在满足自身需要和欲望时，既不能“纵性情，安恣睢，禽兽行，”“重物轻生，”“以物累形，”也不能一味或过度“重生则轻利益，”“贵生轻利，”而应以“六欲皆得其宜”为理性目标，坚持有利于身心健康、家庭幸福、社会进步、顺应客观规律的行动指南。只有这样，生生不息的需要欲望才是人们健康快乐生活和推动社会文明进步的正能量。

十三、人的需要是不断上升的，人类最美好的社会是“天下为公”的“大同社会”

《易经》需卦象曰：“君子以饮食宴乐。饮食以养其体，宴乐以养其心志。”意思是说人有饮食等物质需要，也有宴乐等文化娱乐精神需要，满足物质需要是为了身体健康， 满足精神需要是为了心志健康。同时，对物质与精神需要的关系，古圣贤智者们也有科学的论述。“仓廪实而知礼节，衣食足而知荣辱；”（《管子·牧民》）“食必常饱，然后求美；衣必常暖，然后求丽；居必常安，然后求乐。”（汉·刘向《说苑》引《墨子·佚文》）管子和墨子的论述都清楚地表明了人的物质需要是第一位的，精神需要是第二位的唯物主义的观点。特别是“食必常饱，”“衣必常暖，”“居必常安”的观点，非常明确地指出了食、衣、住的需要是人类最基本的恒常性的刚性的需要，什么时候都不能忘了食衣住行这些人类赖以生存发展的基本需要的保证和满足，这一观点对后世人们正确认识需要、满足需要具有非常大的指导意义。

以人的需要满足程度为标准，中国的古圣贤智者们展望人类社会发展的未来，描绘了一幅大同世界的理想社会蓝图。孔子在《礼运·大同》篇里描述的大同世界蓝图影响深远，大同世界是什么样子的呢？孔子说：“大道之行也，天下为公。选贤与能，讲信修睦。故人不独亲其亲，不独子其子。使老有所终，壮有所用，幼有所长。鳏寡孤独废疾者，皆有所养。男有分，女有归。货恶其弃于地也，不必藏于己。力恶其不出于身也，不必为己。是故谋闭而不兴，盗窃乱贼而不作。故外户而不闭。是谓大同。”中国的古圣贤们描绘的这种天下为公，没有欺压，人人平等，世道公平，人人劳动 ，人人“甘其食，美其服，安其居，乐其俗”， 每个人的需要都能得到满足的大同美好社会，已成为一种日益增强的精神力量和不断丰富的科学的社会信仰，深刻影响着我们人类社会文明建设发展追求的整体目标。

中华文明历史悠久，光辉灿烂，经典文献浩如烟海，中国古典需要理论博大精深。笔者浅陋之至， 以上只是对这一理论的主要内容作了粗浅的梳理探讨，以期引起读者朋友对中华古典需要理论学习、研究的兴趣，进而结合现实实际， 去伪存真， 吸取古人有益的经验和智慧，古为今用，拓展我们对人的需要认识的广度和深度，增益我们满足人生健康快乐生活和现实社会管理需要的实践。

最后，我还要作点说明：“中国古典需要理论”是一个全新的命题。中国历史上虽然没有系统研究人的需要的理论著作，但中国先秦诸子百家等等历史上的经典核心内容都是从不同角度、不同层次教育启发人们如何做人做事，如何正确有效地追求和满足自己及群体、人类的需要，他们都为探讨人的需要形成发展变化规律和怎样正确满足需要作出了不同程度的历史贡献。笔者在梳理中国古典需要理论时，凡涉及古圣贤们的观点和论述时都没有冠之以儒家、道家、法家、名家、纵横家等等人为定性的称谓。因为不管他们是什么“家”，都是研究人的需要及其如何满足人的需要或与人的需要和如何满足需要有关的圣贤级学者。从古人对“儒”字的解释来看，笔者这么处理也是理由充分的。《康熙字典》解释“儒”：“学者称之”。《汉书·司马相如传》颜师古注说：“凡有道术者皆称儒。”《说文》说：“儒之名盖出于需。”这些解释告诉我们：“儒”是研究人的需要和懂得如何满足人的需要的学者专家。笔者作为提出“中国古典需要理论”这一命题并开展了初步研究的第一人深感荣幸。更希望有人能进行更加深入系统的研究，让闪烁着中华文明发展历史光芒的“中国古典需要理论”，得以更好地继承，并结合不断变化的实际与时俱进地发扬光大，进而更加有力地增益我们满足需要的实践。

后 记

《满足需要》是我研究人的需要的第三本专著。早在20世纪80年代，我就开始结合思想政治工作和企业管理工作的实践进行人的需要理论的学习和研究。这样长期坚持的结果，不仅大大助益增强了我的工作实践和能力、提升了工作绩效，而且对人的需要形成变化与满足的规律及其特点逐步形成了比较系统的理性认识，并在此基础上先后整理出版了《洞悉需要》《需要论》两本专著。这两本专著在社会上都引起了良好反响。退休三年后，我开始写作《满足需要》，至今已历时近六年，今年年初书稿终于完成。几十年来立志要完成人的需要研究三步曲的心愿终于得以实现，我如释重负，惬意之感油然而生。

对于人的需要研究，其目的就是为了把握规律，更好地满足人的需要。抓好不断提高满足需要能力的物质文明建设和促进人的全面发展、社会全面进步的精神文明建设，是人类文明建设进步发展两个需要不断解决的永恒的课题。满足生存发展、文明进步需要是人类社会存在和发展的原本动力和永恒的主题，也是我们每一个人的全部人生实践。个人满足需要的正能量在于诚实勤奋互助智慧的劳动创造。保障助益最广大人民群众追求满足日益增长的正常美好生活需要的实践，是国家和各类社会组织与社会活动存在的根本前提，也是国家和各类社会组织天然职能的本质要求。能为最广大人民群众满足正常和日益增长的美好生活需要的实践提供公正无私的强有力的政治法制保障的国家必然长治久安，能为市场和顾客满足需要不断地提供优质良好商品和服务的公司企业必然事业长青。加强满足需要的研究和其理论的学习，有助于我们认识其规律，更好地把握满足需要的必需之道、宜需之道、怡需之道，提高我们在生活生产实践中满足需要的针对性、可行性、科学性、有效性。随着人类认识水平的不断提高和科学技术的高速发展，从整体的发展趋势看，人类满足需要的行为已经开始从被动、盲目、任性向科学、和谐、文明、理性转化。科学、和谐、文明、理性满足需要行为的不断增强，将为人类社会的健康可持续发展提供生生不息的人文动力和保证。

我是一名实际工作者，坚持结合工作实践进行理论学习研究是我职业生涯中养成的一种工作习惯。正是这种经历背景，使我的理论研究紧紧结合实际，在吸取古今中外的研究成果和人们实践经验的同时，特别注重探索总结生活工作实践中满足自身和他人需要的体会及其规律性的认识。《满足需要》反映了本人学习研究、实践认识的成果及其研究风格和论述特色，既有很强的理论性，又有很强的实践性。人生的成功与幸福在于懂得怎样正确地满足自己的需要，人类社会的可持续发展在于科学合理地满足需要。在此真诚地希望《满足需要》的出版，对读者朋友们正确认识和把握人的需要形成发展变化满足的规律，并遵循满足需要的科学法则，在实践中科学合理地满足自己或服务对象和组织的需要能提供有益的启示和有效的帮助。这是本书创作和出版唯一的价值追求。

对人类满足需要的实践进行系统的理论总结和探讨，是一项非常艰巨的开创性工作，不仅需要研究者拥有比较丰富的实践经验体会，而且还必须具有扎实的知识理论基础以及比较强的调查研究能力。本人深知自己虽然对满足人的需要的研究有长时间的理论思考准备和资料以及实践经验的积累，但离上述要求还有很大的差距。“明知山有虎，偏向虎山行”。为了实现自己在人的需要研究方面确定的“三步曲目标”，满足自己认为最有价值意义的需要，本人还是下定决心、鼓足勇气迎难而上，并始终怀着良好的愿望和信心，尽自己最大的努力，开始并完成了《满足需要》这一开创性课题的研究和写作。由于这是开创性的研究，再加上学识经验所限，《满足需要》中有的内容观点有待进一步深入探讨和完善，在此，真诚地希望各位读者方家提出宝贵意见。

《满足需要》能够成书出版，除了本人的努力和付出，也离不开家人及朋友同志的关心、支持、帮助。我爱人吴卓嘉不仅为本书的写作提供了周到的后勤服务，而且给了我最大的精神支持。本书的写作和出版都凝结着她的辛劳和付出，完全可以说这本书是我们俩人共同的成果。书中引用了不少古今中外圣贤名哲的观点名言、一些书刊网络资料，对这些圣贤名哲和资料的作者们我深怀敬意和感恩。中国宇航出版社负责本书审稿出版编辑的老师们为本书的出版增色付出了辛勤的劳动。在这里，我要慎重地向所有关心、支持、帮助、参与本书出版的亲人、朋友、同志们致以衷心的感谢。

吴碧君

二〇二二年元月

于武汉航天银湖湾